Lydia Möcklinghoff

ICH GLAUB, MEIN PUMA PFEIFT

Als Forscherin im reichsten Tierparadies der Welt

BASTEI LÜBBE
TASCHENBUCH

BASTEI LÜBBE TASCHENBUCH
Band 60861

Dieser Titel ist auch als E-Book erschienen.
Alle Bilder mit freundlicher Genehmigung der Autorin.

MIX
Papier aus verantwortungsvollen Quellen
FSC www.fsc.org FSC® C083411

Originalausgabe

Textredaktion: Marion Hertle, München
Illustration Ameisenbär: © Lydia Möcklinghoff
Umschlaggestaltung: Bürosüd, München
Satz: Dörlemann Satz, Lemförde
Gesetzt aus der Scala
Druck und Verarbeitung: CPI books GmbH, Leck – Germany

ISBN 978-3-404-60861-4

5 4 3 2

Sie finden uns im Internet unter www.luebbe.de
Bitte beachten Sie auch: www.lesejury.de

INHALT

Prolog 7

2005 Ameisenbärenpremiere in Nordbrasilien 16

2007 Zurück zu meinen nordbrasilianischen Gesichtsbananen 31

2010 Ab zu den Sumpfameisenbären im Pantanal . . . 68

2011 Heimweh ins Pantanal 85

2012 Rumsumpfen für Fortgeschrittene 159

2013 Kratzbäume, krawallige Büffel und ignorante Forschungsobjekte 219

2014 Das Finale der Ameisenbärenforschungs-weltmeisterschaft 293

2015 Epilog – und jetzt? 334

PROLOG

»Hat es was mit Säugetieren zu tun?«

»Ja.«

»Mit Haaren?«

»Äh ... komische Frage, aber irgendwie ja.«

»FRISEUSE.«

»Das heißt heute politisch korrekt FriseuRIN.«

»Nee, Hairstylistin.«

»Wie auch immer: nein. Das war dein letzter Bierdeckel, geht noch ein Kölsch an mich.«

Ich liebe dieses Spiel. Beruferaten am Tresen. Ja-Nein-Fragen, für jedes Nein geht ein Bierdeckel flöten, zehn verlorene Deckel heißen ein Kölsch für mich. Bei meinem Beruf ein Garant für rauschende Nächte mit überschaubaren Kosten.

Ich bin Ameisenbärenforscherin und mag schon allein das Wort wegen seiner enormen Länge. Unsere Sprache ist lustig – man hängt so viele Wörter aneinander, bis der angestrebte Sinn rauskommt. An Bären forschen, die Ameisen fressen. Wobei Ameisenbären gar keine Bären sind und die Blaue Elise vom *Rosaroten Panther* übrigens auch kein Ameisenbär ist, sondern ein Übersetzungsfehler. Der Cartoon heißt im Original »The ant and the aardvark«, also »Die Ameise und das Erdferkel«. Erdferkel fressen zwar auch Ameisen, leben aber ausschließlich in Afrika und sind weder verwandt noch verschwägert mit unserem südamerikanischen Freund, dem Ameisenbären. Das muss gleich zu Anfang so eines Buches geklärt werden, damit die Produktenttäuschung nicht erst auf Seite 200 kommt. Bärenfans und Comicfreunde können dieses Buch hier also getrost zurück ins Bücherregal stellen.

Ameisenbären sind mit Faultieren und Gürteltieren verwandt und gehören damit zur ziemlich illustren Säugetierfauna Südamerikas. Einer komischer als der andere, am merkwürdigsten vermutlich der Große Ameisenbär, wenn man als Parameter Exzentrik in Charakter und Optik ansetzt. Das Wort »Großer« vor »Ameisenbär« schreibe ich übrigens nicht aus übersteigertem Geltungsdrang ständig dazu, das gehört zu seinem vollständigen Artnamen. Außerdem stimmt das schon: Von den vier Ameisenbärenarten ist der Große Ameisenbär *(Myrmecophaga tridactyla)* die körperlich größte. Seine Rumpfgröße entspricht der eines Schäferhundes, dazu kommen die lange Schnauze und der buschige Schwanz. Insgesamt immerhin zwei Meter. Den haarigen Schwanz hat er, um sich damit beim Schlafen zuzudecken. Kein Witz. Die restliche Körperform erinnert etwas an einen zweidimensionalen Pappaufsteller. Das deshalb leicht komplexbehaftete Tier zeigt sich daher bei Bedrohung immer von der Seite. So denkt jeder erst mal: »Ui, ist der groß«, und es entsteht nicht der Eindruck, dass der Ameisenbär beim nächsten Windstoß umkippt. Die lang gestreckte Kopfform des Großen Ameisenbären lässt es bereits vermuten: In so einer behaarten Gesichtsbanane ist nicht viel Platz für ein anständiges Gehirn. Tatsächlich ist der Ameisenbär mit seinem kleinen Erbsenhirn nicht unbedingt die hellste Kerze auf der Torte. Anders gesagt: Er kann sich immer nur auf eine Sache konzentrieren. Monotasking Deluxe, die männlichen Leser wissen schon, was ich meine ...

Vor genau einem Jahrzehnt bin ich beruflich an diesen weltfremden Zauseln hängen geblieben. Da war ich gerade nach Würzburg gezogen, um Tropenökologie und Verhaltensbiologie zu studieren. Säugetierforschung, pfff. Da zeigt einem schon im Grundstudium jeder den Vogel: »Wenn du Tiere kuscheln willst, bist du hier falsch! Am Ende landen alle im Labor oder der Frittenbude.« Und dann tut man tapfer so, als hätte man das eh nie vorgehabt.

Umso mehr geriet mein Herz in Aufruhr, als ich an der neuen Uni einen Aushang am schwarzen Brett sah: »Wer kann sofort nach Brasilien ... blabla ... irgendeine Studie mit Großen Ameisenbären ... blabla.« Dazu ein Foto von einem komischen Säugetier (mit Fell, juchhu!), das mit wehendem Schweif und hochmütig erhobener, bananenförmiger Schnauze aus einer Baumplantage gestapft kommt. »PÖH«, denkt es. Glaubte ich.

Ameisenbären? Nie gehört. Brasilien? Nie gewesen. Würzburg ging mir aber mächtig auf den Keks, und dieses irgendwie anarchistische Tier auf dem Foto war mir sofort sympathisch. Also los, man ist ja spontan. Eine Woche später stand ich mit Impfstoff vollgepumpt bei 50 °C auf dem Äquator in der Savanne. Vor mir hampelte mein erster Großer Ameisenbär herum, und das war ausgerechnet eine Ameisenbären-Mama! Das kleine, flaschenkürbisförmige Baby lag schlafend auf ihrem Rücken, während sie den Boden auf der Suche nach Ameisen und Termiten durchpflügte. Von mir, die ich im fassungslosen Glückstaumel zwei Meter neben ihr stand, bekam sie nichts mit, vollkommen konzentriert auf die Nahrungssuche. Von so einem Flow-Erlebnis träumt jede Montessori-Lehreinrichtung. Zu diesem Zeitpunkt war ich vermutlich schon verloren und diesen Geschöpfen, die sich geistig in einem Paralleluniversum aufzuhalten scheinen, hoffnungslos verfallen.

Jetzt sitze ich zehn Jahre später im Forscherhaus einer Rinderfarm im nächtlichen brasilianischen Nirgendwo. Draußen das übliche akustische Frosch/Grillen/Whatever-Spektakel, drinnen kreisen die Fledermäuse um die Lampe. Mein Haar sturmgepeitscht, denn der Ventilator versucht Hitze und Mosquitos wegzublasen – vergeblich, wohlgemerkt. Hier sammle ich Daten für meine Doktorarbeit zum Verhalten des Großen Ameisenbären. Also nicht direkt im nächtlichen Forscherhaus, sondern am Tag und um das Haus rum im wunderschönen Pantanal, einem großen Feuchtgebiet, an der Grenze zu Paraguay und Bolivien. Jetzt ist Montag und ich trinke TROTZDEM Bier. Eigentlich habe ich seit einigen Wochen den Bierstopp eingeführt. Man wird ja vernünftig und so. Ausnahmen sind Wochenenden und Tage, an denen man fast gestorben ist. Heute trifft Letzteres zu.

Überhaupt war der heutige Tag mal wieder ein Wechselbad der Gefühle, irgendwie typisch für die Ameisenbärenforscherin oder die Ameisenbärenforschung überhaupt. Allerdings bin ich mir gar nicht so sicher, was hier typisch ist, man kann es ja nicht überprüfen, denn ich bin hier die Einzige, die diese Viecher erforscht. Stichprobengröße n = 1. Fragt jemand, wie der übliche Alltag einer Ameisenbärenforscherin aussieht, kann ich also guten Gewissens erzählen, was heute los war:

Morgens: Gefühlsduselei und Zeckenalarm

Winter im brasilianischen Pantanal bedeutet gemeinhin: kalte Nächte und warme Tage. Wenn die Sonne am Morgen über den Horizont lugt, fangen Seen und Wiesen an zu dampfen. Über allem liegt dichter Bodennebel, in dem sich die noch roten Sonnenstrahlen fangen. Ich laufe fürs Frühstück vom Forscherhaus zur Küche. Einen Kilometer, durch ein Wäldchen, um einen Teich, quer über die Flugzeuglandebahn und dann noch die Sandstraße hinunter zur kleinen Holzbrücke.

Der MP3-Player spielt U2, meine Beine verschwinden in rosa Wolken, die Pferde nur als Schemen vor dem dampfenden See erkennbar ... So viel Schönheit, und ich breche prompt mal in Tränen aus. Also ich muss wirklich daran arbeiten, wenigstens ein bisschen das Klischee des deutschen Kühlschranks zu erfüllen. So geht das ja nicht weiter!

Nach dem Frühstück fahr ich mit dem Jeep raus. Bäume mit Kratzspuren von Ameisenbären vermessen. Die kratzen möglicherweise zu Kommunikationszwecken und reiben die Duftdrüsen der Brust an der Rinde. Eventuell geht es um Hierarchien, die Markierung sagt also z.B.: »Ich bin stark. Darum klettere ich am Weitesten und bin somit der Chef im Viertel.« Langsam wird es heiß, und meine Datenbögen schlagen wegen des ganzen Schweißes, der von meinem Gesicht drauftropft, langsam Wellen ... Mittagszeit. Ab nach Hause, auf meiner Hose krabbelt alles, wir haben Zeckensaison. Eine Dusche vorm Mittagessen wäre nett ... denke ich, und schon steht ein Ameisenbär mit trantütigem Blick auf dem Weg. Typisch. Wenn man EINMAL früher nach Hause möchte, echt ey. Kleine Wanderung über die große Ebene für ein Bild vom doofen Bären für mein Fotoregister – immerhin, die Zecken auf der Hose freuen sich über Gesellschaft. Na gut. Jetzt aber wirklich schnell nach Hause. Wird schon knapp mit der Dusche ... Und dann: der nächste Ameisenbär am Seeufer ... Murphys Law. Wie immer. Danke auch.

Mittags: ein Königreich für ein Erbsenhirn-Paralleluniversum

Während die restlichen Farmbewohner vier Kilometer weiter anfangen, ans Mittagessen zu denken, hampelt also Ameisenbär Lucas am Seeufer entlang. In Zeitlupe, bloß kein Stress. Überall Wildschweine, aber gut, ich bin ja kein Schisshase, die sind weit genug weg. Während ich mich wegen des lahmarschigen Ameisenbären im Blumengestrüpp langweile, kommt mir die Geschichte von einem der Cowboys hier in den Sinn: Der wollte mal ein Schwein erschießen und hat nicht richtig getroffen, woraufhin ihm das Schwein mit seinen riesigen Zähnen so den Bauch aufgeschlitzt hat, dass die Gedärme rausgequollen sind. Als das Schwein dann einen Hauer neben der Hauptschlagader in den Oberschenkel gerammt hat, konnte der Cowboy ihm im letzten Moment mit seinem Messer den Hals durchschneiden und hat tatsächlich überlebt. Also der Cowboy, nicht das Schwein. So was erzählt man sich hier während des Frühstücks bei Kaffee und Honigbrot. Inklusive umfassender Demonstration der zugehörigen Narben.

Das Schlammloch links hatte ich gleich zu Beginn bemerkt. Vielleicht läuft der Ameisenbär ja dahin und badet? Ich würde sooo gerne endlich mal gute Fotos und Filmaufnahmen von badenden Ameisenbären machen. Das ist immer unfassbar süß!

Und, tatsächlich, ein Schnaufen, ein energischer Sprung und der Bär kuschelt sich genüsslich in die Schlammmulde (hihi, neue Rechtschreibung). Puh, erst mal ausruhen, ein bisschen die Augen zu (zu Hause sind sie jetzt wohl schon beim Nachtisch, aber nönö, ist gut, bloß keine Eile ...). Mit den Krallen das Fell durchkämmen, ein Schwein kommt mal gucken, der Ameisenbär bekommt nix davon mit. Zwischendrin immer ein genießerisches Schnauben und dann gaaanz lang in den Matsch drücken. Augen zu. Jenseits der erfrischenden Pfütze befinde ich mich trotz brütender Hitze und Hunger im gigantischen Freudentaumel. So coole Filmaufnahmen!

Nebenan habe ich die ganze Zeit schon eher unterbewusst Schweine kämpfen gehört. Langsam wird auch meinem freudenumwölkten Schädel klar, dass die mittlerweile ganz schön nahe sind! Vorsichtiger Blick nach links: SCHEISSE! Zwei große Eber kämpfen circa zehn Meter neben mir mit viel Gesabber und Getöse. Das ist nah. Zu nah, als dass Wegrennen noch irgendeinen Sinn hätte, vermutlich eher kontraproduktiv. Ich bleibe also einfach stehen, filme weiter und zittere am ganzen Körper. Zu meiner unschönen Begegnung mit dem Hengst sowie der Verfolgungsjagd mit den dämlichen Wasserbüffeln (erzähl ich später: Cliffhanger!) kann ich also diesen Moment zu den Begebenheiten mit Todesangst hinzufügen.

Ein kleiner Anflug von Pessimismus stellt mir meine Optionen wie folgt dar:

A. Die bemerken mich und sind eh schon so in Fahrt, dass sie mich quasi im Vorbeigehen umbringen.
B. Die bemerken mich nicht und walzen mich im Kampfesrausch einfach über den Haufen. Ich halte erstarrt weiter die Kamera auf den Ameisenbären. Der sitzt in seinem Mini-Gehirn-Paralleluniversum noch immer friedvoll im Schlammloch und sortiert in dem ganzen Tohuwabohu gewissenhaft sein Schwanzhaar.

So gezittert hab ich noch nie. Funfact zum Thema Zittern wie Espenlaub: Die Espe, oder auch Zitterpappel genannt, ist ein Baum mit Blättern, die immer lustig im Wind wackeln. Und auf Latein heißt sie *Populus tremula.* »Das Volk zittert.« Hihi. Am Ende tritt übrigens die von mir zuvor nicht berücksichtigte Option C ein: Die Schweine rennen einfach weg. Gut, jetzt komm ich mir im Nachhinein doch etwas hysterisch vor.

Nachmittags: die Heino-Show

Beim verspäteten Mittagessen erzählen alle ihre morgendlichen Erlebnisse aus dem Feld. Heute gewinne ich in der Kategorie »Abenteuer«. Mir zittern beim Safteinschenken immer noch die Hände. Gerade ist eine lustige Gruppe holländischer Botaniker da, die in Bolivien arbeiten. Wir fahren nachmittags zusammen durch die Natur, Tiere suchen, und haben NOCH-

MAL gigantisches Ameisenbärenglück: Ameisenbär Heino ganz nah – Holländerin im Glück, sie hatte schon ein Foto mit dem echten, deutschen Heino, jetzt kommt also noch ein Foto mit ihr und dem dunkelhaarigen, brasilianischen Pendant dazu. Aber dem nicht genug: Heino kratzt an einem Baum, und zum ersten Mal gelingen mir Filmaufnahmen von diesem Verhalten! So ein Glück! Jetzt werde ich reich und berühmt – oder so ...

Abends: Subtext

Was für ein Tag. Ich bin fix und fertig. Schnell noch mein Überlebensausnahmebier und dann schlafen. Immerhin bereits 20:30 Uhr ...

Schon komisch, wie wenig von solchen bemerkenswerten Tagen am Ende wirklich in einer Doktorarbeit steht: nur die nackten Daten, die fachbezogenen Informationen. Nichts von den leuchtenden Zeiten in all den Jahren, von der Verzweiflung im Dornenwald, von Freundschaft, von Schweiß, von persönlichem Wachstum, von kaputten Reifen, dem Finden von Glück und kostbaren Menschen, vom Steckenbleiben im Sand, von neuen Horizonten, von Kämpfen mit der Natur, vom Gefühl beim ersten Jaguar. Man wird lesen können, dass ein Ameisenbär um 11:55 Uhr an der und der Position gebadet hat. Wie niedlich er dabei aussah, wie heiß es war, die große Angst vor den nebenan kämpfenden Wildschweinen – und in der gleichen Sekunde das Glück über die tolle Beobachtung: Davon taucht in einer wissenschaftlichen Arbeit nichts auf.

Manchmal kann man in einer Publikation aus dem peruanischen Bergregenwald voller Zahlen und Fakten mit ganz genauem Blick zwischen die Zeilen ein wenig vom Blut, Schweiß, von der Hitze, von Nächten unter Planen in durchnässten Büschen und den nie trocknenden Kleidern erahnen.

Gerne würde ich an einigen Stellen meiner Arbeit neben der faktischen Info zumindest ein paar persönliche Anmerkungen einfügen: »Bei Regen zeigen Große Ameisenbären keine Aktivität in offenen Habitaten.« (p. A.: Ich bin wie ein Idiot tagelang im Regen rumgefahren, ohne auch nur einen einzigen Ameisenbären zu sehen.)

So liegt unter allen wissenschaftlichen Studien eine Art persönlicher Subtext, der vermutlich in den meisten Fällen verloren geht. Ich bin ja so eine alte Nostalgie-Tante. Meine minikleine Wohnung in Köln ist vollgestopft mit irgendwelchem Klimbim, der mich an große Momente erinnert. Aus der gleichen Motivation heraus habe ich möglicherweise angefangen, den persönlichen Subtext meiner wissenschaftlichen Forschung aufzuschreiben. Kein Fachbuch, sondern eine Schnipselsammlung von Gedanken und Geschichten. Und sieh an? Jetzt ist ein Buch draus geworden! Juchhu!

2005

AMEISENBÄRENPREMIERE IN NORDBRASILIEN

Würzburg

Habe einen der knappen Praktikumsplätze in der Tropenökologie abgegriffen. Juchhu: Nächste Woche fliege ich ziemlich spontan für zwei Monate nach Nordbrasilien, um Große Ameisenbären, die in Akazienplantagen an Bäumen kratzen, zu erforschen ... mal was Naheliegendes. Werde dort in Boa Vista wohnen, der nördlichsten Stadt Brasiliens nahe der Grenze nach Venezuela, oberhalb vom Amazonas Regenwald. In der natürlichen Savanne werden rund um die Stadt Baumplantagen zur Wertholz- und Zelluloseproduktion angepflanzt. In diesem künstlichen Wald hampeln massenweise Ameisenbären rum. Biologen (wie ich) sollen rausfinden, warum das so ist, also was die Ameisenbären so toll an den Plantagen finden. Die Plantagenfirma bucht uns dafür, denn sie will ein Ökosiegel für ihr Holz. Um das zu bekommen, muss sie nachweisen, dass Wissenschaftler die Möglichkeit haben, bedrohte Tierarten auf der Fläche zu erforschen. Und Große Ameisenbären stehen auf der Liste der gefährdeten Arten ziemlich weit oben. »Es besteht ein hohes Risiko des Aussterbens in der Natur in unmittelbarer Zukunft«, heißt es da.

Kolja, ein anderer Tropenökologiestudent aus Würzburg, ist schon seit einigen Wochen dort. Bei der Arbeit in den Plantagen hat er sich über Bäume mit Kratzspuren gewundert, die eigentlich nur von Ameisenbären stammen können. Ameisenbären, die an Bäumen kratzen? So ein Verhalten ist noch gar nicht bekannt. Ein Praktikant muss her, der rausfinden soll, warum, wie und wo die Ameisenbären an den Stämmen der Plantagenbäume kratzen, denn Kolja hat genug mit seinem eigenen Kram zu tun. Der Praktikant bin dann also ich. Ehrlich gesagt hatte ich noch nie einen Ameisenbären gesehen, aber egal. Laut Fotos rübenschnäuzige Besen, sehen komisch, aber sympathisch aus. In Brasilien war ich auch noch nie. Portugiesisch spreche ich schon dreimal nicht. Bin aber verrückterweise die Einzige, die sich auf den tollen Praktikumsplatz gemeldet hat. Komisch. Eventuell weil das Ganze über Weihnachten und Neujahr geht? Müssen die eben mit mir Pappnase vorliebnehmen.

Alles schwer aufregend. Die Familie ist auch nur so mittelbegeistert, dass ich an Weihnachten, statt mit ihnen um die Gans zu sitzen, mit einigen Bären eine mit Lichterkette illuminierte Palme in trauter Gemeinsamkeit bekratze ...

Abgesehen davon habe ich mich in Würzburg noch nicht eingelebt und gebe mir, weil ich da jetzt eh erst mal wieder weg bin, auch keine Mühe. Wegen des ganzen Impfstoffs, den ich mir reinballern musste, bin ich sowieso ziemlich schräg drauf und pausenlos müde. Gestern in der Uni-Bib eingeschlafen ... so findet man keine Freunde.

Jetzt also Boa Vista

Boa Vista

Die Zweifel, ob der Trip nach Brasilien eine etwas zu spontane Dummheit ist, fallen schlagartig von mir ab, als ich in Rio aus dem Flugzeug steige, und es nach weit weg duftet. Ich glaube ja, dass die andere Seite des Äquators anders riecht, und ich glaube auch, dass man, wenn man diesen Geruch einmal in die Nase bekommen hat, den Fernreisevirus im Blutkreislauf hat, der immer mal wieder ausbricht und im Herz zu jucken beginnt. Auf der Taxifahrt staune ich aus dem Fenster und genieße die warme Luft. Der Taxifahrer zeigt mir das Sambadrom, oben auf einem Berg, die berühmte Jesusstatue – verrückt, ich bin echt hier! Mein Hostel liegt genau an einer großen Treppe, die von einem Künstler mit bunten Kacheln verziert worden war. Als ich sie fotografiere, fällt mir gleich mal unbemerkt die Kreditkarte aus der Tasche auf die Straße, und ich laufe ohne sie weiter. Jemand fährt mir mit dem Fahrrad hinterher, um sie mir zu bringen. Hieß es nicht, Rio sei ultragefährlich?? Auf den Schreck hin gehe ich erst mal in irgendein Restaurant und deute da lost in translation auf irgendwas auf der Karte – und kriege ein Schnitzel mit Pommes ... Huch? Haben die mir jetzt einfach eins gebracht, weil ich so deutsch aussehe, oder habe ich tatsächlich in traumwandlerischer Zielstrebigkeit das einzige Wiener Schnitzel auf der Karte bestellt?

Neue Erkenntnis auf dem Flug von Rio nach Boa Vista: Die befeuchten im Flugzeug die Luft mit Wasserdampf, der oben aus den Wänden strömt – hab ich noch nie gesehen, komme mir vor wie im Gemüseregal im Supermarkt ... Bringt bestimmt auch Leute mit Flugangst gut in Schwung, wenn's beim Besteigen des Flugzeugs schon qualmt. In Brasilia muss ich umsteigen. Bleibt Zeit für das Flughafenrestaurant. Ein Alleinunterhalter klimpert eine Schnulze auf einem Keyboard. Eine brasilianische Großfamilie am Nachbartisch verabschiedet sich tränenreich, und ich alte Empathieschleuder fange prompt mit an zu heulen, weil das alles so ergreifend ist. Die gucken etwas irritiert – kennen mich ja überhaupt nicht. Ansonsten keine besonderen Vorkommnisse, außer dass einer beim Weiterflug auf die Brille des einzigen Klos gekackt hat und dieses daraufhin zwei Stunden lang unbenutzbar ist. Die Stewardess weigert sich, das wegzuputzen. Dramen spielen sich ab. Äußerst unterhaltsam ...

Rahmenbedingungen

In Boa Vista wohne ich mit vier anderen Studenten aus Deutschland in einem blauen kleinen Haus ein bisschen außerhalb der Stadt. Mein Zimmer teile ich mit einigen Skorpionen, Kakerlaken und Ivo, einem Holzwirtschaftler, der aber eh immer draußen in der Hängematte schläft. Die Plantagenfirma ist in Schweizer Hand und kooperiert mit europäischen Universitäten, vor allem der Holz- und Forstwissenschaftsabteilung der Uni Hamburg. Darum forschen und wohnen hier im brasilianischen Nirgendwo absurderweise lauter deutsche Studenten. Die Biologenfraktion bilden Kolja und ich. Kolja studiert zwar wie ich in Würzburg, kommt aber lustigerweise auch aus Köln. Kann man den anderen im Haus mit kölscher Musik auf den Wecker gehen.

Kolja untersucht den Einfluss vom Plantagenmanagement auf die Ameisenbären, während ich also herausfinden soll, warum die Viecher an Bäumen kratzen und ob dadurch das Holz in der Plantage beschädigt wird. Werde dafür Hunderte Bäume vermessen. Das wird spaßig ...

Landschaft

Die Savanne rund um Boa Vista heißt Lavrado und ist atemberaubend schön: gelb-grünes, weiches Gras unter einem riesigen Himmel. Ab und an durchzogen von kleinen Bächen, die von Buriti-Palmen umstanden werden. Alles platt und weit, etwas weiter nördlich Richtung Venezuela gehen dann die Tafelberge los. Abseits von Stadt und Straße hört man nur den Wind, der in den Palmwedeln raschelt. Mittendrin sind die Plantagen in exakten Pflanzquadraten. Bäume in langen, schnurgeraden Reihen, darunter Schatten, kaum Büsche, nur die trockenen Blätter der Akazien.

Waldarbeitercamp

Kolja und ich arbeiten immer mehrere Tage am Stück in den Plantagen und schlafen dort in einem Waldarbeitercamp. Zwei kleine Häuschen, zwanzig Waldarbeiter und ein aufgestauter Bachlauf mit einem Teich, in dem man nach der Arbeit baden kann – sieht aus wie im Dschungelcamp. (Ich warte auf die nächste Dschungelprüfung.) Im Vorfeld stellt man sich dann abendliche Feldforscherromantik vor: zum Ausklingen des Tages beim Zirpen der Grillen ums Lagerfeuer sitzen oder so. Haha ... brasilianische Realität: Bevor alle schlafen gehen, wird der Generator angeschmissen, um taiwanesische Martial-Arts-Filme aus den Siebzigern auf Video zu gucken. *Der Sturm der Shaolin-Hölle* plärrt ohrenbetäubend gegen den knatternden Generator an. Uah, jetzt rächen sich gerade ein armloser und ein beinloser Krieger an ihrem blinden Widersacher ... Ich geh ins Bett oder eher in die Hängematte. Betten gibt es hier nämlich nicht, stattdessen bringt jeder seine eigene Hängematte mit und sucht sich zwei Haken. Meine ist leuchtend türkis mit pinken Seilen, als einzige Frau im Lager muss man ja ein Statement setzen. Hängematte wirkt bei mir wie ansonsten nur motorisierte Fortbewegungsmittel: Ich setze mich rein und werde schlagartig todmüde. Und das, obwohl die ganze Hütte rammelvoll ist mit Waldarbeitern, die ALLE schnarchen und ab und an mal saftig und laut furzen, *und* obwohl die Hunde die Pferdeherde unter lautem Hufgetrappel um die Hütte jagen. Alles egal. Ich schlafe wie ein Stein.

Meinen Hut lege ich über Nacht immer auf den Boden unter die Hängematte, den hat sich nämlich Thekla zur Schlafhöhle auserkoren. Sie ist eine »kleine« Vogelspinne mit dem Charme und der Größe eines Goldhamsters. Pelzig, rund und dick, schwarz mit kleinen roten Füßchen, die aussehen, als trüge sie Stöckelschühchen. Morgens, wenn ich meinen Hut aufhebe, blinzelt sie in die Sonne und streckt ihre zahlreichen Beinchen. Vielleicht war es ein Fehler, meine neue Freundin begeistert einem der Waldarbeiter zu zeigen, denn als ich vorhin um die Hausecke ging, hörte ich hinter mir nur ein saftiges KLATSCH, und das war's dann wohl mit meinem achtbeinigen Haustier.

AMEISENBÄREN

Das Wichtigste: AMEISENBÄREN! Die sind so lustig! Stehen einen Meter von dir entfernt und fummeln auf der Suche nach Ameisen und Termiten mit der Kralle in den trockenen Blättern auf dem Plantagenboden rum. In die Gänge der Insektennester stecken sie dann ihre praktische Zunge. Die ist einen halben Meter lang und so klebrig, dass alle kleinen Beutetiere wie auf einem Klebeband daran pappen bleiben. Im Optimalfall 30000 pro Tag, denn so viele Ameisen und Termiten braucht ein Ameisenbär, um wirklich satt zu werden. Ganz schön viel Arbeit. Kein Wunder, dass die im Prinzip nicht viel anderes machen. Nur manchmal schauen sie mit ihren misstrauischen kleinen Augen auf, scannen die Umgebung, sehen nix (obwohl wir direkt daneben stehen) und fressen weiter – die müssen so gut wie blind sein!

Ein Waldarbeiter erzählte, dass Ameisenbären ganz hoch auf Bäume klettern können. Wir waren echt baff – das haben wir ja noch nie gehört! Der Arbeiter meinte nur: doch, doch! Wenn sie nicht weglaufen können, klettern sie auf Bäume.

»Äh, aber in freier Wildbahn können die doch eigentlich immer wegrennen?!«

»Ja, wir haben ihn halt am Schwanz festgehalten!«

Och, maunz. Da haben die schon die zweitlängsten Krallen im Tierreich, doch statt sich damit zu verteidigen, klettern sie auf einen blöden Baum. Pappnasen.

Ich habe jetzt einen Arbeiter für mein Projekt zugeteilt bekommen. Schön! Mir ist nur schleierhaft, wie ich ihm mit meinem nicht existenten Portugiesisch mein Projekt beschreiben, geschweige denn ihm seine Aufgabe erklären soll ...

Essen

Als Vegetarier könnte man in Brasilien und noch weniger im Waldarbeitercamp nicht überleben. Schon zum Frühstück gibt es Trockenfleisch mit Farofa, das sind bröckelharte Maniok-Flocken. Nicht so mein Ding, auch weil das Fleisch auf dem Wellblechdach der Camphütte getrocknet wird und sich dabei immer Tausende von Fliegen drauf niederlassen. Ich habe also extra wenig Fleisch und lieber den mittelleckeren Maniok genommen. Als das der liebe alte Mann sieht, der das Camp leitet, kommt er mir zu Hilfe: »Du hast ja gar kein Fleisch!!!!« Klotsch. Ganze Kelle Fleisch-Extraration, nur für die kleine Lydia. »Ah ... danke ...«

Abgesehen von diesem Frühstücksfleisch bin ich ja bekanntermaßen schwer karnivor veranlagt, mein persönlicher Himmel sind daher die Churrascarias (Grillhäuser), Fleisch-all-you-can-eat! Die Bedienungen kommen mit langen Spießen an den Tisch, auf denen gigantische, saftig, knusprige Fleischklumpen aller Sorten sitzen, und schneiden einem die gewünschten Stücke runter. Andere kulinarische Sensation in Brasilien: Die Saftbars für frische Säfte. Der Hit in Tüten, im wahrsten Sinne des Wortes, die Säfte to go kommen nämlich verrückterweise in einer transparenten Plastiktüte daher.

Mangelnde Weihnachtsstimmung im galoppierenden Lichterwahnsinn

Kurz vor Weihnachten. Ich sitze im Trägertop im glutheißen Büro. Habe die heilige Lebkuchenpackung angebrochen, die ich extra aus Deutschland mitgenommen habe. Bei 35 °C hilft das aber auch nicht, um mich in Weihnachtsstimmung zu versetzen. Besagter Schokolebkuchen verteilt sich bei den Temperaturen rasend schnell auf der Tastatur und im gesamten Büro. Die Definitionen von »weihnachtlich« gehen in Deutschland und Brasilien auch eher auseinander – in Deutschland ja quasi ein Synonym für »Besinnlichkeit«, in Brasilien eher für »galoppierenden Lichterwahnsinn«. Fröhlich bunte, arrhythmisch blinkende Weihnachtsbeleuchtung überzieht die gesamte Stadt, und eine rasante Sambaversion von Stille Nacht schmettert in unfassbarer Lautstärke übersteuert aus allen Geschäften – viel hilft ja bekanntlich viel ...

Letzte Woche war die Weihnachtsfeier der Plantagenfirma. Auf der Fahrt dahin fragte Kolja, ob ich denn passende Kleidung eingepackt hätte. Oh Gott. Kleidung? Ich denke schon an ein schickes Abendkleid oder so, das hab ich natürlich nicht dabei. »Neenee«, meint Kolja, »Bikini!« Ach so.

Die Feier ist echt nett, wenn auch nicht das, was man sich als Deutscher unter einer Weihnachtsfeier vorstellt: ein kleiner Bach, an dessen Ufer die neugierigen Totenkopfäffchen in den Palmen sitzen, ein vier Quadratmeter großer Grill (kein Witz), Beachvolleyball, baden, Bier trinken und eine Geschenktombola, die bei den teilnehmenden Losbesitzern gigantische, für meinen Geschmack etwas unverhältnismäßige Emotionen hervorruft. Tränen der Rührung beim Gewinn eines Brotkastens.

Abgesehen davon vermesse ich gerade alle, ich wiederhole

ALLE! Kratzbäume in einem Plantagenabschnitt. Dabei hilft mir mein lustiger Brasilero, hoch motiviert und nett, und mit der Kommunikation klappt es auch – zumindest so weit, dass wir arbeiten und uns dabei über das Bier in Brasilien und Deutschland unterhalten können ... Mein Wortschatz ist darüber hinaus allerdings immer noch äußerst lückenhaft – ich kann unfassbar viele, unglaublich unwichtige Wörter wie Specht *(picapau)*, Ameise *(formiga)*, Holz *(madeira)*, Baum *(arvore)*, Bienenstock *(casa abelia)* ... ein Getränk bestellen, kann ich aber immer noch nicht ... na ja, Hauptsache wissen, was Specht heißt!

Casa abelia ist dabei aber noch das wichtigste Wort. In einer Akazienplantage gibt es viele Bienennester, und die aggressiven südamerikanischen Bienen fahren nicht den Kuschelkurs unserer europäischen Version. Kommt man in aller Unschuld beim Bäumevermessen einem der Nester zu nahe, wird man in der Regel von mindestens einer Biene gestochen. Die stirbt dann nicht sofort, sondern findet zuvor noch ausreichend Zeit, um nach Hause zu fliegen und den Rest der reizenden Verwandtschaft zu rekrutieren. Die schwärmt im Mega-Blutrausch aus, und hat man zu diesem Zeitpunkt nicht schon das Weite gesucht, hat man ein echtes Problem. Immerhin gibt es bergeweise Honig – letzte Woche hat uns ein Arbeiter gefragt, ob wir welchen wollen. Klar! Wir dachten da an ein kleines Glas, nö, der kommt mit einer 1,5 l Pepsiflasche voller Honig an, in dem noch größere Mengen toter Bienen schwimmen. Na dann.

Neben meinen Freunden, den Bienen, werden wir bei der Arbeit im Wald vor allem von Ameisen gebissen, gestochen und mit Säure bespritzt. Offenbar finden die es uncool, wenn wir mit dem Maßband an ihrem Wohnbaum rumfummeln. Wenn ich also in der Tropensonne schon faltig werde, Rheuma werde ich bei diesen Mengen an Ameisensäure immerhin niemals im Leben kriegen. Großartig auch die Zecken: nicht solche Weichspüler-Zecken wie in Deutschland, sondern riesengroß und tut-weh-wie-Sau, wenn die zustechen ... Immerhin gibt's keine Borreliose.

Dann und wann läuft ein Ameisenbär vorbei: wackelt genau auf mich zu. Ich hocke mich hin, bewegungslos und gegen den Wind, damit er mich nicht riecht. Drei Meter entfernt merkt er, dass irgendwas nicht stimmt, schnuppert, sein misstrauisches, kleines Auge konzentriert verkniffen. Entscheidet, dass er sich wohl geirrt haben muss (bescheuert), und läuft weiter auf mich zu. Toll, sich so ein Tier mal genau anzugucken – die Haare und Tatzen, die glänzende, schwarze Schnauze. Irgendwann steht er wirklich unmittelbar vor mir, und jetzt beginne ich doch, mir Sorgen zu machen – die großen Krallen will ich nicht unbedingt näher kennenlernen. Ich stelle mich hin, gehe einen Schritt zurück und stampfe auf, damit auch das kleinste Erbsenhirn mitbekommt, dass da jemand ist. Gigantische Überraschung für Herrn Ameisenbär, er erstarrt vor Schreck: »Wie kann das denn jetzt sein, ich hab doch extra aufgepasst!?« Dann kopflose Flucht mit wehendem Schweif. Diese Viecher sind sooo süss, aber auch wirklich irgendwie fehlkonstruiert.

Bei mir am Arbeitsplatz mittlerweile alles mit Schokolade verschmiert. Weihnachten ... Ein bisschen Sehnsucht habe ich ja schon ...

In unserem Auto läuft eine CD mit deutschen Weihnachtsliedern, gesungen vom Neumünsteraner Knabenchor. Auf Repeat. Die Brasilianer auf der Straße schauen vollkommen verstört, das Geträller deckt sich wohl nicht so ganz mit ihrer Vorstellung von Musik ... Irgendwann fährt einer neben uns, winkt und versucht, uns zum Anhalten zu bewegen ... »Jaja, wir wissen, dass die Musik schräg ist!«

»Das auch, vor allem habt ihr aber einen Platten.«

»Oh.«

Abends trinken wir Wein (W-E-I-N! Echt was Besonderes hier im hohen Norden Brasiliens!) und essen die Weihnachtsknabbersachen, die ich eimerweise rund um den Erdball geschleppt habe. Weihnachten ist in Brasilien DIE Partynacht des Jahres. Alle Partyschuppen sind brechend voll. Wer wegen Überfüllung nicht mehr reinkommt, flaniert in Glitzeroutfits davor auf und ab, gesehen und gesehen werden, jeder kennt jeden. Wir haben uns an der Tankstelle Bier gekauft und beobachten das Spektakel. Kolja wundert sich über einen Haufen Kinder, die nachts um 4 Uhr auf der Straße Fußball spielen. Verständnisloser Blick von brasilianischer Seite: »Wieso ist das komisch? Es ist doch Weihnachten!« Ach so.

Ein Freund kotzt – zu viel Alkohol denken wir und amüsieren uns schadenfroh. Im Nachhinein ist es aber gar nicht mehr so lustig, denn es lag nicht am Alkohol, sondern an einer Hepatitis, an der seine Mutter bereits gestorben war. Krass. Mittlerweile ist er Gott sei Dank über den Berg. Momente, in denen einem bewusst wird, dass Brasilien auf einigen Ebenen dann doch ganz schön rückständig ist, zum Beispiel beim Gesundheitssystem. Das vergisst man ganz gerne, denn die Kultur selbst ist unserer sehr ähnlich.

Für Kolja und mich dann noch ein leicht absurdes Ende des Weihnachtsabends: Auf dem Weg nach Hause, morgens um 6 Uhr, läuft uns mitten auf der drei Kilometer langen Brücke über den Rio Branco auf einmal ein kleiner Baumameisenbär vors Auto, Gott sei Dank nicht untendrunter. Baumameisenbär? Andere Art als der Große Ameisenbär, an dem wir forschen. Baumameisenbären, oder auch Tamanduas, sind so groß wie eine Katze und unfassbar niedlich. Und hier rennt so einer aufgeregt und orientierungslos auf der Straße herum, in beide Richtungen 1,5 Kilometer Brücke, auf der Autos rasen. Wenn man nichts tut, wird der kleine Kerl auf jeden Fall überfahren. Gut, also Rettungsversuch. Ich nähere mich dem süßen Zuckerbären mit einem Handtuch. Kann ja nicht so schwer sein, so ein kleines Vieh einzufangen. Weit gefehlt. Als ich ihn packen will, schmeißt er sich auf den Rücken, faucht und schlägt wild mit den doch recht beeindruckenden Krallen um sich. Transformation vom Zuckerbären zum Terrorbären. Äh … Kolja? Könntest du vielleicht …? Kolja schnappt ihn sich, springt ins Auto und schreit mit heiserer Stimme: »Fahr!!! Er ist in meinem Arm!« Ich sehe die Kralle in Koljas Arm versenkt, Blut fließt, das Tier gibt einen komischen Gestank von sich und tobt. Ich trete aufs Gas, brettere die Brücke entlang und bremse in der Böschung. Ein entrüsteter Ameisenbär entspringt dem Auto und klettert auf den erstbesten Baum. Die Kralle drang bis auf den Knochen, wir beide zittern vor Schreck und freuen uns zu Hause über den 7-Kräuter-Schnaps, den Koljas Mutter ihm mitgegeben hat, und der jetzt als Desinfektionsmittel von außen und vor allem innen einen guten Dienst leistet. Surrealer Abschluss eines surrealen Weihnachtsabends. Später am Morgen pausenloses Hupen vor dem Haus – einer der Studenten ist gegen 9 Uhr morgens nach Hause gekommen und aus ungeklärten Gründen ins Auto gestiegen, um dort mit dem Kopf auf der Hupe einzuschlafen.

Feliz Ano Novo

Bin mit dem Bäumevermessen tatsächlich durch. 246 Kratzbäume und 246 Vergleichsbäume sind fertig vermessen. Wie's aussieht, sind Ameisenbären sehr wählerisch und suchen sich eine ganz bestimmte Baumform zum Kratzen raus. Warum? Keine Ahnung. Die größte Frage, die sich diesbezüglich stellt, ist aber wohl, wie die Ameisenbären, diese alten Blindfische, überhaupt die Form der Bäume wahrnehmen können. Selektive Wahrnehmung? Jetzt werde ich hauptsächlich noch Verhaltensbeobachtungen machen – das ist um einiges netter als die ätzende Baumvermesserei, mit Stech- und Beißinsektenfasching.

Aber erst mal fahren wir über Silvester mit einem deutsch-brasilianischen Haufen nach Venezuela. Die Grenze liegt circa 260 Kilometer nördlich von Boa Vista. Die Fahrt ist wunderschön. Mein geliebtes Lavrado, diese weite, schöne Savannenlandschaft, wandelt sich beinahe unmerklich: Immer mehr riesige, runde Felsen liegen im Gras, die Bäume und Sträucher werden größer und dichter, bis der pralle, grüne und wilde Regenwald die Straße säumt. An der Grenze scheitert die ziemlich spontane Reise um ein Haar an einer fehlenden Gelbfieberimpfung. Die braucht man, um einzureisen, und die Hälfte der Brasilianerinnen hat keine. Unsere verwegene und zugegebenermaßen nicht total kreative Strategie: Bestechung und/oder Frauen. Das erste Auto, in dem alle geimpft sind, fährt rüber, wie zu erwarten ohne Probleme bei der Kontrolle. Dann sind wir dran und fahren mit 20 R$s als Bestechungsgeld in der Hand und klopfendem Herzen hinterher. Der Beamte prüft erst die Pässe, will dann zu den Impfpässen übergehen, da kommen die zwei scharfen Brasilianerinnen aus unserem ersten Auto auf Stilettos angestöckelt. Sie verwickeln den Beamten mit großen Augen in eine Unterhaltung, spielen mit den Fingern in den Haaren, der Beamte reicht uns, ohne die Augen von den Mädels zu lösen, unsere Dokumente durchs Fenster und winkt uns beiläufig weiter. Haha, die einfachsten Strategien sind doch immer die besten ...

Als Erstes begegnet einem in Venezuela die Stadt Santa Elena, die als Ausgangspunkt für Ökotourismus gilt, weil sie direkt am Rand eines Nationalparks mit Tafelbergen liegt. Die

Landschaft erinnert mich an die schottischen Highlands: grasbewachsene Hügel, manchmal schroff, manchmal ganz sanft. Wir sitzen hinten auf der Ladefläche des Pick-ups eines Freundes, der durch den Schlamm und über die Berge fetzt. Wanderung zu einem kleinen Wasserfall mitten im Wald, der in ein eisklares, rundes Wasserloch fällt, in dem man baden kann. Sooo schön, bei der nahezu unerträglichen Hitze in dieses kalte Wasser zu tauchen! Danach folgen wir dem Bachlauf. Gar nicht so einfach, ich stürze über die dicken, runden, glitschigen Findlinge. Die zerstörten Schienbeine lohnen sich aber: Irgendwann kommen wir um eine Biegung, und der Bach wird unvermittelt zu einem riesigen, 60 Meter tiefen Wasserfall. Unter uns breitet sich der Regenwald aus, und am Horizont dann die Savanne mit ihren palmengesäumten Bachläufen. Einer der traumhaftesten Orte, an denen ich bisher war! Ein bisschen wie der Fels bei *König der Löwen,* fehlt nur die Babykatze zum In-die-Luft-Halten.

Den Silvesterabend verbringen wir ziemlich feuchtfröhlich in dubiosen Locations, in denen man Alkohol trinken muss, um sich entspannen zu können, denn sonst macht man sich die ganze Zeit Sorgen, wann wohl das Gebäude, oder zumindest die Decke, einstürzt. Um 0 Uhr stehen wir mit dem Pick-up am Dorfplatz und drehen, genau wie die restlichen 25 Autobesitzer, die hier mit Freunden und Familie feiern, mal ganz doll unsere Stereoanlage auf. Das gibt dann eine ziemliche Kakophonie der verschiedensten Musikrichtungen, macht aber nix, von 23 Uhr bis 3 Uhr wird eh so laut geböllert, dass man ansonsten kaum was hört.

Am nächsten Tag gibt's fettige Empanadas zum Frühstück, die bei Rosana prompt retour kommen. Die Rückfahrt über die Schlaglochpiste nach Boa Vista verbessert ihren Zustand nicht unbedingt. Meine Zeit geht schon langsam zu Ende, und ich werde gut was zu tun haben. Will noch möglichst viele Verhaltensaufnahmen machen und muss noch etwa 57629381938465739 Bäume in Excel-Tabellen tippen ... na dann.

Brasilianerin im Herzen

Der Abschied in Boa Vista war traurig. Sehr früh morgens fahren wir ein letztes Mal in die Plantagen zum Arbeiten. Die Ameisenbärchen liefern eine super Abschiedsshow ab, kratzen an Bäumen und geben sich auch sonst echt Mühe. Der letzte Bär, den wir sehen, ist sogar Ulf, mein Lieblingsameisenbär. Er hat einen ganz charakteristischen schwarzen Fleck auf dem Bein. Wie nett, dass er noch mal vorbeikommt. Am letzten Abend dann noch beim Familienfest von meiner Freundin Rosana vorbeigeschaut – fast das gleiche Theater wie in Deutschland: Alte Tanten versuchen einem ein schööönes Likörchen anzudrehen, während die Jüngeren streiten, welcher schnulzige Sambasong als Nächstes gespielt werden sollte. Rosana weint und sagt: »Lydia, du musst hierbleiben! Du kannst nicht gehen! Du bist doch Brasilianerin!« Eine Brasilianerin sollte meiner Meinung nach wohl mehr als 20 Worte Portugiesisch sprechen, aber sie meint nur: »Das ist nicht wichtig – du bist Brasilianerin im Herzen!« Hach ja ...

Danach noch ein Konzert am Fluss, alle noch mal gesehen, wild getanzt, SEHR Caipi-beduselt morgens ins Flugzeug gestiegen. Tschö, schönes Brasilien. Ich komme zurück. Ganz bestimmt ...

2007

ZURÜCK ZU MEINEN NORD-BRASILIANISCHEN GESICHTSBANANEN

Rio de Janeiro

Über den Verlust von großen Teilen meines Gepäcks am Flughafen (11 Kilo Übergewicht stießen dann doch auf keine Kulanz beim Check-in in Frankfurt ...) trösten mich während des Fluges Sergey und Dimitri, zwei schwergewichtige Russen auf den Flugzeugsitzen neben mir hinweg. Die beiden verarbeiten während des Fluges unglaubliche Mengen an Alkohol, große Teile davon landen im Überschwang auf meiner Hose, und ich finde mich nach einigen Stunden in einer überaus beruhigenden Whiskey-Dunstglocke ans Fenster gepresst, während mir Dimitri pausenlos die Hand küsst.

Vor dem Flugzeugfenster mittlerweile dichte, schwere Wolken in vielen Schichten. Flugzeug wird ganz schön durchgeschüttelt. Gut zum Schlafen. Regenschlieren am Fenster. Fremder Regen vom Meer oder dem Atlantischen Regenwald. Beides ein schöner Gedanke.

Als ich aufwache, glitzert und funkelt unter uns bis zum Horizont das nächtliche Rio. Orange Straßenlaternen spiegeln sich im Meer, eine hell erleuchtete Ölbohrinsel vor der Küste. Dann noch mal Wolken und Luftlöcher, und mit einem Mal schlägt das Flugzeug etwas rau und schlingernd auf der Landebahn auf. Gut gelaunter Kommentar des Piloten: »Verzeihen Sie die harte Landung, da sprang uns wohl die Landebahn entgegen.« Sehr witzig. Raus aus dem Flugzeug. Feuchtwarme Luft und der Geruch nach Pflanzen, Erde und Putzmittel. Finnische Großraumsauna. Hallo, Brasilien! Da bin ich wieder!

In Rio besuche ich ein paar Tage lang einen Sprachkurs, bevor ich mich für die Datenaufnahme meiner Diplomarbeit wieder in die nordbrasilianische Diaspora stürze. Zurück nach Boa Vista, zurück zu den Plantagen und vor allem zurück zu meinen Ameisenbären, deren sorgfältige Einfalt mir in den letzten zwei Jahren sehr gefehlt hat. Kolja konnte damals zeigen, DASS Ameisenbären die Plantage als Lebensraum der umliegenden Savanne vorziehen und dass sie in den Plantagen in unfassbaren Mengen vorkommen. Warum das so ist und was es für einen Effekt auf die soziale Organisation der eigentlich einzelgängerischen Ameisenbären hat, wenn plötzlich an jeder Ecke ein Artgenosse rumhampelt – das will ich jetzt rausfinden. Die Kratzbäume, die ich letztes Mal untersucht habe, könnten vielleicht eine Rolle dabei spielen, sich aus dem Weg zu gehen oder sich zumindest nicht jedes Mal aufs Maul zu hauen, wenn man sich trifft. Also eine Art indirekte Kommunikation. Bisher bleibt's allerdings beim ›vielleicht‹, denn ich konnte noch nicht wirklich klären, *warum genau* sie an den Bäumen kratzen.

Nur *wie* und *wo* – und das hat mich vermutlich für den Rest meiner wissenschaftlichen Karriere versaut: Die suchen nämlich Bäume aus, die dicker und schiefer sind als die anderen in der Plantage. Die statistischen Ergebnisse meines damaligen Praktikums waren durchweg *hoch signifikant. Signifikant* heißt, sie unterscheiden sich deutlich von anderen Bäumen, *hoch signifikant* heißt so was wie »Crazy shit!« und ist in einer chaotischen Wissenschaft wie der Ökologie total selten. Seit meiner Kratzbaumstudie bin ich daher bei Analysen immer enttäuscht, wenn mir die Statistik nur ein gutes Ergebnis anstelle von »Crazy shit« ausspuckt. Also eigentlich immer.

Bobbisponscho und sein rosa, schwuler Freund

Es regnet Bindfäden und wir sitzen wegen Überschwemmungen in der Sprachschule fest. Auf der Straße vor den Glastüren schwappt das grüne Wasser einen halben Meter hoch. Wie ein Aquarium. Anstelle eines Goldfisches ist allerdings gerade eine Mülltonne vorbeigeschwommen. Im Fernseher an der Wand berichten sie von Erdrutschen. Die Stadt ist ein einziges Chaos.

Man bekommt von der Sprachschule eine Gastfamilie zugeteilt, bei der man wohnt. Meine Gastfamilie besteht aus einer alten Frau. Als Gastgeschenke habe ich treffsicher einer zuckerkranken Antialkoholikerin Haribo und Schnaps mitgebracht. Da gehört auch was dazu.

Meine Gastmutter hat derweil Käse gekauft – so gelben in Scheiben. Sie hat ihn nur für mich gekauft, sie mag nämlich keinen. Ich leider auch nicht. Abgesehen von Käse bin ich Allesfresser. Vielleicht ihre intuitive Retourkutsche wegen der vermasselten Gastgeschenken.

Der Käse war teuer, und ich fühle mich gezwungen, jeden Morgen ein Käsebrot zu essen. Das ist schlimmer als gedacht. Ständig muss ich würgen. Gott sei Dank guckt meine Gastmutter Fernsehen und hat es bisher nicht bemerkt. Sie guckt *Spongebob*. Ich hab ziemlich lange gebraucht zu verstehen, welche Serie sie meint, als sie mich fragte, ob ich die Comicserie mit diesem gelben, schwulen Blabla kenne (das letzte Wort kannte ich nicht, was sie versuchte, mit einer pantomimischen Dusche aufzufangen, bis ich vollends verwirrt war). »Und sein rosa, schwuler Freund!!!«

»Äh ...«

Wir lernen: In den Augen der Brasilianer sind Spongebob und Patrick Star ein Paar. Spongebob heißt auf Portugiesisch (in Lautschrift): Bobbiesponscho. Sweet!

Mittlerweile ist das Wasser in der Straße so weit abgelaufen, dass man zumindest das Restaurant im Nebenhaus wieder erreichen kann. Und wie heißt es? Achtung: »Casa do Pão de Queso« – Haus des Käsebrotes!

Das ist dann wohl Schicksal.

Viva Manguera!!!

Drei Tage später: Regenschirm gegen Sonnenmilch eingetauscht und die Sonnenbrille rausgekramt. Die Temperaturen sind in die Höhe geschossen, mein Kreislauf in die Tiefe, der Sommer ist zurück. Wir haben 36 °C und die Sonne brutzelt einem aufs Hirn. Vertrödele den letzten Tag am Strand in Ipanema in Rio, bevor ich wieder bei den Ameisenbären untertauche. Wunderschön! Ein Klappstuhl, ein Bier, ein Krimi, Wellenrauschen, Palmen, Popos in Tangas – Sommer. Beobachten, wie die Sonne hinter den Bergen untergeht und die Fregattvögel dort in den nebligen Schluchten verschwinden.

Umzug für die finale Nacht von meiner Gast-Oma zurück ins Hostel. Acht Personen im Schlafsaal, und es riecht merkwürdig – eher nach Ofenkäse als nach Schweißfüßen, aber auf jeden Fall nicht toll. Schon wieder Käse. Dafür gibt's Maracuja-Caipirinha auf der Dachterrasse, und ich gehe mit einigen Bekannten zu einer Sambaschule und stelle mir so eine Tanzschule wie in Deutschland vor, nur Samba statt Discofox. Weit gefehlt:

Die Sambaschule in der Favela Manguera ist eine große Halle, komplett und ziemlich schmerzbefreit in den dezenten Vereinsfarben rosa-grün gestrichen und mit rosa-grünen Neonröhren ausgeleuchtet. An der Stirnseite ein großer, noch leerer Balkon. Die Halle ist voll mit Menschen zwischen 17 und 99 Jahren, zumeist in den ansprechenden Vereinsfarben gekleidet. Caipirinha hilft, das Farbkonzept etwas gelassener hinzunehmen. Um Mitternacht hält der Präsident eine rührselige Rede. Währenddessen füllt sich der Balkon und ist irgendwann brechend voll mit circa 100 Trommlern. Mitten in der getragenen Rede brüllt der Präsident mit einem Mal: »VIVA MANGUEIRA!«, die Trommeln setzen mit unglaublichem Getöse ein, die Leute jubeln und reißen die Arme hoch, und das Dach der Halle geht automatisch auf. Alle fangen an zu singen und zu tanzen. Ein Sänger schmettert in ein übersteuertes Mikrofon. Ein unglaublicher Lärm. Großartig!

Das tanzende Publikum wird von rosagekleideten Opas mit Trillerpfeifen im Kreis getrieben. Immer in der Halle rum. Im Auge dieses Tanz-Hurricans tanzen unglaublich alte Omas und Opas unglaublich schnell Samba: die ehemaligen Sambaköniginnen und -könige, bringt mir jemand bei. Hin und wieder kommt das amtierende Sambakönigspaar in glitzernden Showkleidern mit Federn und kleinen Glitzerschirmchen in der Hand, alles rosa-grün, klar, und tanzt so schnell, dass man keine Füße mehr sieht. Trotz offenem Dach dampft die Halle irgendwann vor Schweiß und Spaß. Eine dieser Live-Time-Memories ... Wahnsinn.

Am nächsten Tag Flug von Rio nach Boa Vista: Freue mich nach der letzten durchfeierten Nacht auf ein bisschen Schlaf und Ruhe im Flugzeug. Wir holpern zur Startbahn, die Düsen werden angeschmissen, der Flieger fährt an, da gibt es einen

Aufstand weiter vorne im Flugzeug, und ein Passagier kotzt einmal quer. Die Stewardess ruft panisch im Cockpit an, Start wird abgebrochen, und nach längerem Hin und Her eiert das Flugzeug zurück zum Gate. Einstündige Rettungs- und Reinigungsaktion. Fantastisch. Immerhin – ich schlafe nach gestillter Neugier wie ein Baby.

War ich je weg?

Boa Vista

Mein erster Tag in Boa Vista ist brüllend heiß! Stress, Schweiß, Dreck und staubige Straßen, Leute wiedersehen (war ich eigentlich je weg?). Jetzt geduscht, ein frisches Hemdchen angezogen und ab in die Hängematte. Binnen Minuten ist es dunkel geworden. Der Computer spielt Toquinho – sommerlich leichten, melancholischen Bossa Nova. Eine eiskalte Dose Bier in der Hand, die Hängematte schaukelt. Es riecht nach Blumen und dampfendem Regen auf heißem Beton – ein Sommergewitter ist vorbeigezogen, hat den Regen wieder mitgenommen, dafür einen leichten, kühlen Wind hiergelassen. Trotzdem ist es heiß. Eigentlich sollte ich meinen Koffer auspacken ... na ja, lieber den Moment der Schwerelosigkeit genießen, wenn die schaukelnde Hängematte die Richtung wechselt.

Zwei Jahre ist es her, seit ich zum ersten Mal hier war. Mein gesamtes Hauptstudium liegt dazwischen – damals ein Praktikum, jetzt die Diplomarbeit. Fühlt sich gerade surreal an, als wäre diese Zeit in Deutschland ein Traum gewesen, und in Wirklichkeit habe ich Boa Vista nie verlassen. Und immer noch die Ameisenbären. Wir haben ein neues Haus, in dem es anders als in unserer Butze vom letzten Mal keine Skorpione und nur wenige Moskitos oder Kakerlaken gibt. Die glänzenden Augen der zahlreichen Kakerlaken, die einem im alten Haus immer erwartungsfroh vom Spülbecken in der Küche entgegenblickten, stießen bei mir nur auf mäßige Gegenliebe. Jetzt also alles etwas feudaler – schön! Ich teile das Haus mit Steffi und Henrik, zwei Studenten aus Hamburg, die hier Holz- und Bodenuntersuchungen machen. Es ist gerade Maracuja-Saison, und ich habe mich schon am ersten Tag dumm und dämlich daran gegessen: Maracuja einfach so, Maracuja-Saft, Maracuja-Eis, Maracuja-Pudding ... mal gucken, wie lange die Begeisterung anhält.

Das Zellstoffproblem

Ein kurzer Exkurs zum Zellstoffproblem hier in Brasilien. Es ist so paradox und beschäftigt mich daher sehr: Obwohl Brasilien zu den führenden Nationen in der Zellstoffproduktion gehört, haben die Brasilianer ein Problem mit der Herstellung und dem Gebrauch praktikabler Zellstoffprodukte. Und zwar auf allen Ebenen:

1. Das Klopapier löst sich in seine Einzelteile auf, wenn man sich damit den Hintern abwischt. Dennoch darf man es AUF KEINEN FALL ins Klo werfen, sondern in einen Papierkorb, da es sonst das Klo verstopfen könnte. Wie kann Papier, das sich sowieso binnen Sekunden von selbst dematerialisiert, ein Klo verstopfen?
2. Auch die Tempotaschentücher zerfallen bei Berührung, bevor man die Nase geputzt hat, oder einfach, wenn man sie schräg anguckt. Vielleicht wird diese Spontandekomposition auch durch Sonnenlicht oder Luftsauerstoff verursacht. Dementsprechend viele Taschentücher braucht man für eine einmalige Nasenreinigung.

Dennoch kann man Taschentuchpäckchen nur einzeln kaufen. Keine großen Pakete. Das soll mal einer verstehen.

Zumindest freut es den Mann, der an der Kasse im Supermarkt die Tüten packt, wenn er zehn identische Päckchen Tempos in einen Beutel stecken darf. Hier muss nämlich alles, was in einer Tüte landet, auch optimal zueinander passen. Also nicht irgendwie das verpackte Brot mit dem verpackten Waschmittel in einen Sack, um Himmels willen! Lieber läuft der Kunde am Ende mit zwölf Plastiktüten aus dem Laden, in denen jeweils ein oder zwei Produkte sind. Aber alles passt, und der Brasilianer an sich ist glücklich.

Steffi nimmt jetzt immer eine Jutetasche zum Einkaufen mit, um die Plastiktütenflut einzudämmen. Führt zu tollen Situationen an der Kasse: Der Tütenmann stellt begeistert fest, dass man mehr als drei Produkte in solch eine Tasche packen kann, ohne dass die Henkel reißen. Außerdem wird bewundernd angemerkt, dass so was ja viel umweltschonender ist, natürlich nicht, ohne anschließend die gekaufte Ware in eine Plastiktüte zu stecken und diese wiederum in den Jutesack. Aber immerhin – vor zwei Jahren wurde man noch mit großen Augen verständnislos angestarrt, wenn man mit einer eigens mitgebrachten Tasche ankam. Stürzte den Tütenpackmann in große Hektik, denn alles musste in Plastik verpackt sein, bevor man seine Argumentation für den Jutesack abschließen konnte.

Ameisenbären? Wo seid ihr???

Seit Tagen kein Ameisenbär in Sicht. Heute wieder draußen in den Plantagen gewesen, um nach den Tieren zu suchen und ein Studiengebiet auszuwählen. Während sich Kolja vor zwei Jahren einen Gesamtüberblick verschafft und die Dichte von Ameisenbären in allen Plantagengebieten erhoben hat (bis zu zehn!!! Tiere pro Quadratkilometer! Wo sind die, verdammt???), möchte ich mich auf ein kleines Gebiet konzentrieren, das alle Lebensräume umfasst, um dort die soziale Organisation und Bewegungsmuster der Tiere zu analysieren. Im Internet habe ich eine (Profi-Sport-)Zwille bestellt, also eine Art Schleuder, um die Ameisenbären mit kleinen Farbbeutelchen zu markieren und sie einfacher voneinander unterscheiden zu können. Aufregend!

Bin mir nicht ganz sicher, ob ich ein optimales Gebiet gefunden habe. Ein circa hundert Hektar großer Abschnitt mit Plantage, Savanne und ein Bach mit umstehender Ufervegetation. Im Prinzip also alles da. Auch Kratzspuren an den Bäumen, EIGENTLICH sollte es da auch Ameisenbären geben. Gesehen habe ich aber immer noch keine. Endloses Kurven zwischen Akazien und Palmen, aufmerksam muss man trotzdem sein, um den Bären am Ende nicht zu verpassen. Gegen Nachmittag fällt es mir schwer, die Augen offen zu halten. Oh Mann. Langsam tue ich Julio, auf den ich als Fahrer angewiesen bin, bis die portugiesische Übersetzung meines Führerscheins aus Manaus gekommen ist, leid.

Auf der Fahrt nach Hause träumen wir von besserem Wetter – wenn's nur mal 30 °C hätte, wär's schon toll. Endlich mal 'ne kleine Abkühlung. Hier ist es nach wie vor megaheiß und trocken.

Das unsichtbare Etwas aus dem Ameisenbärenparalleluniversum

Endlich: Seit gestern habe ich ein Auto, meine Führerscheinübersetzung und das perfekte Studiengebiet. Es kann losgehen, wird ja auch Zeit. Das müssen jetzt nur noch die versteckten Ameisenbären mitbekommen. Idioten. Gestern wieder den ganzen Tag erfolglos im Feld rumgegurkt.

Das Studiengebiet ist eine Stunde von der Stadt entfernt, Mittagessen gibt's daher im nahegelegenen guten, alten Waldarbeitercamp, in dem ich vor zwei Jahren schon viel Zeit verbracht habe. Zwei Häuschen, ein kleiner Badeteich und der alte, liebe Mann, der mir schon damals immer die nur mittelwillkommenen Extraportionen Trockenfleisch auf den Teller geklatscht hat. Mittags kommen alle Arbeiter aus dieser Region zusammen und warten hungrig auf das Mofa aus der Stadt. Das bringt für jeden eine Aluschale mit mehr oder minder unterschiedlichen Variationen von Fleisch, Reis und Bohnen. Würze bekommt das Ganze von den Chilischoten, die man sich am Busch nebenan pflückt. Lecker. Danach macht jeder Siesta in der Hängematte – bei 50 °C bis 60 °C Mittagshitze in der Savannensonne will keiner arbeiten. Heute gibt's als Bonus noch eine Comedy-Einlage: Im Camp wurden neuerdings Tonnen zur Müllsortierung eingerichtet: »Recyclebar« und »Nicht Recyclebar«. Der alte Campchef erklärt seinem Waldarbeiter-Publikum noch mal, wie das geht. Heiteres Unverständnis. Einer nach dem anderen geht zur Mülltonne und sortiert die Überreste seines Mittagessens mit Grimassen und theatralischen Gesten in die Tonne. Bei jeder Darbietung herrscht johlendes Gelächter, als würde gerade ein Standup-Comedian die Nummer seines Lebens aufführen. Der Witz bleibt mir bis zuletzt verborgen, aber das Fazit ist wohl: Mülltrennung kann auch Spaß machen, liebe Kinder. Es kommt immer drauf an, was man draus macht ...

Nachmittags allgemeine Überraschung: Zwei Rehe stehen in der Plantage und starren unser Auto an. Vielleicht starren sie aber auch den Ameisenbären an, der zwischen uns und den Rehen steht und ebenfalls überrascht guckt, während wir überrascht auf die Rehe und meinen ersten Ameisenbären in diesem Jahr starren. Dieser guckt allerdings angestrengt in eine vollkommen andere Richtung, etwas rechts von mir und den Rehen, in der, zumindest in unserem Universum, nichts Überraschendes zu erkennen ist. Wackelt dann auf die Rehe zu. Die springen zur Seite, der Ameisenbär erschreckt sich natürlich – huch? Was war denn das??? Rennt auf mich zu, erschreckt sich wegen mir natürlich noch mal. Oh je! Steht etwas ratlos rum ... Auf das für alle anderen unsichtbare Etwas, das sich in seinem Paralleluniversum rechts von mir und den Rehen aufhält, will er auf keinen Fall zurennen. Aufgesträubtes Fell, misstrauisch hebt er die Nase, mitten im Schritt mit erhobener Pfote erstarrt. Was tun? Es rattert in seinem kleinen Hirn. Zumindest kurz. Um seine Unsicherheit zu überspielen, fummelt er indifferent mit der Kralle im Blattstreu der Plantage rum, oh! Eine Ameise! Und schon bin ich und alles andere um ihn herum vergessen. Entschieden baggert der Bär das Ameisennest auf und leckt mit genüsslich geschlossenen Augen seinen Proteininhalt. Es ist mir immer wieder ein Rätsel, wie ein so unglaublich vergessliches Tier über nunmehr 60 Millionen Jahre überleben konnte. Endlich gelingt mir eine ausgiebige Verhaltensaufnahme. Der Start für meine Datensammlung! Jetzt warte ich nur noch auf meine Chefsteinschleuder, und dann geht's richtig los!

Erdbeben zum High Noon

Die Savanne ist im Moment staubtrocken und es gibt häufig Brände. Gerade erst kam ein Feuer den (ebenso trockenen) Plantagen gefährlich nah. Zwei Ameisenbären galoppierten verzweifelt mit letzter Kraft über den Brandschutzstreifen. Die waren so erschöpft, dass sie sich zwischen den herumrennenden und löschenden Feuerwehrleuten erst mal hechelnd hinsetzen mussten und ihre Scheu vergaßen ... oooohh, herzzerreißend! So ein Ameisenbär kann zwar schnell, aber nicht weit rennen. Dafür ist sein Stoffwechsel einfach zu lahm.

Irgendwie die Katastrophenwoche: Vor einigen Tagen gab's ein Erdbeben. Ziemlich heftig sogar, die Wände in der Firma sind jetzt von Rissen durchzogen. Ich holperte derweil ja mit meinem Auto über Buckelpisten im Nirgendwo und bekam deshalb überhaupt nichts davon mit. Außer, dass ich an diesem Tag keinen Ameisenbären sah, obwohl ich an allen anderen Tagen vorher und hinterher jeweils mehrere getroffen hatte.

Viel Feldarbeit. Im Moment folge ich den Bären immer solange, wie eine ungestörte Verhaltensaufnahme möglich ist. Neben mir der schweigsamen Mitarbeiter, der mich nicht versteht. Mittlerweile mag ich ihn trotzdem, weil er beim Ameisenbärenbeobachten an den gleichen Stellen lacht wie ich: Ameisenbär verheddert sich im Geäst und fällt hin, Ameisenbär steht vor einem und rafft nix, Ameisenbär erschreckt und plustert sich auf ... Einziges Manko: Der Typ parfümiert sich morgens gerne ein. Und zwar frei nach dem brasilianischen »Viel hilft viel«-Konzept. Wir zwei voll in der Duftwolke. Ein Detail, das auch den Ameisenbären mit ihrer empfindlichen Nase nicht entgeht ... Haha, und ich hatte mir in Deutschland noch den totalen Stress gemacht, um parfumfreies Deo und Duschgel zu kaufen.

Meine Schleuder, mit der ich die Tiere zur individuellen Bestimmung farbmarkieren wollte, ist übrigens immer noch auf ihrer langen Reise quer durch Brasilien. Weiß der Henker, wann sie ankommt, dann hat sie aber bestimmt viel zu erzählen. Sie hat sich so viel Zeit gelassen, dass ich sie mittlerweile gar nicht mehr brauche. Habe ein Fotoregister von jeder Sichtung angelegt und gelernt, die Ameisenbären anhand ihrer Fellzeichnung zu unterscheiden. Klappt überraschend gut. Pah, blöde Steinschleuder ...

Bisher sind vier verschiedene Ameisenbären in meinem Studiengebiet. Zwei habe ich bereits mehrfach wiedergesehen. Jedes Tier bekommt eine Nummer und, weil das lustiger und leichter zu merken ist, einen Namen. Bisher haben wir eine Alberta, eine Bella, einen Chan und einen Dodo. Chan und Alberta sehe ich immer wieder. Chan ist klein, hochbeinig und kriegt überhaupt nix mit. Das Geschlecht kann man übrigens rein optisch nicht unterscheiden, kein Sexualdimorphismus bei Ameisenbären. Die vage, wissenschaftlich nicht gestützte Vermutung, dass Weibchen runder aussehen, weil sie längeres Bauchhaar haben, veranlasst mich zu weiblichen und männlichen Namen.

Tapirsichtung im Lampenladen

Hab mir aktuell einen Mitarbeiter von meiner Mitbewohnerin Steffi ausgeliehen. Ich nenne ihn den Tapir, weil er ständig zuckt und quietscht und sich dabei anhört wie ein Tapir. Und er schläft. Die ganze Zeit. Mein Mitarbeiter hat genau eine wichtige Aufgabe: Wenn wir durch die Plantage fahren, observiere ich die eine Seite und suche A-Bären, und er muss die andere Seite observieren. Nicht schlafen – das ist eigentlich alles. Als ich ihn darauf aufmerksam mache, dass er aufpassen muss und nicht schlafen darf, meint er: »Wieso, hier waren wir doch schon mal!« Oh Mann.

Dann das Drama: Mir fällt das GPS-Gerät, zentrales Arbeitsequipment meiner Studie, aus der Tasche, als ich vor Bienen wegrenne. Sollte aber kein Problem sein, es wiederzufinden, denn ich habe die ganze Zeit getrackt, also meine Bewegungen vom GPS-Gerät aufzeichnen lassen. Dann muss man die jetzt nur zurückverfolgen. Wenn man das GPS-Gerät hätte ... Hm, Denkfehler. Die einzige Möglichkeit, die Stelle wieder ausfindig zu machen, ist etwas unbequem: Ich muss das Bienennest suchen, in das ich vorhin reingerannt bin. Das kann ja heiter werden, jetzt renne ich also schon zum zweiten Mal am heutigen Tag vor einem gereizten Bienenschwarm davon, stolpere im Lauf aber freudig über mein GPS-Gerät. Juchhu!

Alles ist mittlerweile schon ein Stück weit Alltag, und man ärgert sich blöd über solchen Kram wie das GPS-Gerät, den schlafenden Mitarbeiter, die Datenbögen oder irgendwelchen anderen Blödsinn und vergisst darüber ab und an, wie toll es hier ist. Später stehe ich dann auf der Plantage neben einem wunderhübschen Ameisenbären, ein kleiner, grüner Kolibri schwirrt um mich herum, und ich habe den Ohrwurm von Mia: »Ich bin, und plötzlich fällt mir ein, es ist was ganz Besonderes, zu sein ...« – ganz schön kitschig. Aber wahr. Das muss ich mir immer wieder klarmachen.

La Niña. Herzlichen Dank auch

Habe heute Mittag Henrik und Steffi, meine beiden Mitbewohner, zum Flughafen gebracht. Die fahren pünktlich zu Weihnachten nach Deutschland zurück, und ich bin jetzt allein mit den Katzen im Haus. Irgendwie traurig. Und dann spielt auch noch das Wetter verrückt. Es ist ein »La Niña«-Jahr. »La Niña« ist ein unregelmäßig auftretendes Wetterphänomen, das hier alle paar Jahre oder Jahrzehnte zu starken Regenfällen führt. Julio und ich sind letzte Woche nach einem Sturzregen um ein Haar nicht mehr aus dem Studiengebiet herausgekommen, weil auf einmal die ganze Plantage unter Wasser stand. Wir mussten uns mit unserem kleinen VW kilometerweit durch einen See kämpfen, der eigentlich Savanne ist, und dabei den Verlauf der Straße unterhalb der schlammigen Wasseroberfläche erahnen. Sieben Kilometer von der nächsten Behausung entfernt ist das Auto dann doch im Matsch ersoffen. Strömender Regen. Kein Handy- oder Funkempfang. Verzweifelt graben wir circa eine Stunde die Reifen frei, gratis Fangopackung, und versuchen immer wieder, Äste unter die Räder zu stecken, um den Reifen Halt zu geben. Keine Chance. Am Ende kurbelt Julio mit einer Unterlegplatte und dem Wagenheber das Auto hoch, dann hämmern wir mit vereinten Kräften einen Holzstamm unter den Reifen, an dem wir dann endlich und Gott sei Dank hochfahren können. Oh Mann, da hab ich mir schon ein bisschen Sorgen gemacht.

Bis gestern hat es so stark weitergeregnet, dass mein Studiengebiet nicht zugänglich war. Ich hoffe, dass wird jetzt wieder besser – sonst habe ich datentechnisch ein echtes Problem. Außerdem nervt es, hier alleine rumzusitzen und nicht mal Ameisenbären suchen zu können.

Wettertechnisch ins Büro verbannt, bleibt immerhin Zeit, sich über sinnlose Dinge den Kopf zu zerbrechen. Zum Beispiel, warum man eigentlich grundsätzlich die Augen zukneift, wenn man mit dem Auto in ein Schlagloch reinsemmelt. Vermutlich hat noch nie ein Mensch gesehen, wie es aussieht, wenn man in ein Schlagloch fährt, weil alle immer die Augen zumachen. Vielleicht blinkt es ja bunt, und keiner weiß es. Und eigentlich interessiert es, glaube ich, auch keinen außer mir. Und vermutlich bin ich auch die einzige Person, die so doof die Augen zukneift, wenn sie in ein Loch fährt … Na ja.

Bleibt aber auch Zeit, abends mal wieder auszugehen. Ein Freund von mir hat hier in der Stadt eine Bar, da kann man Caipi trinken und dabei die aufgebrezelten Brasilianerinnen besichtigen. Die High Society Boa Vistas hängt also auch heute Abend auf der Veranda vor dem Club rum. Ein Truck mit abgedunkelten Scheiben und ein schwarzes Motorrad fahren ganz langsam und ein bisschen bedrohlich vorbei. Auf einmal ein Knall. Ein Schuss?! Alle werfen sich auf den Bauch unter die Tische – die Mädels mit ihren Leggins und Silberstilettos, die Herren im Anzug. Nach einem Moment der Ratlosigkeit wird klar, dass es nur eine Mango war, die vom Baum aufs Wellblechdach geplumpst ist. Haha … Das Risiko, in den Straßen durch die gerade reifenden Früchte erschlagen zu werden, steigt aktuell stündlich. Letztens hätte mich um ein Haar eine Kokosnuss in unserer Auffahrt erwischt, und jetzt fallen aus allen Bäumen dicke, fette Mangos oder Avocados. Man geht im Zickzackkurs durch die Straßen, und in der Firma ist der Innenhof gesperrt, weil kopfgroße Mangos runterstürzen und mit solch einer Wucht auf dem Boden aufprallen, dass man im Büro unvermittelt vor Schreck zusammenzuckt und sich vertippt. Hat auch sein Gutes: Mein Mixer zu Hause läuft auf Hochtouren und produziert großartige Fruchtsäfte.

Good morning sunshine ☹

Nachdem wir während der Überschwemmungen nicht ins Studiengebiet gekommen sind, gibt es jetzt wieder volles Programm: Jeden Morgen um 4:30 Uhr fahre ich über die rote Lehmstraße in den Randbezirk von Boa Vista, um meinen Mitarbeiter Julio einzusammeln. Um einfache, alte Holzhäuschen rennen Hühner, aus vielen fällt um diese unchristliche Uhrzeit schon Licht. Also nicht aus den Hühnern, sondern aus den Häusern. Hier geht der Tag früh los. Noch vor Sonnenaufgang kommen wir dann im Optimalfall im Waldarbeitercamp an, erst noch ein Kaffee, dann weiter in die Plantagen, Ameisenbären suchen, beobachten, fotografieren und so weiter.

Nur heute nicht. Heute segeln wir meilenweit am Optimalfall vorbei: Statt beim Kaffee im Camp im Schaukelstuhl zu sitzen, fliehen wir um 5 Uhr morgens auf der Bundesstraße aus dem brennenden Auto. Noch mal rein in den Qualm, um die Motorhaube zu öffnen, Julio reißt panisch die Kabel der Batterie ab, Wasser drüber, dann hört es langsam auf zu rauchen. Puh. Mit klopfendem Herzen stehen wir fassungslos neben dem Auto. Jetzt schlafen natürlich noch alle Kollegen, die uns retten und abschleppen könnten, keiner erreichbar, also trinken wir den Kaffee aus der Thermoskanne eben am Straßenrand und gucken uns dabei den Sonnenaufgang an. Angekratzte Nerven statt gemütlicher Schaukelstuhl. Um 6 Uhr reist dann ein überladenes Auto von der Firma an, von Weitem hört man schon Lachen und sieht weiße Zähne in braunen, fröhlichen Gesichtern. Zwei Automechaniker und weitere vier Männer entsteigen dem Kleinwagen, letztere offensichtlich ausschließlich dafür zuständig, ein Maximum an Spott und Häme auf uns niederregnen zu lassen. Eins ist klar: »We made their day« mit unserer bescheuerten Aktion. Julio gesteht, dass er versucht hat, die Verkabelung vom Radio zu »optimieren«. Das hat wohl nur so mittelgut geklappt. Jetzt sitz ich etwas überrumpelt in der Firma und stinke nach verbranntem Plastik. Es ist 7 Uhr, und gemessen an dem, was schon alles passiert ist, müsste es doch eigentlich Abend sein ...

Danke, lieber Ameisenbärengott

Eben die Wiedergutmachung vom Ameisenbärologengott für das brennende Auto: kackender Ameisenbär im Bach. Mit Sonnenuntergang. Und Regenbogen. Ein Traum! Leider hat nicht alles auf ein Foto gepasst – der Regenbogen musste draußen bleiben. Dafür hab ich die Kacke im Flug abgelichtet. Herrlich!

Aber der Tag hatte noch mehr zu bieten: Als ich in die Stadt fahre, fährt vor mir im ersten Kreisverkehr: DER OBSTBUS!!!! Den suche ich schon seit Tagen! Ich setze zur halsbrecherischen Verfolgungsjagd quer durch die Stadt an. Der Obstbus ist im Prinzip meine zweite laufende Forschungsarbeit hier in Brasilien: Es handelt sich um einen Bus, in dem man die besten und frischesten Früchte in ganz Boa Vista kaufen kann. Er sieht aus wie ein normaler Linienbus, ist aber beklebt mit Obstbildern. Statt Fahrgästen transportiert er Früchte, die morgens direkt bei den Bauern eingesammelt wurden. Tolles Konzept! Einziges Manko: Zumindest für mich ist absolut keine Gesetzmäßigkeit erkennbar, wo der Bus zum Stehen kommt und man einkaufen kann. Kein Witz jetzt: Seit Wochen führe ich Buch, um das herauszufinden. Wenn ich ihn sehe, notiere ich Wochentag und Position im Irrglauben, dass das in der nächsten Woche wieder so ist. Weit gefehlt. Der Bus scheint sich einfach wahllos im Stadtbild zu materialisieren. Vielleicht schmeißen die morgens einen Dartpfeil auf die Stadtkarte. Auch das Produktangebot folgt einer mir unbekannten Gesetzmäßigkeit, und das ist nicht übertrieben:

»Guten Tag, ich hätte gerne Mangos.«

Verständnisloser Blick: »Es ist Dienstag!«

Ach so ... Mein Fehler. Ich notiere in meine Obstbusforschungskladde: dienstags keine Mangos. »Dann hätte ich gerne Goiaba.«

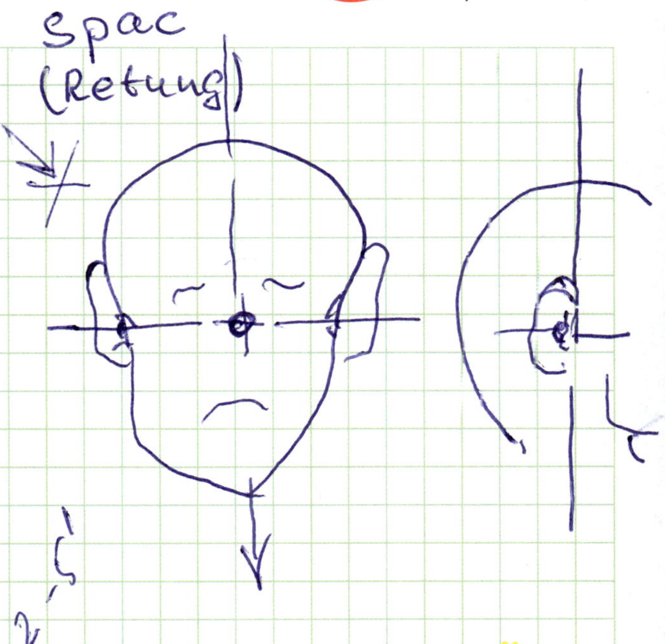
Spac
(Retung)

»Wir hatten doch Donnerstag Avocado im Angebot, da gibt's erst Mittwoch wieder Goiaba.«

Ich notiere also wiederum: mittwochs Goiaba, falls Donnerstag Avocado.

Mittwochs gehe ich hin: »Guten Tag, ich hätte gerne Mangos.«

»Gerne.« (Juchhu)

»Und Goiaba.«

Tadelnder Blick: »Wenn wir mittwochs Mangos haben, gibt es keine Goiaba, auch wenn es Donnerstag Avocados gab. Die gibt es dann Montag, falls freitags keine Mangos geliefert werden. Dann stehen wir aber auch nicht am Busbahnhof. Sollte es freitags Mangos geben, können wir Donnerstag keine Avocados liefern, aber auch nur, wenn wir nicht am Fußballplatz stehen.«

Okay ... Verwirrt versuche ich in meiner Obstbuchforschungskladde eine Tabelle anzulegen, um per Ausschlussprinzip herauszufinden, an welchem Wochentag und an welchem Ort ich in der Stadt welche Früchte kaufen kann. Mindestens fünf Parameter bedingen sich gegenseitig.

Fazit: Es ist leichter, die Grundprinzipien der sozialen Organisation von Großen Ameisenbären zu verstehen als den Obstverkauf in Nordbrasilien.

Silvester-Countdown

Caracaraí

Frohes neues Jahr! Sitze leicht verschädelt im Büro (die Autokorrektur meint »verschandelt«, passt auch irgendwie), unten in der Firma sitzt der Typ vom Empfang und ist ganz bleich unter seiner braunen Haut – er ist heute Morgen um 10 Uhr voll wie ein Strumpf und gegen seinen Willen nach der Silvesterparty von Freunden nach Hause getragen worden und muss jetzt arbeiten ... der Arme!

Auch bei meinem Silvester war zugegebenermaßen ein bisschen Caipirinha involviert ...

Bis vorgestern wusste ich noch gar nicht, ob und wenn ja wo und mit wem ich Silvester feiern werde. Gott sei Dank gehe ich zum Wäschewaschen bei Flo vorbei (meine Waschmaschine ist im Eimer). Er ist ein deutscher Freund, der hier in Boa Vista mittlerweile mit Frau und Kind lebt. Flo erzählt, dass er am nächsten Tag einen Vogelmann (= deutscher Biologe) nach Caracaraí, der kleinen Regenwaldstadt 150 km südlich von Boa Vista, fahren wird. Dort in der Nähe besitzt die Plantagenfirma ein großes Stück Primärregenwald, in dem selektive Holzwirtschaft betrieben wird. Der Vogelmann soll dort eine Inventarisierung der Vogelarten durchführen.

Nach Caracaraí? Oh, echt? Da wohnt ja auch Suzana, eine Freundin von mir! »Claro querida!«, sagt sie, als ich sie anrufe und frage, ob wir zusammen Silvester feiern. Es folgt mein Silvestercountdown:

31.12.2007, 6.15 Uhr: Ich schmeiße Hängematte, Moskitonetz, Mückenrepellent, und – besonders wichtig – weiße Kleidung in meinen Rucksack. Hier in Brasilien trägt man traditionell weiß an Silvester, warum auch immer. Bevor es losgeht, noch Frühstücksbüfett mit Flo und Vogelmann im Nobelhotel in Boa Vista. Der Vogelmann sieht aus wie ein Physikdozent und erzählt wilde Regenwaldgeschichten. Wie er fast von Elefanten in Indien zertrampelt wurde und so.

8.30 Uhr: Mit einem klapprigen Pick-up rattern wir los Richtung Caracaraí. Die Straße wird, je weiter man aus Boa Vista rauskommt, immer katastrophaler – Schlaglöcher mit einem Durchmesser von zwei Metern, teilweise fehlt der Straßenbelag komplett. Aber wenn man die Grenze nach Amazonien überquert, plötzlich makelloser Asphalt. Dann: Vollbremsung! Vogelmann vollkommen aus dem Häuschen, am Horizont kreist die Silhouette irgendeines Falken, der wohl selten und toll ist. Aha. Ich lerne, dass die hiesigen Gänsegeier und der Kondor nicht zu den Greifvögeln gehören, sondern mit den Störchen verwandt sind. Konvergente Entwicklung. Oh, echt? Ja, und die Harpyie zieht ihre Jungen über anderthalb Jahre lang im Nest groß. Wow! Ein bisschen schafft er es dann doch, mich mit seiner Begeisterung für Vögel anzustecken.

10.30 Uhr: Ankunft in Caracaraí. Der Vogelmann muss noch in den Regenwald gebracht werden, also liegt eine weitere Stunde Fahrt tief in den Wald vor uns, über Schotterpisten und vor allem über DIE Brücke – diese berühmte Brücke führt über den Rio Branco und ist mittlerweile akut einsturzgefährdet. Flo erzählt, dass sie nur noch offen ist, weil bisher noch kein Fährbetrieb auf die Beine gestellt wurde. Aha, jetzt bin ich beruhigt. Zunächst aber auf der Straße in Caracaraí großes Hallo – wir treffen Velho, den Bootsfahrer vom Regenwaldprojekt, er muss Sachen mit dem Boot zum Camp bringen, und ich fahre mit: Die Fahrt auf dem Fluss ist wunderschön, praller Regenwald an den Flussufern, und ich werde nicht mit einer zusammenbrechenden Brücke in den Fluss stürzen. Dafür muss ich aber erst mal Berge rohen Fleischs zum Boot tragen. Velho reißt die Tüte und ein (gefühltes) halbes Rind glibbert auf die Straße. Neue Tüte, ich hieve das Fleisch hinein, bin danach blutverschmiert und rieche, na ja, interessant. Irgendwie karnivor. Immerhin kann man das Blut im Fluss runterwaschen.

11.45 Uhr: Wir düsen im Affenzahn über den Fluss. Ich schreie und falle vor Aufregung fast ins Wasser, als ich 5 Hoatzins, Stinkhühner, in einem Baum sitzen sehe. Die ersten meines Lebens! Beim Camp angekommen, wird der blutige Fleischberg mit der Schubkarre abtransportiert. Beim Mittagessen entdecke ich einen langweiligen braunen Vogel, der aber wohl total selten und gaaaanz schwer zu finden ist und den der Vogelmann noch nie gesehen hat. Ab jetzt bin ich sein Held.

14.00 Uhr: Der Vogelmann wird noch zu einem anderen Camp tiefer im Wald transportiert. Hier wird er einen Monat lang bleiben und hat für diese ganze Zeit lediglich Kekse und Kaffee dabei. Als ich ihn entsetzt angucke, meint er, dass er nicht viel Essen braucht, wenn er seine Vögel beobachten kann. Hmmm, also ich werde vom A-Bärenbeobachten immer hungrig – fehlt mir da etwa Begeisterung und Obsession? Ich entdecke einen dunkelblauen Vogel im Baum hinter dem Camp und damit die zweite ornithologische Sensation des Tages. Ha.

17.00 Uhr: Ohne Vogelmann geht's mit dem Auto zurück nach Caracaraí. Jetzt also doch die wackelige Brücke, vergesse dann aber jegliche Angst vor einem möglichen Einsturz, weil ein riesiger, leuchtender Regenbogen über den ganzen Himmel zieht. Verschwitzt und verdreckt kommen wir bei Suzana an. Im Hof eines 18 Quadratmeter kleinen Schuhkartonhauses, in dem viele, viele Menschen wohnen, sitzen lachende Leute auf Plastikstühlen. In einer Ecke rupft eine alte Frau eine frisch geschlachtete Ente, während ihr Mann Holz unter einem Kessel anfeuert. Der Fernseher steht zwischen der Festgesellschaft. DVDs mit Forró-Konzerten laufen und dicke Sängerinnen in Leggins singen vor einem wirbelnden Fernsehballett in Neonkleidung. Darunter werden die Liedtexte eingeblendet, wer mag, singt mit. Im Enten- und Gänsestall laufen kleine Kinder mit schwarzen Knopfaugen kleinen Küken hinterher. Wir trinken Bier und quatschen. Flo verkündet vor jedem Bier, das er öffnet, dass das jetzt aber wirklich das letzte sei und er danach nach Boa Vista zurückfahre. Jaja ...

19.45 Uhr: Flo hat sich tatsächlich aus seinem Plastikstuhl gehebelt und will jetzt WIRKLICH zurück nach Boa Vista fahren. Ich geh derweil ins Haus duschen. Suzana meint verlegen, dass das Haus zwar einfach ist, aber »minha casa é sua casa«. Hier wohnen ihre Eltern, ihre Schwester und die 4 (oder 5) Brüder. Das Wohnzimmer ist in beruhigendem Neongrün gestrichen. Die Jungs scharen sich um die Kronjuwelen, den Computer, und spielen Shooter-Computerspiele. Daneben knutschen im Fernsehen in einer Telenovela alte Männer mit jungen Frauen. Ich merke an, dass in Deutschland alle ausflippen würden, wenn ein uralter Mann mit behaartem Rücken im Fernsehen mit einer 20-Jährigen rummachen würde. Suzanas Mutter erklärt mir, dass das hier anders ist.

21.00 Uhr: Es gibt die Ente, frisch aus dem Garten, mit Reis – lecker ... Teller werden auf Knien balanciert, einen Tisch gibt es nicht. Suzana gerät in Panik, als ich feststelle, dass ich den Cachaça, also den Schnaps für die Caipirinha, in Flos Auto vergessen habe. Auf einmal wird hektisch herumtelefoniert. Um die Nerven zu beruhigen, entzünden wir schon mal die Wunderkerzen, die mir meine Mutter aus Deutschland geschickt hat. Hier in Brasilien gibt's so was nicht. Logisch – macht ja auch keinen Lärm. Auf meinem Arm schläft Hanna, Suzanas kleines Mini-Plüsch-Kuschelkätzchen. Suzana hat sie weinend und allein auf der Straße gefunden, mitgenommen und wieder aufgepäppelt. Jetzt hat sie einen kleinen runden Babybauch und ist rotzfrech. So was Süßes!

22.40 Uhr: Überraschung: Flo kommt wieder angefahren. Er war noch »auf einen Sprung« bei Velho, dem Bootpiloten, ist dort bei weiterem Bier versackt, und jetzt ist es eh zu spät – also hat er sich kurzerhand im Hotel eingemietet und bekommt auch erst mal Ente vorgesetzt. Wir Mädels ziehen uns fürs Silvesterstyling zurück. Erschwerte Schminkbedingungen: Es gibt nur eine kleine Spiegelscherbe, die abwechselnd der eine hält, während sich der andere im schummrigen Licht der einzigen Glühbirne schminkt. Da betrachtet man die wunderschön hergerichteten Brasilianerinnen mit noch mehr Hochachtung.

23.15 Uhr: Wir trödeln bei Bekannten vorbei. Ich bin doch etwas nervös, ob wir es noch rechtzeitig bis 0 Uhr zur Partymeile im Stadtzentrum schaffen, die anderen scheinen meine Bedenken aber nicht zu teilen. Ein Männertrupp mit Taschenlampen zieht in aller Seelenruhe los, um Limetten für Caipirinha zu ernten.

23.45 Uhr: Taschenlampen geistern in Nachbargärten rum. Immer noch keine Limetten.

23.50 Uhr: ENDLICH! Die Limetten treffen ein. Suzana und ich mischen hektisch in einer 1,5 Liter Colaflasche Caipirinha. Okay. Sind wir mal realistisch. Bis um 0 Uhr schaffen wir es mit Sicherheit nicht mehr ins Stadtzentrum.

1.1.2008, 0.00 Uhr oder so. Wir stehen etwas ratlos mit Wunderkerzen in der Hand im Hinterhof des Bootspilotenhauses. Keiner weiß genau, wie spät es eigentlich ist, der Uhrenvergleich zeigt eine Diskrepanz von circa 10 Minuten. Geböllert wird in der ganzen Stadt sowieso schon seit halb zwölf. Irgendwann liegen wir uns dann einfach in den Armen – wie auch immer ... Feliz ano novo!!!

0.15 Uhr: Jetzt dann doch auf einmal Hektik. Acht Leute stapeln sich im Pick-up Richtung Stadtmitte. Auf der Hauptstraße Caracaraís ist die Hölle los. Die ganze Stadt ist auf den Beinen. Weiter vorne dröhnt Musik von einem besonders gewaltigen Show-Lastwagen. Darauf ein Balkon, auf dem die Band spielt und unter dem auf einer bunt illuminierten Bühne Frauen in BH und Unterhose tanzen. Mehr oder weniger synchron, eher weniger souverän. Schwächen der Choreographie werden mit ausladendem Hinternkreisen in Richtung Publikum wettgemacht.

Wir treffen noch mehr Jungs vom Regenwaldprojekt, schöne Töchter werden voller Stolz vorgeführt. Der Caipirinha verfehlt nicht seine Wirkung, ab jetzt wird die Erinnerung bruchstückhaft ... Wir tanzen Samba und Forró bis tief in die

Nacht. Auch ich und Suzana und mit steigendem Alkoholpegel gar nicht mal schlecht ... Schlecht wird dafür aber Suzana. Die guten Vorsätze für das kommende Jahr stehen schon mal fest: nie wieder Caipirinha ... Prost Neujahr.

Ach ja – und Ameisenbären gibt's auch noch

Boa Vista

Es häufen sich (haha, im wahrsten Sinne des Wortes) die Ameisenbärensensationen: Wir sind mein Studiengebiet auf der Suche nach Ameisenbärenhinterlassenschaften und Kratzbäumen abgegangen. Die Positionen von beiden werden wieder mit dem GPS-Gerät gespeichert. Wenn man weiß, wie und wo sich das alles auf die Streifgebiete der Tiere verteilt, ist man hinterher vielleicht ja schlauer. Habe für die Aktion zwei Mitarbeiter organisiert. Der zugegebenermaßen etwas deutsch-ambitionierte Plan: Wir drei laufen die Plantage Reihe für Reihe ab, circa 100 Hektar, jeder sucht in jeweils zwei Baumreihen Kratzbäume und guckt nach Ameisenbärenkot. Wird eine ganz schöne Lauferei ... meine Mitarbeiter schauen mich nur fassungslos an. Jetzt spinnt sie endgültig. Hundert Baumreihen und drei Bienennester später dann Streik. Die beiden sitzen am Plantagenrand und weigern sich, noch einen Schritt zu gehen. Julio hat ja schon eine Blase am Fuß! Weicheier. Mach ich den Rest alleine. Auf der Heimfahrt müssen wir anhalten, weil ich erst mal nett an den Straßenrand kotze. War vielleicht etwas viel, aber es hat sich gelohnt! Über 2000 Kratzbäume haben wir gezählt, und ich habe sogar Latrinen gefunden, also Orte mit bis zu fünfzehn Kackhaufen von Ameisenbären nebeneinander. Bei anderen Tierarten spielen solche Latrinen eine wichtige Rolle in der sozialen Organisation. Bei Ameisenbären ist das bisher vollkommen unbekannt!

Kondome zur Reproduktionssteigerung und fahrende Eisschränke

Mein Freund Marc ist für ein paar Wochen zu Besuch. Juchhu! Einwöchiger Urlaubs-Abstecher in den Amazonasregenwald. Unter den vielen biologischen und kulturellen Sensationen auf der Reise (rosa Delfine, Brüllaffen und so) bleibt insbesondere auch eine Kautschukplantage in Erinnerung, wo ein alter Mann Kondome selbst herstellt und verkauft. Er preist sein Produkt als besonders sicher an und zeigt uns im nächsten Atemzug ein Familienfoto mit ihm und seinen zwölf Kindern. Hm.

Jetzt liegt die zwölfstündige Busfahrt von Manaus nach Boa Vista hinter uns. Im komfortablen Reisebus über Nacht könnte doch ganz nett sein, mit Liegesitzen und Aircondition – dachten wir. Letzteres stellte sich allerdings eher als Fluch heraus, denn der Bus wird auf 15 °C runtergekühlt, ein kalter Wind zieht durch die Sitzplatzreihen. HORROR! Vielleicht wäre es mit Wollpulli, Strickmütze und Ohrenwärmern okay gewesen. Wir waren ja auch doof, das nicht im Handgepäck zu haben ... Marc kündigt nach zwei Stunden an, er müsse gleich weinen. Nach drei Stunden schnarcht er dann aber doch friedlich und leise vor sich hin, das kleine weiße Stoffläppchen, das an den Sitzen in Kopfhöhe angebracht ist, um den Hals drapiert und die Styroporbox mit unserer Reiseverpflegung verzweifelt unter das T-Shirt geschoben, um wenigstens ein bisschen Wärme zu bekommen. Währenddessen starre ich nach draußen in die Tropennacht, sehe im Mondschein einsame Urwaldriesen in abgeholzten Waldflächen stehen und mache mir Gedanken über das Bestäubungsproblem mit separiert stehenden Paranussbäumen und Euglossinen (Prachtbienen). Die lokale Bevölkerung lässt beim Abholzen nämlich die Paranussbäume immer stehen, weil man mit den Nüssen gutes Geld verdienen kann. Bringt aber nix, denn diese Bäume werden nur von kleinen, grün schillernden Prachtbienen bestäubt. Und die fliegen über keine größeren Freiflächen. Folglich sind die separat stehenden Bäume quasi impotent und produzieren auch kaum oder gar keine Nüsse mehr.

Schließlich kann ich doch noch vier Stunden schlafen, Uschi, meinen Stoffameisenbären, auf der einen und Marc auf der anderen Seite fest an mich gedrückt. Vollkommen verstört stolpern wir mit einem Temperatursprung von 20 °C aus dem Bus in die morgendliche Hitze Boa Vistas. Uff. Brasilianer und ihr »Viel-hilft-viel-Konzept«.

Ein Gemüsegarten ameisenbäriger Schrulligkeit

Marcs Ameisenbärenforschungspremiere ist gleich mal ein Gang durch den Gemüsegarten schrulliger Einfältigkeiten: Noch auf dem Weg zum Studiengebiet galoppiert ein Ameisenbär über die Straße. In der Plantage dann schon wieder einer im gestreckten Galopp: Ameisenbär Elfi in absurder und zunächst unerklärlicher Panik. Weit und breit kein Grund in Sicht, hier so verängstigt rumzurennen. Irgendwann bleibt sie stehen, außer Atem, gar nicht glücklich, läuft einige Meter, und mit jedem Schritt fällt die Erinnerung an die ganze Aufregung aus ihrem kleinen Schädel. »Dupdidu ... oh, schön! Eine Ameise!« Alles wieder gut?

Weit gefehlt – auf einmal rennt sie wild auf und ab und rast dann im Affenzahn direkt an uns vorbei. Wir müssen zur Seite springen, und dann sehen wir es auch: Der armen Elfi sitzt ein großes Insekt, Bremse oder Biene, das kann man bei dem Tempo nicht erkennen, auf der Schnauze. Vermutlich sticht das Vieh immer wieder gemein zu. Maunz! Wie blöd! Während die gebeutelte Elfi also mit wehendem Schweif in Richtung Bach entschwindet, einige Meter weiter meditative Entspannung auf dem unteren Ende der Erregungsskala: Im Blattstreu sieht man für eine Millisekunde einen dunkelbraunen Staubwedel auftauchen und wieder verschwinden. Das kenne ich schon: Schlafende Ameisenbären rollen sich zusammen und decken sich mit ihrem buschigen Schwanz zu. Eine tragbare Wolldecke also. Isoliert, und ist gleichzeitig eine prima Tarnung. Man kann sie nur entdecken, wenn man so wie jetzt zufällig sieht, wie einer kurz mit dem Schwanz nach Fliegen oder Mosquitos schlägt. Sonst absolut unsichtbar. Hier reißt also gerade jemand seinen Mittagsschlaf ab.

Um diese Sichtung in meine Studie aufnehmen zu können, muss ich aber wissen, wer das ist. Muss den Bären also kurz wecken und dazu bringen, aufzustehen, damit ich die Fellzeichnung sehen und ihn bestimmen kann. Ich laufe laut knisternd ins Blattstreu. Keine Reaktion. Ich stampfe auf. Nix. Ich rufe – kurz wird eine glänzende Nase unter dem Schwanz hervorgeschoben, geschnauft und wieder eingezogen. Marc geht zum Auto und hupt. Keine Reaktion. Ich will nicht so nah zum Bären hingehen, der soll ja weiterschlafen können, wenn er sich mal gezeigt hat, und keine Angst bekommen. Jetzt tanzen wir also wild rudernd und rufend am Rand der Plantage herum, und irgendwann schält sich Herr Ameisenbär vollkommen verwirrt aus seinen Träumen und unter seinem Schwanz hervor und stemmt sich schwerfällig auf. Es ist Chan. Um die Schnauze kringelt sich ein getrocknetes Blatt, ein Gesichtsausdruck, von dem man dachte, er wäre von Harald Juhnke unwiederbringlich mit ins Grab genommen worden. Ich mache ein Foto und schleiche mich dann davon. Der Bär steht noch ein Weilchen schwankend in der Pflanzung, gähnt mit seinem winzigen Mund (was ziemlich lächerlich aussieht) und dann legt er sich entschieden wieder hin.

Spätestens jetzt ist es um Marc geschehen – so wie es jedem geht, der diese einfältigen Tiere live erleben darf –, er ist vollkommen dem Charme des Ameisenbären verfallen. Großartige Viecher!

Deutscher Terroranschlag auf brasilianische Militärsatellitenanlage

Santa Elena de Uairen

In Venezuela war ich zuletzt vor zwei Jahren, als Rosana nach Silvester vor den Empanadaladen gekotzt hat. Könnte man sich ja mal wieder blicken lassen, ist ja quasi um die Ecke. Marc und ich planen einen Wochenendausflug. Freitag muss ich aber erst noch Ameisenbären hinterherrennen, bevor wir fahren können, deshalb kommen wir erst im Dunkeln an der Grenze an. Man passiert auf der brasilianischen Seite zunächst eine Zollstation auf einem Berg, an der finster dreinguckende, schwer bewaffnete Soldaten stehen. Als unschuldige, deutsche Pazifistenseele bekommt man beim Anblick von Maschinengewehren ja immer gleich einen Herzkoller. In Brasilien also schon allein jedes Mal, wenn man zum Geldabheben am Wachmann vor der Bank vorbeimuss. Entsprechend aufgeregt fahren wir an den ganzen Schusswaffen vorbei und durch eine Talsohle. Auf dem nächsten Berg liegt dann das brasilianische Grenzdorf Pacaraima. Da müssen wir den Firmenwagen stehen lassen – die Wahrscheinlichkeit, dass die Karre in Venezuela geklaut wird, scheint so groß zu sein, dass in diesem Fall keine Versicherung zahlt. In meiner Erinnerung liegt Santa Elena, also die erste Stadt in Venezuela, wo wir wohnen wollen, direkt auf der anderen Seite der Grenze. Können wir ja hinlaufen! Wir also mit allem Gepäck die sehr düstere Straße in Richtung Grenze entlang. Versoffene und unheimliche Gestalten in dubiosen Etablissements schauen uns neugierig hinterher. Vielleicht auch amüsiert, denn Marc stolpert mit seinen Flip-Flops zielsicher in JEDES regenwassergefüllte Schlagloch, das sich ihm bietet. Die Stimmung ist gehörig gekippt. Am Grenzposten guckt mich der Beamte, der die Pässe kontrolliert, dann an, als hätte ich nicht mehr alle Tassen im Schrank: »Über die Grenze laufen??? Niemals! Ihr müsst auf jeden Fall fahren! Sucht euch ein Taxi!«

Wir also die ganze Straße wieder zurück, Marc testet nochmals die Wasserqualität in den einzelnen Schlaglöchern und will mittlerweile einfach wieder zurück nach Boa Vista. Nix da. Das ziehen wir jetzt durch! Eine vollkommen runtergekommene Rostlaube mit einem kleinen Schild »Taxi« in der Windschutzscheibe kommt vorbeigeklappert. Ich winke sie heran, ein verschlagen aussehender Venezuelaner entsteigt, und diesmal ist es Marc, der glaubt, ich sei endgültig durchgeknallt, als ich Anstalten mache, da einzusteigen. Er hat das Taxischild nicht gesehen und denkt, ich springe beim erstbesten Privatmann rein. »Können wir unser Gepäck in den Kofferraum tun?«

»Klar. Moment.« Der »Taxifahrer« beugt sich durch die Fahrertür und holt einen großen Schraubenzieher aus dem Handschuhfach, mit dem er dann den Kofferraum mit einer schwungvollen, oft geübten Bewegung aufhebelt. »Der klemmt. Bitte schön.«

Ah ja ... Aber das ist schon sein Auto, oder? Ich schaue zum armen Marc, der aber auf einmal über beide Backen grinst. Mittlerweile ist die Situation dann wohl absurd genug, um Spaß daran zu finden. Wir fahren also im abgasgefluteten Auto mit röhrendem Auspuff über die Grenze. Ist doch ganz schön weit bis nach Santa Elena – das hatte ich irgendwie falsch in Erinnerung. Das gibt dem eigentlich ganz netten Fahrer Zeit, aufzulisten, was an seinem Auto alles kaputt ist. Die Lüftung mal auf jeden Fall. »Und die Batterie auch, da blinkt ja die Warnleuchte ...«

»Nein, die ist das Einzige, was hier funktioniert, da ist nur das Warnlämpchen kaputt.« Aha. Ich hatte mir gemerkt, dass wir das letzte Mal im Hostel Marina gewohnt haben. Als das Taxi uns da absetzt, ist das aber irgendwie eher ein Puff. Oder hieß das doch Hostel Marisa? Äh, zugegeben, das nächste Mal könnte man sich etwas besser auf so eine Reise vorbereiten. Jetzt tapern wir also mal wieder eine zwielichtige Straße entlang, immerhin mittlerweile in Venezuela. Im Lichtkegel einer Straßenlaterne steht eine leicht bekleidete Frau. »Die frag ich mal, wo das Hostel ist ...«

»Das ist eine Prostituierte, Lydia!«

»Eben! Die weiß, wo die Touri-Hotels sind!« Hab ich auch recht behalten. Pöh! Die wusste sogar, was ich meinte, obwohl die gesuchte Absteige Posada Michelle heißt. Hostel Marisa ... knapp daneben ist auch vorbei.

Am nächsten Tag buchen wir die große Wasserfalltour. Die hält, was sie verspricht – insgesamt besuchen wir acht Wasserfälle: den höchsten, den breitesten, den schnellsten, den grünsten ... nach dem dritten hat die Angelegenheit nicht mehr so ganz den Thrill, wir haben aber ausreichend Bier eingekauft und werden mit jedem Wasserfall alberner. Man kann Wetten abschließen, was der nächste Superlativ sein wird.

Nach zwei Tagen, diesmal sehr viel souveräner und tagsüber, dann also die Rückreise. Mit dem Taxi fahren wir zu unserem Auto in Pacaraima auf der brasilianischen Seite der Grenze. Das ist zwar – irgendwie überraschend – noch da, springt aber ums Verrecken nicht mehr an. Macht nicht mal mehr ein Geräusch. Die Souveränität bröckelt. Batterie geklaut? Nein, alles noch da. Trotzdem macht es keinen Mucks. Gut, wir stehen ja ganz oben auf dem Berg, vor uns die Talsohle und auf dem Berg gegenüber die Zoll- und Militärstation.

Marc erklärt: »Man macht das dann so, dass man rollen lässt, Kupplung getreten und dann zweiter Gang rein und Kupplung springen lassen.« Okay. Er schiebt, ich hinterm Steuer. Auto rollt den Berg runter, mehrere Versuche mit der Kupplung, nix. Ich bremse – megalanger Bremsweg ohne Motor. Marc kommt hinterhergerannt.

»Marc, du musst das machen, ich kann das nicht.«

»Ich doch auch nicht! Hab nur gehört, dass das so geht!« Na toll. Jetzt versucht also Marc sein Glück. Nix. Wenn wir erst mal unten in der Talsohle angekommen sind, gibt's auch nix mehr zum Rollenlassen. Dann geht es auf beiden Seiten 1,5 Kilometer steil bergauf. Ich schlage also vor, die letzten paar Hundert Meter bergab einfach rollen zu lassen, um mit ausreichend Schwung hoch zur Zollstation zu kommen. Machen wir. Der Berg ist steiler als gedacht, und wir nehmen ganz schön Tempo auf. In einem Affenzahn rasen wir auf der anderen Seite den Berg wieder hoch und auf die Soldaten mit ihren Maschinengewehren zu.

»BREMS!!«

»GEHT NICHT!!« Scheiße, der lange Bremsweg ohne Bremskraftverstärker! Die Soldaten werden nervös wegen des roten Geschosses, das da auf sie zukommt. Marc lenkt bei, um die nicht zu überfahren, und jetzt geht es quer über einen Schotterparkplatz immer noch ganz schön zügig auf die große Satellitenanlage der Militärstation zu. Einen Meter vorher bleibt das Auto stehen. Uff.

Mal rüber zu den Soldaten gehen, um die zu beruhigen und zu fragen, ob es hier eine Werkstatt gibt. »Nein, aber drüben in Pacaraima, da gibt's eine. Fahrt doch dorthin.«

»Geht nicht, unser Auto fährt ja nicht.«

»Hä? Ihr seid doch gerade wie die gesenkte Sau hier angefahren gekommen?!« Irgendwann steht dann die in Brasilien übliche Traube hilfsbereiter Klugscheißer um den geöffneten Motorraum herum und berät sich. Es müsste schon die Batterie sein. Zwei fahren mit dem Mofa nach Pacaraima, einer davon kommt mit einem Überbrückungskabel und einem VW-Käfer zum Überbrücken zurück. Nach einer längeren Aktion wird klar: Die Batterie vom Käfer ist zu schwach und unsere Batterie wirklich vollständig leer, warum auch immer. Ein LKW-Fahrer auf dem Weg nach Boa Vista kommt neugierig dazu. Der hat ein Ladegerät, aber zu Hause in Pacaraima. Fährt mit dem ganzen riesigen LKW also wieder nach Hause, um das Ding zu holen. Großartige Brasilianer! So nett und hilfsbereit!

Die Batterie aufzuladen dauert mit dem Gerät zwei Stunden. Die verbringen wir mit hausgemachter Limonade, den Soldaten, dem LKW-Fahrer und einem Grenzbeamten in Schaukelstühlen um ein Tischchen mit geblümtem Häkeldeckchen, auf dem jetzt auch die Maschinengewehre liegen, beim gemütlichen Plausch auf der Terrasse des Grenzhäuschens. Ein guter Tag für einen Grenzschmuggel, kontrollieren tut jetzt keiner mehr. Einer der Grenzbeamten macht gerade eine Limettendiät, die angeblich sämtliche Krankheiten heilt, und fuchtelt begeistert mit zugehörigem Buch herum: am ersten Tag eine Limette, am zweiten Tag zwei und dann rauf bis 15 Limetten am Tag. Dann wieder absteigend bis zu einer und wieder rauf. Man fühle sich schon nach dem ersten Zyklus wie ausgewechselt! Die Soldaten maulen – den Text dürfen sie sich im Moment rund um die Uhr anhören. Einer stichelt: »Pfff, dann trink ich abends zehn Caipirinha, dann habe ich auch die 15 Limetten zusammen. Danach fühle ich mich mit Sicherheit wie ausgewechselt …« Eine lustige, etwas absurde Parallelwelt, die wir da bereisen. Als das Auto wieder anspringt und wir uns in Richtung Boa Vista aufmachen, winken uns die Soldaten strahlend mit ihren Maschinengewehren hinterher.

Noch kein Loss noh Hus ze jonn

Boa Vista

Marc ist letzte Woche wieder abgereist, und ich habe Heimweh. Träume von Sülze und Camembert-Brot, Wiener-Würstchen mit Senf, Bratwurstbrötchen, Frikadellen mit Rosenkohl usw.

Bald geht es auch für mich nach Hause, und ich bin schwer im Stress mit meiner finalen Datenaufnahme. Heutige Bilanz: drei Bienenstiche, zwei Ameisenbären. Trotz Hektik und Arbeit noch am letzten Wochenende mit allen Freunden zum Abschied auf den wunderschönen Vulkan Tepequém gefahren. Unvernünftig, aber egal. Zusammen haben wir eine Hütte im Naturschutzgebiet gemietet. Der Vogelmann ist mittlerweile aus dem Regenwald zurück und auch mitgekommen. Er sucht nach einer Kolibriart mit weißen Höschen und läuft darum mit seinem Fernglas wild in der Gegend rum. Ich beschränke meine ornithologischen Beobachtungen auf den Baum über meiner Sonnenliege und finde prompt mit minimalem körperlichem Einsatz seine gesuchte Kolibriart. Direkt auf dem Ast über mir. Wir besuchen mal wieder einen Wasserfall. Tatsächlich steckt der die Wasserfälle Venezuelas an Schönheit in die Tasche (und Marc und ich haben sie bekanntermaßen ALLE gesehen) – von einer Felskante stürzt er über den Kraterrand, an dem wir, mit dramatischem Blick auf die Regenwaldebene, entlangwandern. Kreischende Papageien und Falken kreisen über dem Wald. In einer Reihe krachseln wir schwitzend hintereinanderher die steilen Hänge hoch durch leuchtend grünes Gras, vorbei an Orchideen, einem unheimlichen Flugzeugwrack und lustigen Pflanzen, aus denen man Nektar trinken kann. Ab und an macht einer einen Witz und der Rest kichert zwischen zwei Atemzügen. Ich werde ganz schwermütig ... Tatsächlich habe ich hier auf der anderen Seite der Welt wichtige und gute Freunde gefunden. Es kommt mir vor, als würde ich sie alle schon ewig kennen. Letztes Mal, als ich von Boa Vista zurück nach Deutschland gegangen bin, wusste ich, dass ich in zwei Jahren für die Diplomarbeit wiederkommen würde. Diesmal weiß ich nicht, ob ich jemals zurückkomme. Wenn ich daran denke, bekomme ich einen Kloß im Hals.

Einerseits Heimweh, andererseits nicht nach Hause wollen. Da soll noch mal einer draus schlau werden. Passend zur ambivalenten Gefühlssituation als Ohrwurm des Tages kölsches Liedgut: »Noch kein Loss noh Hus ze jonn, wo mer jrad so schön hier stonn.«

Finale!

Die letzten Tage im Feld. Zum Abschied dreht der Viehkram noch mal auf: Allzu viele Säugetierarten habe ich abgesehen von Ameisenbären und Rehen in der offenen Savanne und den Plantagen bisher noch nicht gesehen. Jetzt fetzt auf einmal ein knallroter Nasenbär mit geringeltem Schwanz quer über die Straße. Wie süß! Ein paar Tukane fliegen mir über den Kopf. Ich bin ja im Gegensatz zum Vogelmann nicht so ein Vogelenthusiast, aber die sind wirklich toll mit ihrem absurd riesigen Schnabel. Dann wuselt auf einmal ein meerschweinchengroßes Etwas gaaanz aufgeregt auf die Straße: mein erstes Gürteltier! Jippie! Als nächste Sensation: ein neuer Ameisenbär im Studiengebiet! Seit Monaten sehe ich immer dieselben sechs

Tiere, ihre Streifgebiete überlappen sich, an einigen Stellen liegen bis zu vier Streifgebiete übereinander. Dennoch sind sie selten gleichzeitig im selben Gebiet. Wenn sich doch mal zwei begegnen, beschnuppern sie sich, und einer rennt weg. Ich vermute (Forschung dazu gibt es abgesehen von meiner noch nicht), dass Ameisenbären in stabilen Nachbarschaften leben, in denen man sich (über den Geruch) kennt und auch weiß, wer der Stärkere ist und wer besser mal flott Fersengeld gibt. Vermutlich helfen die Kratzbäume dabei, diese Organisation aufrechtzuhalten: Die Ameisenbären reiben ihre Brust an der Rinde, wenn sie kratzen. Wahrscheinlich setzen sie dabei Duftmarken, und starke Ameisenbären können z. B. höher klettern.

Jetzt also auf einmal ein fremder Bär im Kiez. Markiert wie ein Wilder fast jeden dritten Baum. Schnuppert an JEDEM Baum und ist sehr nervös, das Fell steht ihm zu Berge. Vielleicht würde er hier gerne einziehen, hat aber Sorge, von den aktuellen Anrainern eins auf den Deckel zu kriegen.

Kolja hat vor zwei Jahren mal einen wilden Kampf gesehen. Also nicht alles friedlich in Ameisenbärencountry. Der Eindringling ist so auf das Kratzen und die Bäume fokussiert, dass er direkt auf mich zuläuft. Noch ein Meter. Doofe Situation – dies ist eine extrem wichtige Verhaltensaufnahme. Wenn ich jetzt zur Seite gehe, bemerkt er mich und zeigt kein normales Verhalten mehr. Andererseits will ich angesichts der großen Krallen keine Experimente machen – weiß der Henker, wie so ein übernervöser Bär reagiert, wenn er erst mal in einen reingerannt ist. Mit klopfendem Herzen sitze ich im Blattstreu. In Zeitlupe krabbele ich ein bisschen zur Seite. Das reicht Gott sei Dank. Er zuckelt genau an mir vorbei, merkt nichts, und ich kann ihm weiter folgen. Aber dann wird es leider Abend und dämmert, und ich muss abbrechen. Nachts darf ich nicht in den Plantagen sein. Nach zwölf Stunden in der Sonne rumrennen bin ich aber auch ziemlich im Sack.

Wie erwartet, rauschen die letzten Tage in Boa Vista erfüllt von Arbeit und Abschiedsfeiern vorbei. Die Vorstellung, vielleicht nie wieder oder zumindest für eine sehr, sehr lange Zeit nicht nach Brasilien zu kommen, liegt mir wie ein Stein im Magen. Na ja, jetzt erst mal das Diplom machen, und bis das dann fertig ist, ist möglicherweise das Beamen schon erfunden ...

Mein Flugzeug verlässt Boa Vista morgens um 4 Uhr, wir feiern im Club eines Freundes bis dahin, tränenreicher Abschied, sogar vom Bauchladenbesitzer.

2010

AB ZU DEN SUMPFAMEISENBÄREN IM PANTANAL

Nachdem ich in Boa Vista abgereist bin, war ich tatsächlich eine ganze Weile nicht mehr in Brasilien. Es sah auch fast so aus, als würde ich nicht mehr zurückgehen. Hatte mir nach dem Diplom gedacht, jetzt müsste man mal was Gescheites machen und Geld verdienen und habe darum ein Jahr in einem guten Projekt im deutschen Naturschutz gearbeitet. Irgendwie hatte ich mir auch überlegt, das mit dem Ameisenbärenerforschen wäre eher was für Brasilianer. Die kommen ja auch nicht für Forschungsreisen nach Deutschland, um hier Eichhörnchen oder Feldhasen zu studieren.

Je mehr Zeit ich dann aber vernünftig in Deutschland verharrte, desto klarer wurden verschiedene Dinge:

A. Ich bekomme die Bären und die für mich noch offenen Fragen nicht aus dem Kopf.

B. Irgendwie macht da unten niemand Anstalten, das Verhalten der Ameisenbären zu erforschen. Und diese Forschung wird immer dringender – vom Cerrado in Brasilien sowie aus Mittelamerika hört man gar nichts Gutes über den Zustand der Ameisenbärenpopulation.

C. Ich bin nicht der Typ für Vernunft und was Gescheites.

Also will ich die Möglichkeit, meine Ameisenbärenforschung

fortzusetzen, zumindest mal andenken. Nicht wieder in Boa Vista – die Plantagen sind mit ihrer extremen Dichte an Ameisenbären sehr speziell. Die haben da ja quasi schon sozialen Stress ... Um Schutzkonzepte entwickeln zu können, muss man erst mal verstehen, was los ist, wenn alles normal ist. Das heißt, ich brauche eine einigermaßen natürliche Umgebung, die im Optimalfall trotzdem eine hohe saisonale Dynamik zeigt, um die Anpassungsfähigkeit der Tiere untersuchen zu können. Und sehen sollte man die Ameisenbären schon ab und an – Regenwald kann man da abhaken, da verstecken die sich zu gut. Ich will ja Verhaltensforschung und keine Kryptozoologie betreiben. Unter Berücksichtigung dieser Faktoren scheint das Pantanal eine geeignete Region zu sein, auch wenn ich noch nie da war. Ein großes Feuchtgebiet im Herzen Brasiliens, das über die Grenzen von Bolivien und Paraguay schwappt. Ich guck mir das mal bei Google Earth an: Da sieht man im Satellitenbild einen Flickenteppich aus Seen, Flüssen, Wäldern und offener Savanne. Einmal im Jahr, während der Regenzeit, werden weite Teile überflutet. Wirtschaftsgrundlage ist noch (die Betonung liegt auf NOCH) eine traditionelle und nachhaltige Form der Rinderzucht. Ich google ein bisschen rum und schreibe verschiedene Rinderfarmen an, ob ich bei ihnen mal eine Vorstudie machen könnte. Auf Englisch, denn mein Portugiesisch, das ohnehin schon dürftig war, ist in den vergangenen Jahren verschüttgegangen.

Wenige Tage später dann ein leicht surreales Ereignis auf meiner Mailbox. Immerhin eine Farm meldet sich auf meine Mail, und der Gaucho, der in meinem Kopf jetzt dem Klischee zufolge mit Hut und Stiefeln vor dem Computer sitzen sollte, heißt in Wahrheit Marina, ist weiblich und lädt mich, wohlgemerkt auf Deutsch ein, eine Vorstudie auf seiner Farm Fazenda Barranco Alto durchzuführen. Auf Deutsch? Hä? Versteh ich zunächst mal nicht, mein Herz fängt aber unvermittelt an zu klopfen. So wie es vor fünf Jahren geklopft hat, als ich den Aushang in Würzburg an der Uni sah: »... irgendwas mit Ameisenbären ...« Vielleicht ahnt mein Herz an dieser Stelle wieder, dass mit dieser merkwürdigen Mail aus dem Nirgendwo Brasiliens ein neues Kapitel meines Lebens startet.

Lokalpatriotismus und Emotion – da bin ich gut drin

São Paulo

Nach langer Zeit also mal wieder Brasilien. Vier Wochen werde ich für meine Vorstudie im Pantanal bleiben und mal sehen, ob Marinas Farm der richtige Ort für meine potentielle Doktorarbeit ist.

Mittlerweile wohne ich in Köln, meiner alten Heimat. Der Abschied fällt ungleich schwerer als die Abschiede von Würzburg. Als versierte Lokalpatriotin feiere ich ihn mit einem Maximum an Pathos ab. Der IC fährt einmal um die Stadt rum. Heulend sehe ich mit einer Flasche Kölsch in der Hand zum letzten Mal den Dom, den Colonius und meine Wohnung am Fenster vorbeiziehen. Warum treibt es mich immer wieder raus in die Welt? Hier bin ich doch glücklich?? Na ja, sind ja nur sechs Wochen, wollen wir mal nicht dramatisieren. Marc kommentiert unbeeindruckt am Telefon: »Lokalpatriotismus und Emotion, da bist du ja gut drin.«

Mit einer Kombination von Schlaftablette und Rotwein den Flug begonnen und anschließend geschlafen wie ein Stein, bis der Frühstückswagen gegen meinen Fuß stößt. 9 Stunden Ohnmacht. War wohl irgendwie nötig.

Sushi und Cowboys

Campo Grande

Nach einem Zwischenstopp in São Paulo werde ich in Campo Grande von einem total durchgeknallten Taxifahrer abgeholt. Der Höllenritt vom Flughafen in die Stadt gleicht einer Nahtoderfahrung. Währenddessen wird immerhin mein Vokabular an brasilianischen Gewaltausdrücken wieder aufgefrischt. Campo Grande ist etwas unentschieden, ob es eine Großstadt sein will, immerhin eine Million Einwohner, oder vielleicht doch lieber ein verschlafenes Bauernnest. Zwischen den neuen Hochhäusern holpern matschige Pick-ups mit urigen Cowboys durch die Straßen, vorbei an Sushi-Restaurants neben Farmbedarfs- und Westernläden.

Ziel der Taxifahrt des Wahnsinns ist ein chaotischer Markt, wo Paraguayer Elektroschrott anbieten, der überraschenderweise doch funktioniert. Adapter und Strohhut kaufen, und dann treffe ich mich mit Vava, einem erfahrenen Offroad-Fahrer, der mich über die schwierige Straße auf die Farm bringen soll. Ich habe Glück: Der Weg ins Pantanal ist vergleichsweise trocken und die Farm mit dem Auto erreichbar. Das ist viel billiger – zur Regenzeit kommt man oft nur per Flugzeug hin.

Vava ist ein weißhaariger Brasiliero mit schelmischen blauen Augen und einem Land Rover, der aussieht, als könnte er viele Abenteuer erzählen. Unterwegs Zwischenstopp an einer Raststätte, wo ich gleich mal einen unfreiwilligen Aufriss tätige: Bernardo, von einer Farm in der Gegend, hat kürzlich eine Reportage über den Kölner Dom gesehen und findet mich toll. Schiebt sich beim Gespräch verlegen den Cowboyhut über die Augen. Vava lacht sich noch eine Stunde später kaputt: »Pass auf, der kommt dich nächste Woche auf der Farm besuchen!« Bernardo überholt hupend mit breitem Grinsen.

In Aquidauana tätige ich einen hektischen Einkauf im letzten Supermarkt, den ich im kommenden Monat zu Gesicht bekommen werde. Panikartig kaufe ich Bier und Schokokekse und vergesse den Rest. Ab hier dann Schotterpiste statt Asphaltstraße, und die letzten zwei Stunden offroad über Rinderweiden, 40 Gatter wollen geöffnet und geschlossen werden. Vava muss immer wieder wegen mir anhalten: als ich in Aufruhr gerate, weil eine Herde Nandus am Straßenrand grast, wegen eines Wasserschweins, das ich unten im Bach liegen sehe, als wir eine wackelige Holzbrücke überqueren, und dann erst der Kaiman! WOW! Mir gelingen einige unscharfe Fotos, vor Aufregung zittern die Hände. Vava wartet geduldig, irgendwann stöhnt er dann aber doch: »Ach Lydia! Das siehst du doch alles auf der Farm noch zur Genüge!« Echt? Juchhu!

Zwischenzeitlich müssen wir uns durch eine Rinderherde kämpfen, Cowboys auf Maultieren treiben die Tiere vorwärts. VOLL die Cowboys – wie im Siebzigerjahre-Western. Mit lautem Johlen scheuchen sie die Kühe über die staubtrockene Straße. Im Radio spielt melancholische, altbackene Musik.

»Der Sänger ist der Besitzer der Nachbarfarm«, erklärt Vava. »Almir Sater … Ach, da ist er ja!«. Ein Cowboy, der sehr einsam und klischeehaft auf einem weißen Pferd durch die Savanne reitet, tippt zum Gruß an den Hut. Verrückt. Von der Farm sehe ich nicht viel, als wir ankommen, ist es schon dunkel. Vava schmeißt mich direkt am Forscherhaus raus – endlich angekommen.

Ameisenbären und Frosch-Sex

Fazenda Barranco Alto

Die Farm, oder auf Brasilianisch »Fazenda«, ist wahnsinnig toll, 250 km von der nächsten großen Stadt entfernt – ein Naturparadies. Auf 110 km^2 wird hier die traditionelle Form der Rinderzucht betrieben, für die nur minimal in die natürliche Landschaft eingegriffen werden muss. Ich wohne im schicken Forscherhaus, vor dem Wasserschweine, Gürteltiere, Falken, Ibisse usw. rumwuseln. Nandus kacken auf die Terrasse. Nachts brüllt der Jaguar. Vormittags kann ich mir den Geländewagen nehmen, um Ameisenbären zu SUCHEN ... Typisch: Bisher mal wieder nur gesucht, nicht gefunden. Also reite ich am nächsten Tag mit dem Pferd raus. Vielleicht klappt das ja besser. Nö. Kein Ameisenbär weit und breit. Die Cowboys gucken etwas mitleidig, sie haben heute Morgen mehrere gesehen. Murphy's Law gehört zur Grundausbildung der Ameisenbärenforschung. Lucas, der zusammen mit seiner Frau Marina die Farm betreibt, kann es nicht glauben und fährt mit mir raus. Vermutet, ich würde die einfach nicht sehen und in Wahrheit wären sie überall. Er würde mir das jetzt mal zeigen.

Lucas ist groß, blond, etwas einschüchternd und spricht genau wie seine Frau Marina fließend Deutsch, weil seine Familie aus der Schweiz kommt, und er in Zürich Biologie studiert hat. Repariert morgens mit Cowboyhut auf dem Kopf und Buschmesser im Gürtel den Generator und unterhält sich beim Mittagessen in vier Sprachen über Weltwirtschaft und Politik. Er ist in erster Generation Brasilianer. Marinas Familie ist schon Anfang des 20. Jahrhunderts aus der Schweiz nach Brasilien gekommen. Vielmehr ihr Urgroßvater, der die Schnauze voll von seiner gut laufenden Textilfabrik hatte, alles verkaufte und nach Brasilien verschwand. Verrückter Hund. Marinas Vater hat dann in den Siebzigerjahren die Farm hier gekauft – schon als kleiner Junge hatte er sich auf Jagdausflügen in die atemberaubende Natur des Pantanals verliebt. Die Fazenda war damals eine kleine, verschlafene und etwas runtergekommene Rinderfarm, Stunden von der nächsten Stadt entfernt. Strom, Tourismus und Straßen gab es in der abgelegenen Region damals nicht. Marina verbrachte Teile ihrer Kindheit auf dieser Farm. Der Vater, eigentlich Arzt, machte Verhaltensaufnahmen an Riesenottern und schrieb auch das erste Buch zu diesem Thema. Zum Spaß setzte er Marina mit ihrem Bruder manchmal im Wald über Nacht aus, nur mit Streichhölzern und einem Messer bewaffnet. Die Kinder haben das geliebt, selbst wenn die zwei wegen einer Herde Wildschweine manchmal Stunden auf dem Baum verbringen mussten ...

Marina studierte dann auch in Zürich Agrar-Wissenschaften und lernte dort Lucas kennen. Jahre später wohnten sie in Rio, hatten Lust auf ein Abenteuer und fuhren auf einem Traktoranhänger voller Dieselfässer in einer 32-stündigen Schlammschlacht mal ins Pantanal. Und blieben. Heute leben sie mit ihren zwei kleinen Töchtern hier im Nirgendwo in einer kleinen Holzhütte hinter der Scheune. Die Kinder wachsen auf Mangobäumen und zwischen Pferden und Nandus auf. Einige Tage in der Woche gehen sie in die regionale Schule zwei Farmen weiter. Der Schulweg ist ziemlich abenteuerlich: bei guten Straßenverhältnissen 45 Autominuten über Rinderweiden, durch Wälder und an Seen entlang; während der Regenzeit muss man mit Traktor und Boot hinfahren, und das dauert schon mal vier Stunden. Dann muss man sich nasse Tücher um die Köpfe binden, damit man nicht auf der Reise einem Hitzschlag erliegt. Deshalb werden sie zu Hause zusätzlich von Privatlehrerinnen aus der Schweiz oder England unterrichtet.

Vor einigen Jahren fingen Marina und Lucas an, die Einnahmen durch die traditionelle Rinderzucht mit einer kleinen Lodge für Ökotouristen aufzustocken. Mittlerweile ist Platz für zehn Gäste, und es gibt zum Glück Strom. Sonst müsste ich mich noch mehr dafür schämen, mit einer Elektrozahnbürste in die Tropen gereist zu sein ...

Beim Ameisenbärensuchen hat Lucas tagelang Zeit, mir diese ganzen Geschichten zu erzählen, denn auch bei den gemeinsamen Ausfahrten finden wir keine dieser gottvermalledeiten Viecher. Erst bröckelt Lucas' Selbstbewusstsein, dann kommt Verzweiflung dazu – vier Tage und immer noch kein Ameisenbär. Mittlerweile hat er deswegen schon Albträume. Na ja ... Ich erhöhe den Druck ein wenig mit der Vermutung, das wäre ja alles nur Lug und Trug zu Werbezwecken und in Wahrheit würde es hier gar keine Ameisenbären geben.

Und heute, ENDLICH: nicht nur einer, sondern gleich vier Ameisenbären! Der erste ist noch klein, vielleicht ein Jahr alt. Er kommt ganz nah. Selbst für Ameisenbärenverhältnisse extrem puschelig und hat eine rötliche Färbung, die ich so noch nie gesehen habe. Dreht außerdem die Kuhfladen auf der Weide rum, um die Ameisen darunter zu fressen. Dieses Verhalten ist mir auch neu. Lucas ist unendlich erleichtert.

Anders als in Boa Vista, wo es in der Savanne Ameisenbären und ansonsten nicht viel gab, ist hier zoologisch wahnsinnig viel los. Wir sehen eine Tapir-Mama mit Baby und massenweise Nasenbären und Papageien in den Bäumen. Insgesamt gibt es 404 Vogelarten, allein auf dieser Farm! In ganz Deutschland sind es insgesamt etwa 360, und das gilt von den Alpen bis ins Wattenmeer. Die Landschaft ist unglaublich schön und wechselhaft: dichte Wälder, weite Ebenen mit kleinen Palmeninseln dazwischen, kleine Seen mit Schneereihern an den Ufern. Steile Sandbänke mit Bergen von Kaimanen entlang des Flusses. Abends geht die Sonne in einem unbeschreiblichen Farbspektakel unter ...

Nur so mittelkrasse Survival-Tropenforschung

Das Küchenhaus, um das sich die Gästezimmer der Touristen unter einem riesigen Mangobaum scharen, liegt etwa einen Kilometer vom Forscherhaus entfernt. Ein schöner Marsch, vorbei an zwei Seen und nach dem Schild »Flugzeuglandebahn nicht überqueren« einmal quer über besagte Landebahn, entlang einer Sandstraße und dann noch über eine kleine Holzbrücke, die jetzt zur Trockenzeit mehr Deko ist, in der Regenzeit dann aber einen kleinen Fluss überspannt.

Morgens um halb sechs geht der Tag los. Wenn man also gerade verbotenerweise auf der Landepiste zum Frühstück läuft, stippt die Sonne über den Horizont, und die Seen fangen im rosa Morgenlicht an zu dampfen. Fehlt nur noch ein Einhorn. Zum Frühstück gibt es selbst gebackenes Brot mit selbst geerntetem Honig und frisch gemolkener Milch auf der Terrasse hinter der Küche an einem der im Morgennebel liegenden Seen. Mittags esse ich dann mit den Gästen, die Küche ist fantastisch: Lammbraten mit Rosmarinkruste, gegrillte Hähnchen, Piranhasuppe, Rouladen, Kartoffelgratin und natürlich Bohnen und Reis und frische Säfte. Zum Nachtisch Maracujacreme, Karamellpudding usw. ... Lea, die Köchin, ist mit ganzem Herzen dabei. Wenn von einer Mahlzeit, warum auch immer, wenig gegessen wurde, fürchtet sie, es hätte nicht geschmeckt, und bricht enttäuscht in Tränen aus. Um dem vorzubeugen, versucht Lucas, wenn viel übrig ist, die Gäste von einer zweiten Portion zu überzeugen, und am Ende sind alle leicht überfressen. Krasse Survival-Tropenforschung geht zugegebenermaßen anders.

Jeden Nachmittag fahren die Gäste mit einem umgebauten Offroad-Truck, auf dessen Ladefläche Bänke installiert wurden, über die Farm und suchen Tiere. Lucas zeigt ihnen sein Land und die Natur oder manchmal auch Carol, eine Biologin, die hier als Touristen-Guide arbeitet. Ich versuche, wenn Platz ist, bei diesen Fahrten mitzukommen oder auch im Notfall den Truck zu fahren. So kann ich viel mehr über das Ökosystem des Pantanals lernen. Und die Straßen kann ich dabei mit meinem GPS-Gerät aufzeichnen, denn in dem ganzen Gemüse findet man sich sonst kaum zurecht.

»Straßen« muss man sich auch mehr als kryptische Reifenspuren im Gras vorstellen. Keine Ahnung, wie ich in diesem Durcheinander aus Seen, Wäldern und Wiesen jemals alleine zurechtkommen soll ... Ameisenbären hab ich auch schon zuhauf für ein neues Fotoregister fotografieren können. Nachdem sie sich anfangs mal wieder geziert haben, ist jetzt der Knoten geplatzt.

Gestern Nachmittag dann unterwegs auf dem Pick-up mit Lucas und Hannes (Theaterschauspieler aus Deutschland). Ein Tapir steht im Schilf und rüsselt in der Luft rum, leicht indifferent (»Should I stay, or should I go?«), melancholische braune Augen ... Tapire = super.

Ein Stück weiter läuft ein Taira, eine Art Riesenmarder, am Ufer eines Salzsees entlang. Mal wieder ein wunderschöner Sonnenuntergang, wie fast jeden Abend. Wenn die Sonne und damit auch die Moskitos weg sind, wird die Kühltasche aus dem Auto geholt und Bier getrunken. Lustige Unterhaltungen im Mondlicht über kölsche Karnevalstraditionen, das Leben und den ganzen Rest. Wir stehen irgendwo auf einer Wiese im Nirgendwo neben einem See, in dem Wasserschweine planschen. Mit dem Fernglas kann man die Jupitermonde und die Krater auf dem Mond, ganz deutlich sehen.

Nachts dann auf einmal ein Riesenunwetter, strömender Regen und ein gewaltiger Sturm. Hat zuerst das Internet gefressen, dann unser Dach oberhalb des Schlafzimmers abgeräumt und anschließend zwei Strommasten hinter dem Haus umgeschmissen. Vom Schlafen abgehalten haben mich aber nicht die heulenden Sturmböen oder der Donner oder die polternden Dachziegel, nein: eine romantische Liebesgeschichte zweier Frösche an unserer Fensterscheibe. Im Schein der Blitze und in anspruchsvoller Lautstärke rauben sie einem den letzten Nerv: Quak? Quak! Hüpf. Quak? Quak! Hüpf. Quak? Quak! Hüpf. Quak? Quak! Hüpf. Quak? Quak! Hüpf. Quak? Quak! Hüpf.

Bei Nacht sind alle Ameisenbären grau

Ameisenbären sind auch nachtaktiv, in den Plantagen in Boa Vista durfte man aus Sicherheitsgründen aber nicht im Dunkeln ins Feld. Lucas ist das wurscht. Also fahre ich hier im Pantanal auch nachts raus, um zu sehen, ob dann vielleicht mehr Ameisenbären unterwegs sind. Gleich mal vorweg: nein. Dennoch liebe ich diese Nachtfahrten. Im Gegensatz zur Volontärin, die mich dabei unterstützen soll. Sie ist alles andere als begeistert von dem ganzen Insektenkram in der Luft und zieht es vor, in der sicheren Fahrerkabine zu sitzen und das Auto für mich zu steuern. Perfekt: Denn so kann ich allein mit dem Scheinwerfer hier oben auf der Ladefläche des Pick-ups stehen und mich unter Palmwedeln wegducken.

Nach der Dämmerung kommt eine feuchte Kühle hochgekrochen, die nach der Hitze des Tages sehr angenehm ist. Es riecht intensiv nach Kampfer und Zitrone – als würde um die Ecke eine finnische Sauna stehen. In den Seen reflektieren die Augen der Kaimane rot-orange; hier gibt es davon so viele, dass es fast aussieht wie nachts am Timesquare. In den Wiesen leuchten die Augen der Rehe und Hirsche grün und auf der Straße orange die Augen der Ziegenmelker, die kurz vor dem Auto auffliegen. Ein Waschbär am Seeufer. Ich hoffe immer noch auf zwei große, rote, weit auseinanderstehende Augen aus dem Wald – das wäre dann der Jaguar. Die Augen der Ameisenbären leuchten leider kaum (olle Blindfische), deswegen sind sie nachts nur schwer zu entdecken.

Nach diversen Fehlschlägen haben wir gestern gegen Mitternacht endlich mal einen Ameisenbären mit dem Scheinwerfer entdeckt. Fotos für mein Fotoregister zu machen ist im Dunkeln allerdings schwierig. Wenn überhaupt, muss man sehr nahe rankommen. Also runter vom Auto und anschleichen. Der Ameisenbär verschwindet hinter einem Baum. Es folgt ein kurzes Keuchen, Quietschen und Ästebrechen, und auf der anderen Seite des Stamms kommt ... tadaaa ... ein Wildschwein heraus. Entweder, die sind versehentlich ineinandergelaufen, sind ja beide kurzsichtig wie Nana Mouskouri, oder, naheliegender, wir haben es mit einer neu entdeckten Werschweinrasse zu tun, und Ameisenbären verwandeln sich bei hellem Mondschein in Schweine. In jeder Hinsicht publikationsreif.

Dann fangen die Vögel auf einmal hysterisch an zu schreien, die Kühe zu muhen, und eine Gruppe Peccaries, südamerikanische Nabelschweine, rennt panisch an uns vorbei. Mit einem Mal brüllt der Jaguar ganz in der Nähe. Und wir hier im Dunkeln. Die Urinstinkte lassen einem die Nackenhaare zu Berge stehen. Schnell zurück ins Auto. Konnten dem Werschwein-Phänomen daher leider nicht näher nachgehen.

Wir suchen und leuchten, den Jaguar finden wir leider nicht. Dafür, in einer anderen Nacht, ein Jaguarrundi, eine andere Katzenart. Jippie: Die sieht man wohl nur extreeeem selten. Dennoch, wir lernen: Nächtliche Ameisenbärenforschung ist eher Quark. Gescheite Ameisenbärenfotos für ein Fotoregister kann man im Dunkeln mal getrost vergessen, und die Viecher erst mal finden ist auch um einiges schwieriger als tagsüber.

Hat man später das Auto in der Scheune geparkt und läuft im Dunkeln zurück zum Forscherhaus, glitzert das Gras geheimnisvoll im Licht der Taschenlampe. Was da glitzert, sind die Augen der Spinnen. Meine Begeisterung darüber teilt die Volontärin eher nicht. Genau wie unsere achtbeinigen Mitbewohner im Forscherhaus, die ich aufgrund ihrer Bewegungslosigkeit immer als Wandtattoos bezeichne, bei ihr keinen Freudentaumel hervorrufen: Die sind sehr platt, haben dafür aber einen ausgesprochen großen Durchmesser. Als ich eine mit einem Glas einfangen will, fallen verschiedene Dinge auf:

1. Wenn sich die Tiere erschrecken, sind sie gar nicht mehr so bewegungslos, sondern huschen so schnell davon, dass sie dabei vom Boden abheben. Kein Witz.
2. Die alte deutsche Spinnenfangstrategie mit dem Glas und einer Postkarte muss auf Pantanalverhältnisse adaptiert werden, denn die Spinne passt da einfach nicht drunter. Mit großer Tupperschüssel und untergeschobenem Klemmbrett besiege ich schließlich heldenhaft den Delinquenten in unserem Schlafzimmer.

»Lets just Parrradise«

Vor einem der enormen Nester der Jabiru Störche hat Lucas eine Aussichtsplattform aufgestellt. Da bin ich heute raufgeklettert, ziemlich aufregend, denn das Ding schwankt wie Hulle. Zwei graue, nicht so total süße Küken sitzen im Nest, neben ihnen die riesigen Altvögel. 2,6 Meter Flügelspannweite hat so ein Storch, damit ist er der größte, flugfähige Vogel Brasiliens. Während ich also auf dem wackeligen Brett in fünf Metern Höhe meinen Schwindel niederkämpfe und die Kamera für ein Familienfoto vors Auge balanciere, kommen zwei Hyazinth-Aras ins Bild geflogen und setzen sich vors Nest. Gruppenfoto. So mega Friede, Freude, Eierkuchen, dass das Bild letztendlich aussieht wie die kitschig lachende Abschlusseinstellung bei *Lassie* oder *Fury*.

Es ist mittlerweile bis zu 38 °C heiß im Schatten und bis zu 60 °C in der Sonne. Bevor es nachmittags wieder auf Ameisenbärensuche geht, gibt es nach dem Mittagessen nur einen Ort, an dem das auszuhalten ist: der Fluss. Harriet und ich schnappen uns die Kanus und paddeln zu einem Strand am Rio Negro zum Baden. Harriet ist 23, wunderschön, kommt aus England und ist für sechs Wochen hier, um den Cowboys und den

Kindern Englisch und Ballett beizubringen (Letzteres wohlgemerkt nur den Kindern, wobei ich mir die Cowboys auch gut dabei vorstellen könnte).

Wenn wir mit unseren Kanus angepaddelt kommen, schieben sich die Kaimane träge vom Strand und bleiben in sicherer Entfernung im Wasser liegen, um uns misstrauisch zu beobachten. Am Strand stehen die Geier mit ausgebreiteten Flügeln und sonnen sich. Das Wasser hat genau die richtige Temperatur. Herrlich. Manchmal küssen einen kleine Fische unter Wasser, was sich merkwürdig anfühlt. So liegen wir dann eine Stunde und länger im Wasser und tratschen. In einer kleinen Lagune neben dem Strand fängt ein Riesenotter einen Fisch nach dem anderen und frisst sie dann genüsslich direkt vor uns auf. Etwas angeberisch, als wollte er zeigen, wie gut er fischen kann. Kann man sich die beeindruckenden Tiere mal in Ruhe angucken. Niedlich sind die ja nicht (dafür superintelligent, bevor sich jetzt Riesenotterfans auf den Schlips getreten fühlen): dicke Pranken, große Zähne und glubschige, etwas blutunterlaufene Augen. Hat was von dem russischen Industriemagnaten, der kürzlich auf der Farm zu Besuch war. »Lets just Parrradise« war dessen Standardkommentar angesichts der ganzen Schönheit hier. Fast wartet man darauf, dass der Riesenotter in einer Fresspause das Gleiche sagt.

Als wir wieder im Fluss schwimmen, kommt Fernando (eine Kombination aus Cowboy und Guide) mit dem Touristenboot vorbeigefahren, und wir imitieren zum Spaß ärgerliche Riesenotter. Die Gäste gucken etwas ratlos – sie haben noch keine Riesenotter gesehen, verstehen also nicht, warum wir da prustend auf das Boot zupaddeln. Aber Fernando kommentiert später augenzwinkernd: »Ich habe heute im Fluss zwei ausgesprochen schöne Riesenotter gesehen!«

Güldenes Männchen im Wilden Westen

Brasiliens Wilder Westen. Das passt wohl, angesichts dieser sehr klischeebehafteten Cowboys, die morgens bei Sonnenaufgang mit dem Lasso am Sattel und den Sporen an den Lederstiefeln ins Feld reiten. Momentan werden die Kälber an den Ohren markiert und die noch frische Geburtswunde am Nabel desinfiziert. Heute reiten wir ihnen mal hinterher und gucken zu. Interessant, wie unterschiedlich die Mutterkühe reagieren, wenn ihnen ihr Kalb vorübergehend mit dem Lasso weggefangen wird: Einige sind in heller Aufruhr, attackieren die Männer mit gesenktem Kopf und können nur schwer in Schach gehalten werden. Andere begutachten das ganze Spektakel relativ entspannt, und einige sind vollkommen gleichgültig. Eine besonders renitente Kuh-Dame verteidigt ALLE Kälber dieser ignoranten Rabenmütter. Mit gesenkten Hörnern droht sie schnaubend den Cowboys, bis die das Kalb endlich wieder gehen lassen. Ist mir sympathisch, die Lady.

Weiter hinten sehe ich auf der Wiese ein kleines, goldenes Männchen zwischen Geiern stehen sehen. Hä? Ein Blick durchs Fernglas offenbart, dass es sich um einen Baum-Tamandua handelt, also so einen kleinen Ameisenbären, wie wir ihn in Boa Vista von der Brücke gesammelt haben. Er steht auf den kurzen Hinterbeinchen und versucht damit, die viel größeren Geier zu beeindrucken. Ich geh da mal hin und guck mir das an. Süß, wie er da so groß aufgerichtet auf der Wiese steht und mal ganz doll seine Krallen zeigt. »Hey, ich bin krass drauf, kommt mir bloß nicht näher!« So ganz traut er aber wohl seinem eigenen Mut nicht, denn die Augen kneift er dabei zu. Will wohl nicht sehen, was kommt. Irgendwie gibt es viele Leute, deren Charaktereigenschaften sich mit denen der Ameisenbären decken.

Bald schon vorbei?

Verrückt, aber es sind schon die letzten Tage hier. Das ging rasend schnell. Hektisch werden noch Daten sortiert, Kanutouren an Plätze gemacht, die man noch nicht gesehen hat, Riesenotter und Ameisenbären beobachtet, in der Mittagspause maximal in der Hängematte entspannt oder im Fluss gebadet und das Jabiru-Storchennest besucht. Ich genieße die Momente, wenn Gäste, Guides und Forscher unter dem riesigen Mangobaum sitzen, der mit seinen Blättern wie ein Dach den Innenhof der Touristenlodge überspannt. Dann erzählt man sich, was man am Morgen und am Vortag Tolles gesehen und erlebt hat. Eins ist klar: Dies hier ist ein ganz besonderer Ort. Gestern hing ein blutroter Vollmond über der Farm. Magisch.

Die Zeit ist so dahingehuscht, und natürlich habe ich das Gefühl, nicht genug gemacht und längst nicht alles gesehen zu haben. Ich habe mir das Lederband meines Strohhutes um das Handgelenk gebunden: als ständige Erinnerung an diesen einzigartigen Ort voller großer Glücksmomente und als Schwur, wiederzukommen und hier ein Forschungsprojekt aufzubauen. Das wird eine Herausforderung – ich muss quasi bei null anfangen, irgendwie die in der Ökologie seltenen Fördergelder einwerben, ein Institut finden ... Ein Berg an Arbeit, aber das ist es so sehr wert!

Wie ich höre, regnet es in Deutschland? Hähä ... Das finde ich persönlich ja gut – dann muss niemand meine Blumen auf dem Balkon gießen. Hoffentlich hält das noch ein paar Tage an, und pünktlich zu meiner Heimkehr reißt der Himmel auf, die Sonne scheint und es wird warm.

Abschied ... Buhuhuuu!

Heute sind wir nach dem Frühstück von der Farm abgereist. Fast wären noch Körperteile im Pantanal geblieben: Gestern bin ich beim mittäglichen Abschiedsbad im Fluss von einem Vieh in den Fuß gebissen worden. Man weiß nicht, was es war, vermutlich aber kein Piranha, dann wären die Zehen nämlich ab gewesen, wie Lucas trocken bemerkte. Gut, dass das am letzten Tag passiert ist, sonst hätten wir uns möglicherweise nicht mehr ins Wasser getraut und die herrlichen Mittagspausen im Fluss verpasst.

Der Abschied war schwer. Wenn ich nicht relativ sicher wäre, dass ich bald zurückkomme, wäre es noch schwerer gewesen. Um ein Haar hätte ich geheult, als ich mich von Lucas verabschiedete. Gott sei Dank konnte ich es mir noch verkneifen, sonst hätte ich mich dort nicht mehr blicken lassen können. Als ich Carol Tschüss sage, kommen dann doch die Tränen – ich werde die ganze Crew hier vermissen. Und, natürlich!, die großartige, einzigartige Natur.

Jetzt muss ich noch ein bisschen Zeit in Campo Grande rumbringen, bis der Flieger zurück nach Deutschland geht. Blöd. Das ließ sich leider nicht anders organisieren. Habe gleich mal mit einem Fleischspieß und einem Saft damit angefangen. Meine gesamte Wäsche ist in der Wäscherei – sah alles ganz schön eklig aus nach 3 Wochen Schweiß, Staub und Handwäsche in einer undichten Plastiktonne.

2011
HEIMWEH INS PANTANAL

Köln

Köln is e Jeföhl und ich liebe es. Wenn ich durch den Stadtgarten unter Kastanien und Eichhörnchen zum Einkaufen gehe oder mit der U-Bahn am Zülpicher Platz vorbeifahre, dann tanzt mein Herz. Ich hätte nie gedacht, dass eine Ansammlung von Häusern und Straßen einen so glücklich machen kann. Gut, es kommt noch die Ansammlung großartiger Menschen dazu, die sich hier in hoher Abundanz tummeln:

Montags Skat mit meinen geliebten Haudegen und urkölscher Kneipenkultur mit Bier, Doppelkorn und Trude Herr. Spaßen, streiten, schunkeln am Tresen mit den Skatjungs. Wilde Nächte im Sonic Ballroom. Siedlerspielen und Kaffeetrinken am Familien-Sonntag. Doppelkopf mit Kochen und Sekt in tratschiger Mädelsrunde. Und ansonsten tanzen gehen im Stadtgarten zu Balkanbeats mit Kolja. Grillen und Glühwein mit 1000 Leuten auf meinem Balkon. Oder eben nur mit einem Leut ungerm Mond vun Kölle. Singen im Weißen Holunder mit Gitarre und Quetschkommode – Seemannslieder, Schlager und sonstige »Hits«. Karl mit plüschigen Augen hinterm Tresen. Bier em Veedel bei nächtelangen Gesprächen mit Daniel. Riesenschnitzel bei Oma Kleinmann. Mäuse in der Küche, Bap und Lametta in Lenas komischer Kneipe. Ich erlebe hier in einem Monat so viel wie zuvor in drei Jahren. Eine extrem intensive Zeit, du schöne Stadt!!!

Und trotzdem. Irgendwo in mir drin merke ich, wie Brasilien und das Pantanal mich in ihre Richtung ziehen. Irgendwie hat man immer eins von beidem: Heimweh oder Fernweh ... Tatsächlich habe ich mein Forschungsprojekt auf die Beine stellen können, Fördergelder zusammengesammelt und bin mittlerweile Doktorandin am Zoologischen Forschungsmuseum Koenig in Bonn in der Arbeitsgruppe für Tropenökologie.

In zwei Wochen geht's tatsächlich zurück nach Brasilien. Für fünf Monate! Ich werde auf der Fazenda Barranco Alto weiter, klar, Ameisenbärenverhalten erforschen. Als Erstes muss ich Fotos von den Fellzeichnungen der einzelnen Ameisenbären machen, um mein Register auszubauen, mit dem ich im letzten Jahr schon angefangen habe. Dann kann ich bei jedem Bären, der mir über den Weg läuft, sagen, wer es ist, und so über Jahre nachverfolgen, wie die Tiere sozial organisiert sind, und Streifgebiete und Nachbarschaftsverhältnisse herausfinden. Das ist dann die allererste Studie an Großen Ameisenbären jemals, die solche Parameter länger als ein Jahr aufnimmt! Außerdem habe ich zehn Kamerafallen gekauft, die ich in verschiedenen Lebensräumen, Schutzgebieten und Gegenden unterschiedlicher Landnutzung aufhängen werde. Kamerafallen sind autonome Fotoapparate, die bei Wärme und Bewegung von selbst auslösen – also bei allen warmblütigen Tieren, die vorbeigelaufen kommen. So kann man mitverfolgen, welche Tiere in welchen Lebensräumen vorkommen und mit wem sich der Große Ameisenbär sein Zuhause teilt. Mit den gesammelten Bildern kann man auch den Einfluss der Landnutzung durch den Menschen auf die Säugetiere im Pantanal dokumentieren. Da die Kamerafallen auch Uhrzeit und Wetter der Aufnahmen aufzeichnen, erfährt man zusätzlich viel über die Lebensweisen dieser Tierarten. Das sind genau die Informationen, die wir für ihren Schutz brauchen.

Über das geheime Leben der Ameisenbären erzählen die Bilder der Kamerafallen natürlich auch ganz viel ... Es wird also spannend, und ich scharre schon mit den Hufen und freue mich, wenn es bald losgeht. Manchmal bricht es mir aber auch das Herz, hier in Köln alles und alle so lange zurücklassen zu müssen. Gestern ein Heulkrampf im Aldi, weil das Haltbarkeitsdatum vom Reibkäse dem Datum meiner Abreise entsprach. Eigentlich prima, wollte ihn ja eh vorher gegessen haben, aber: Ach Köln ... ich werde dich vermissen! Gleichzeitig weiß ich: Die nächsten Monate werden reich, groß und schön. Mit dem Rollator kann ich in 60 Jahren zwar noch in Köln in den Weißen Holunder fahren, aber nicht im Pantanal Ameisenbären jagen. Also Schluss jetzt mit dem Rumgejammer!!!

Trockenzeit? Dat han isch mer anders vorjestellt ...

Fazenda Barranco Alto

Im Pantanal sollte eigentlich schon Trockenzeit sein. Und Herbst. Heiß ist es, ja, aber Trockenzeit? Nach starken, vollkommen verspäteten Regenfällen steht alles unter Wasser, inklusive der Straße. Die Reise mit dem Auto von der Stadt dauert momentan zehn Stunden. Ein Glück, dass ich eine Mitfluggelegenheit in einer kleinen Cessna gefunden habe. Der Pilot erzählt einen bunten Schwank aus seinem Leben, ohne Punkt und Komma, während mich die Erschöpfung langsam einholt und ich tief und fest einschlafe. Als ich aufwache, liegen vor uns die Farmhäuser und der Rio Negro. Ein Cowboy jagt noch schnell ein paar Nandus von der kleinen Landebahn, holprige Landung, und schon sind wir da. Nach dem ganzen Lärm auf den Flughäfen und in der Stadt hat man das Gefühl, in ein akustisches Vakuum zu kommen, als der Motor der Cessna erst mal aus ist. Als könnte man die Stille hören. Die Stille und Cowboy Fernando, der irgendwo hinter der Scheune lauthals lacht. Angekommen. Endlich. Wie schön.

Verrücktes Leben, große Welt. Auf meinem Desktop ein Foto meiner Skatjungs in Köln. So weit weg – und so fühlt es sich auch an. Unglaublich, am Montag haben wir noch alle im Weißen Holunder Karten gespielt, und jetzt sitze ich hier – nach Pferd stinkend in der Hängematte vor meinem Forscherhaus im Pantanal. Ich wundere mich beim Reiten manchmal, dass meine Hände noch gleich aussehen, wenn ansonsten doch alles anders ist ... Habe mit Realitätsverlust aufgrund von Kulturschock, Jetlack und Schlafentzug zu kämpfen. Beim Kofferauspacken und Sortieren meiner Kostbarkeiten beobachte ich mich selbst amüsiert. Die Wertigkeit von Dingen ist hier im Nirgendwo vollkommen anders als in Deutschland – Handy, Schlüssel und Geld? Vollkommen überflüssig. Packe ich weg. Kaufen kann man eh nix, die Häuser abschließen kann man auch nicht und geklaut wird schon mal gar nicht. Handyempfang? Hahahahahaaa ... Dagegen werden alle auffindbaren Plastiktüten sorgfältig gereinigt und gefaltet. Genauso die Plastikflaschen – mein größtes Heiligtum. Ich spüle sie gründlich und reihe sie ordentlich unter meinem Bett auf.

Immerhin bin ich in Sachen Klopapier schon auf der nächsten Bewusstseinsebene angekommen. Das darf man in Brasilien ja AUF GAR KEINEN FALL ins Klo schmeißen, sonst droht bekanntermaßen das große Verstopfungsdrama. Geht am Anfang immer schief und dann starrt man unter den kritischen Blicken der im Klo residenten Frösche nach dem

Abziehen fieberhaft auf das zirkelnde Papier und hofft, dass nicht gleich alles überschwemmt, weil's die doofe Deutsche schon wieder verpeilt hat.

Mittlerweile also schon Stufe 2: Ich schmeiße das Papier nicht mehr ins Klo, muss mich dafür aber beim Toilettenbesuch krampfhaft konzentrieren und das Mantra im Kopf wälzen: »Nicht in die Schüssel werfen, nicht da reinwerfen!!!« Das Ganze läuft dann übrigens andersrum ab, wenn ich wieder in Deutschland bin. Es dauert eine Weile, bis ich das Papier NICHT automatisch in den Papierkorb statt ins Klo schmeiße.

Ich bin ein Tapir

Das Wort Anta, also Tapir auf Portugiesisch, benutzt man in Brasilien als Schimpfwort für Leute, die nicht sehr schlau oder geistig leicht zurückgeblieben sind. Gemein für den Tapir, wenn man aber mal einen trifft, kann man sich in etwa denken, woher das kommt. Ohne fieses Tapir-Bashing betreiben zu wollen: Ich sag mal – die allumfassende Formel für den Urknall werden die wohl kaum entwickelt haben. Gestern Nachmittag fand diese neu erlernte Redewendung auf verheerende Weise Anwendung ...

Ich bin auf einsamer Ameisenbärensuche im Feld unterwegs. Fahre mit dem überdimensionierten Touri-Truck für zwölf Personen unter Getöse dezent durch die Landschaft. Auf der großen Ebene sehe ich schon von Weitem eine Traube Geier auf dem Boden. Was da wohl den Löffel abgegeben hat? Ein junger Pampashirsch, der ein ziemlich fieses Loch im Bauch hat, ich schätze, von einem Puma. Aufgeschlitzt und noch warm, also ganz frisch. Ich schleife den Hirsch ein Stück zum nächsten Pfahl, an dem ich eine meiner Kamerafallen festbinden kann. Vielleicht kommt der Puma zurück und mir gelingen Fotos vom Kätzchen. Die Geier gucken argwöhnisch zu.

Vorhin war ich mit einem Gefühl von Frische ins Feld gefahren, da ich endlich meine von der Reise noch stinkenden Kleider gewaschen hatte. Dieses Gefühl hat jetzt schon mal einen kleinen Knacks abbekommen, denn auf meiner Hose tummeln sich ansprechende Blutspritzer, und meine Hände sind mit einer schmierigen, braunen Schicht bedeckt. Ist eh schon spät, ich werde nach Hause fahren und duschen, denke ich. Da läuft mit dem üblichen Gespür für optimales Timing auf der anderen Seite der Ebene ein Ameisenbär vorbei. Na gut, hinfahren, schnell mein Karteikarten-Bild machen (Fotos sammeln von möglichst vielen Ameisenbären, um die einzelnen Individuen unterscheiden zu können), Positions-Punkt mit dem GPS festlegen, und dann folge ich ihm noch ein bisschen zu Fuß. Zugegeben, ich vergesse etwas die Zeit und auf einmal ist es dunkel. Also besser nach Hause fahren. Hm, ich kenne die diesjährigen Pfützen auf der Ebene noch nicht so gut ... da bleibt man mit dem Auto schnell mal stecken. Tja. Fünfzig Meter weiter ist es dann auch schon passiert.

Ich Tapir!!! Scheiße!!! 7 Kilometer von der Farm entfernt und im Dunkeln. Die Cowboys haben schon Feierabend. Ich will da jetzt keinen aus seinem Haus funken, um die dumme Deutsche aus dem Matsch zu ziehen! Also schnappe ich mir die Machete, eine Taschenlampe und latsche rüber zum Wald, um Äste und Palmblätter zu sammeln, um sie unter die Reifen zu klemmen und hoffentlich aus dem Matsch zu kommen. Bin kurz besorgt, als ich ein großes Bündel Palmblätter hinter mir herziehe – das könnte im Profil aussehen wie ein Ameisenbär. Nicht, dass der Puma vom Hirsch ablässt und sich lieber einen frischen Ameisenbären holen kommt ...

Das letzte bisschen Frischegefühl verabschiedet sich, als ich bis zu den Knien im Schlamm stehend die Reifen freigrabe.

Handflächen und Arme sind längst von den Palmblättern zerschnitten. Trotzdem muss ich nach einer Stunde aufgeben und reumütig die Farm anfunken. Gott sei Dank hört Marina das Funkgerät und schickt jemanden. Braucht eine halbe Stunde mit dem Traktor. Ich lege mich im Stockdunkeln auf eine Sitzbank des Touri-Trucks. Das einzige Licht geben Glühwürmchen und Sterne – kaum voneinander zu unterscheiden. Die Milchstraße zieht sich quer über meinen Kopf, so hell, dass man sogar die dunklen Schlieren des Nebels erkennen kann. Daneben das Kreuz des Südens, und gerade geht der Große Wagen unter und ich schicke ihm noch schnell Grüße nach Deutschland mit. Den Massen an Sternschnuppen kann ich das Wunschkontingent eines ganzen Jahres mitgeben.

Irgendwann kommt der Traktor angetuckert. Schon von Weitem hört man das Lachen der schadenfrohen Cowboys. Picapau und Fernando sind bester Laune und klettern kichernd vom Traktor. Das ist das Schöne an den Brasilianern – immer irgendwie gut drauf. In Deutschland hätte ich mir jetzt eine Standpauke anhören dürfen (»Do ahles Suppenhuhn ...«). Die habe ich mir selbst aber schon gehalten.

Ruck, zuck ziehen die Jungs den Karren aus dem Dreck, und Fernando pflanzt sich bei mir auf den Beifahrersitz, damit ich nicht noch mal Blödsinn mache. Die alte Tröte Fernando sieht so zwielichtig aus wie ein kolumbianischer Drogenboss. War früher der untalentierteste Cowboy der Farm, dann der untalentierteste Gärtner der Farm, bis er anfing, mit den Gästen zu arbeiten. Jetzt ist er einer der talentiertesten Guides der Farm, kennt jeden Vogel, sichtet jedes noch so versteckte Tier und steckt mit seiner guten Laune alle an. Radebricht mit den Leuten aus aller Welt in einer kruden Englisch/Portugiesisch-Mischung – überraschenderweise erfolgreich. Fernando ist das beste Beispiel einer schicksalhaften Biografie: Scharfsinnig und intelligent, wie er ist, wäre er in Deutschland vermutlich Professor für irgendwas. Hier ist er Automechaniker und Mädchen für alles und womöglich zufriedener, als er es irgendwo anders je sein könnte. Fernando ist das Herz der Farm, hier ist sein Zuhause, hier ist er aufgewachsen und hier wird er immer bleiben. Glücklich wie der Mops im Haferstroh.

Als wir nach der Abschleppaktion zu Hause angekommen, drücke ich den beiden Jungs ein Dankeschön-Bier in die Hand und gestehe mir todmüde ein: »Sou uma anta.« – Ab ins Bett.

Big Brother is watching you!

Jetzt mal ein paar Worte zu den Kamerafallen:

Kamerafallen sind ja wie gesagt Fotoapparate, die automatisch auslösen, wenn sie Wärme UND Bewegung registrieren. Also fotografieren sie alle Vögel und Säugetiere, die vorbeikommen. Nachts geht das auch, und zwar mit einem Infrarotblitz. Ich werde die Kamerafallen nutzen, um mehr über die Ameisenbären und die anderen Säugetiere herauszufinden. Die zehn Apparate werden an zehn unterschiedlichen Orten auf der Farm aufgehängt und fotografieren dort eine Woche lang alles, was so vorbeihampelt. Danach setze ich sie um. Der Computer hat mir dazu ein Gitternetz für die ganze Farm von hundert Positionen generiert, jede genau einen Kilometer von der nächsten entfernt. Mit dieser Standardmethode werden dann hoffentlich alle verfügbaren Lebensräume, die die Farm zu bieten hat, abgedeckt. Das kann ja heiter werden – wie gut die Positionen im Sumpf für mich am Ende erreichbar sind, ist dem Computer ja ziemlich egal.

Erst mal Testbetrieb am Forscherhaus: Ich hänge eine der Fallen über Nacht am Holzbalken der Terrasse auf. Mal gucken, wie das so funktioniert.

Große Bekanntgabe bei den Bewohnern des Forscherhauses: »ACHTUNG! Heute Nacht kein Schweinkram oder Sonstiges da draußen, Kameraüberwachung!« Pfff. Als würde man gegen eine Wand sprechen. Als ich am nächsten Morgen die Speicherkarte kontrolliere, zeigen gleich die ersten Bilder eine gepunktete Boxershorts in Großaufnahme. Einer der brasilianischen Forscher hat mit einigen Caipis intus um 22:46 Uhr bei 18 °C sein Revier markiert. Exakt vor meiner Kamera. Männer ... Drei Stunden später startet die nächste, diesmal deutlich langwierigere Fotoserie: Einer der Volontäre stellt direkt vor der Kamera seinen Stuhl auf und betrachtet zwei Stunden lang die Sterne. Bei jedem Positionswechsel wird ein Foto geschossen, insgesamt circa 500 ...

Ähnlich extensive Fotoreihen produzieren sonst nur die Seriemas, merkwürdige Laufvögel mit leicht irrem Blick. Sozusagen die Roadrunner Brasiliens. Wenn sich ein roter Schnabel mit albernen Federn ins Bild schiebt, ist schon klar: Jetzt geht's los. Der Seriema starrt mit kalten, blauen Augen direkt in die Linse. Läuft neugierig hin und her. Aus dem Bild, wieder rein, dann kommt sein Partner ins Bild stolziert: »Hey, was geht'n hier ab??« Das können die stundenlang. Bilderserien von mehreren Hundert Fotos, durch die sich der arme Forscher dann bei der Datenauswertung quälen muss. Oh Mann, mit den Pappnasen werde ich in den nächsten Jahren noch viel Spaß haben ...

Trotzdem oder gerade deshalb: Die Fotos, die die Kameras schießen, bilden einen nicht enden wollenden Quell des Amüsements. Endlich kann man mal ganz ungestört das geheime Leben der Tiere beobachten. Das Öffnen der Speicherkarte ist jedes Mal wie das Öffnen einer Schatztruhe. Man weiß nie, was einen erwartet. Letztens kam ein Puma-Weibchen ins Bild. Blieb wie angenagelt stehen, lauschte und ging dann weiter, an der Kamerafalle vorbei. Etwas später in der Nacht dann eine Ameisenbären-Mama mit einem gaaanz kleinen Würstchen-Baby auf dem Rücken. Toll!

The last cheesy sundown picture, I promise!

Langsam grooved sich alles ein – morgens Kamerafallen aufstellen oder einsammeln oder am Computer arbeiten, nachmittags hinter dem Steuer mit den Touristen und Carol als Guide rausfahren, um mein Ameisenbärenfotoregister zu komplettieren und mehr über das Pantanal zu erfahren.

Ein Ameisenbär, der vorletzte Woche noch kugelrund war, trägt jetzt plötzlich ein winziges Baby auf dem Rücken. Ich bin stolz auf mich, weil ich schon etwas ins Blaue orakelt hatte, dass die Dame schwanger sein könnte. Ich nenne sie Carol, denn neben mir steht die menschliche Namensvetterin, die nur mühsam einen Entzückensquietscher angesichts des kleinen Kürbisbabys unterdrücken kann. Mutter und Kind laufen vor Sonnenuntergang, Palmen und Pampashirschen über die weite Ebene mit weichem, orange leuchtendem Gras. Traumschön, magisch. Da sag noch mal einer, das wären hässliche Tiere!

Ich mache schon wieder haufenweise kitschige Sonnenuntergangsfotos. JEDEN verdammten Tag nehme ich mir fest vor, keine mehr zu machen. Was soll man mit Hunderten dieser Klischeebilder, die eine Florida-Fototapete im Haus der Golden Girls sein könnten? Und doch. Ich versuche mich zu zwingen, die Kamera nicht in die Hand zu nehmen. Einfach schauen, einfach genießen, und dann wird es immer schöner und spektakulärer. Die Wolken, die große, rote Sonne, vor der die Vögel fliegen. Und dann stehe ich doch wieder da mit dem Fotoapparat, während sich der Himmel alle Mühe gibt, das Spektakel vom Vortag zu toppen. Vielleicht sollte ich meine Strategie ändern: einfach mindestens EIN Foto von JEDEM meiner pantanesischen Sonnenuntergänge machen.

Dann, kurz bevor es dunkel wird: noch ein Ameisenbär. Braydon, Tourist von den Weihnachtsinseln, hat Glück. Er hockt genau dort am Waldrand, wo der Bär aus dem Gemüse kommt. Fast läuft das Vieh in ihn rein, bleibt vor ihm stehen, schnüffelt misstrauisch, versucht konzentriert, irgendwas mit seinem kurzsichtigen Auge zu erkennen. Eigentlich hat er schon geschnallt, dass da was ist, und eigentlich weiß er, er sollte umdrehen, aber er hatte doch verdammt noch mal den festen Plan, hier jetzt langzugehen!!! Braydon fasst es kaum, wie nah er ihm ist. Ein langer Moment des gegenseitigen Zögerns und Musterns, dann galoppiert der Bär doch mit gesträubtem Fell zurück ins Gebüsch. Braydons Augen leuchten, das Grinsen ist ihm ins Gesicht gemeißelt, der typische entrückte Blick, den Menschen nach einer tollen Ameisenbärensichtung tragen. Ein Blick, bei dem man weiß: Dieser intime Augenblick mit diesem merkwürdigen, einzigartigen Tier wird für den Rest des Lebens unvergessen bleiben.

Braydon erzählt später am Lagerfeuer davon, auf einem Klappstuhl mit Wein in der Hand. Lucas dreht derweil mit Stirnlampe und Buschmesser bewaffnet riesige Fleischstücke um, die über der Kohle auf einem Rost grillen. Manchmal machen wir das hier: das Auto mit Essen und Getränken vollladen und dann an einem der zahllosen Seen über dem Lagerfeuer grillen – Gäste, Forscher, Guides und die Familie. Die Kinder kommen etwas später mit den Pferden geritten – sie haben eine Schnitzeljagd quer über die Fazenda gemacht. Die Mosquitos verschonen uns einigermaßen, und wir haben es schön. Momente tiefster Zufriedenheit, in denen ich das Gefühl habe, dass dies hier ein Zuhause werden könnte.

Machete – they fucked with the wrong german ...

Ich bin total müde und kaputt, und die blöde Waschmaschine will und will nicht fertig werden. Unter der Voraussetzung, dass wir die Wäsche hinterher direkt ausräumen, können wir abends die Maschine vom Gästehaus benutzen. Viel besser als stundenlange Handwäsche, nach der – zumindest bei mir – alles immer noch dreckig ist. Jetzt sitz ich hier doof und allein in der Küche rum, und eigentlich will ich nur ins Bett und noch mal die restlichen Zecken absammeln, die ich bisher übersehen habe. Gleich kommt bestimmt der nächste Regensturm, und meine letzte trockene Hose wird auf dem Rückweg zum Forscherhaus auch noch nass. Bäh, bäh, bäh.

Kathrin, eine Studentin aus Bonn, ist angereist. Sie wird mich in den nächsten Monaten beim systematischen Aufstellen der Kamerafallen unterstützen. Heute werden wir gleich mal fünf an den Positionen, die der Computer generiert hat, aufstellen und morgen dann noch mal fünf. Dann arbeiten sie eine Woche lang hoffentlich automatisch, bevor wir sie wieder einsammeln und an die nächsten zehn Positionen bringen.

Für unser heutiges Programm heißt das: vier Kilometer laufen, um die Kamerafallen aufzuhängen. Zumindest Luftlinie. Hört sich lässig an, oder? Darum haben wir gleich noch einen Transekt über die ganze Strecke gelegt. Transekt heißt in dem Fall, auf gerader Linie von Position zu Position zu gehen und auf dieser Linie nach Tierspuren und sonstigen Säugetierhinterlassenschaften zu suchen. Die Daten müssten einem ja quasi zufallen, weil man den Weg ohnehin laufen muss.

Diese Idee erweist sich im Nachhinein allerdings als Erbsenhirnplan, den nur Pantanal-Anfänger stricken können. Auf Laub kann man keine Spuren erkennen, die Daten, die man bekommt, sind also scheiße. Darüber hinaus ist es ein gigantischer Aufwand bis unmöglich, sich hier auf einer exakt geraden Linie zu bewegen.

1. Es stehen Bäume da, um die man rumgehen muss.
2. Es liegen Seen da, um die man herumgehen muss, möchte man nicht durch Piranha-Wasser schwimmen.
3. Es stehen Gebüsche da, um die man aufgrund des

Das Pantanal ist ein Mosaik aus Galeriewäldern, offenen Schwemmflächen, Süß- und Salzwasserseen in Brasilien.

Ich wohne und forsche auf der Rinderfarm „Fazenda Barranco Alto", deren Wohnhäuser inmitten der zahlreichen Seen des Feuchtgebietes liegen.

Im Zentrum meiner Forschung: Der Große Ameisenbär der, kurzsichtig wie er ist, auch mal direkt an mir vorbeiläuft ohne mich zu bemerken. © Ricarda Wistuba

Die eigentümliche Gesichtsbanane des Ameisenbären ist eine Anpassung an seine Nahrung aus Termiten und Ameisen.

Neben dem Großen Ameisenbären lebt im Pantanal auch sein direkter Verwandter: Der hauskatzengroße Baumameisenbär, auch Tamandua genannt.

Gürteltiere sind ebenfalls mit den Ameisenbären verwandt und genau wie sie eine typische Tiergruppe Südamerikas.

Eine meiner Nahtoderfahrungen als Tropenökologin: Bemalen des Schildes der Farm auf einer wackeligen Gerüstkonstruktion. © Claudia Pozzoli

Feierabend zum Sonnenuntergang vor dem Forscherhaus, meinem Zuhause im Pantanal.

Die Häuser der Fazenda Barranco Alto aus der Luft: Links wohnen die Cowboys. Das vierte Haus von unten ist das Forscherhaus. Rechts von der Flugzeuglandebahn, bei den Bäumen am Fluss, liegen die Scheune und Lucas' Haus. Etwas weiter oben, zwischen See und Fluss, befinden sich Gästehäuser und Küche.

Gruppenbild von fast allen Bewohnern der Farm: Rechts die Köchinnen, links die Cowboys. Schräg links hinter mir steht Carol, vorne im hellen Shirt hockt Fernando und ganz hinten links steht Lucas. © Vanina Harel

Plüschige Haustiere haben hier gerne mal doppelt so viele Beine wie der handelsübliche Hamster.

Diese beiden Hyazintharas kennen mittlerweile die Gesichter der menschlichen Farmbewohner und verteidigen ihr Nest lautstark gegen Fremde.

Ralf, der Haus- und Hoffrosch, in glücklichen Zeiten in unserem Badezimmer.

Besonders zur Regenzeit ist das Gelände oft unwegsam. Um die Kamerafallen, mit denen ich arbeite, aufstellen zu können, muss ich daher auf verschiedenste Fortbewegungsmittel wie Kanu, Pferd oder Jeep zurückgreifen.

Wo das Auto versagt, ist das Pferd das zuverlässigste Transportmittel. © Jamie Coleman

Eine Ameisenbärenmutter trägt ihr Jungtier bis zu neun Monate auf dem Rücken.

Auch der Große Ameisenbär kommt manchmal nahe an den Farmhäusern vorbei und gräbt mit seinen langen Krallen nach Ameisen und Termiten.

Den Trinkhalm immer dabei.

Nach dem Regen sammelt eine Spinne die Wassertropfen, die sich in ihrem Netz verfangen haben.

Eine Springspinne auf einer Dornenbromelie.

Die Natur des Pantanal ist von atemberaubender Schönheit.

Risikomanagement in Wasserschweinhausen: beobachten und Abstand halten.

Im Feuchtgebiet müssen auch die Ameisenbären manchmal baden gehen, um von A nach B zu kommen.

Ein kleiner Baumameisenbär zeigt seine Krallen in einer – wie er zumindest findet – beeindruckenden Drohgebärde.

Waschbären sind eigentlich nachtaktiv – dieser jagt jedoch früh morgens in einem See nach Fröschen.

Lucas und Marina haben die Farm mit Ökotourismus und nachhaltiger Rinderzucht aufgebaut. Sie leben hier mit ihren beiden Töchtern Leticia (li.) und Emilia (re.).

Der Weg der Kinder zur nächstgelegenen Schule ist abenteuerlich und dauert je nach Straßenverhältnissen manchmal mehrere Stunden.

Die schönen Seiten der Regenzeit: Sonnenaufgang über den vollen Seen rund um die Farmhäuser.

Here comes the rain again: Wolkenberge kündigen einen Regensturm an.

In der Regenzeit ist das Pantanal oft großflächig überschwemmt.
Dann heißt es für uns Tierforscher: „Rumsumpfen für Fortgeschrittene."

Transekts nicht herumgehen darf. Dementsprechend hackt man sich wie der letzte Idiot durch ein Dickicht, obwohl nur 20 Meter weiter ein Weg ist. Und irgendwie haben in diesen Wäldern alle, wirklich alle Pflanzen Stacheln und Dornen. Die schlimmste ist eine Möchtegern-Ananas-Bromelie, deren spitze Dornen sich sehr tief in die Haut bohren und dann abbrechen. Arme zerkratzt, Beine zerkratzt, Hände vollkommen im Eimer. Kathrin blutet wie irre wegen des blöden Driss-Gestrüpps. Wir lachen trotzdem noch. Man ist ja wenigstens nicht aus Zucker.

Ich renne erst mal in ein Wespennest. 2 Stiche. Kathrin tappt dafür zweimal in ein Babyzeckennest. Die »süßen Kleinen« hängen in Nestern von mehreren Hundert bis Tausend Tieren in den Pflanzen, jede einzelne Zecke ist circa 0,1 mm groß. Läuft man dagegen, sieht es zunächst aus wie Staub, der dann aber anfängt, sich über die Hosenbeine auszubreiten. Die Nano-Monster krabbeln in alle Löcher und beißen sich vor allem unter den Socken in der Haut fest. Wir sammeln im Lauf des Tages bei Kathrin mindestens 100 Zecken ab, bei mir sind es wohl etwas mehr als 50, Tendenz steigend, denn sie kommen immer noch von irgendwo gekrochen und beißen sich fest. Trotz zweimal duschen und Kleider in Quarantäne geben. Das blöde Viehzeug soll mir mal seine Existenzberechtigung zeigen. Immerhin gibt's hier keine Borreliose oder sonstige Zecken-Krankheiten. Juckt nur wie blöd und ist hässlich. So maulen, schimpfen und lachen wir uns durch die Dornen.

Nachmittags sehen wir einen Puma. Die erste Großkatze meines Lebens in freier Wildbahn! Nur kurz zwar, er verschwindet mit einem Hechtsprung im Wald, trotzdem beeindruckend. Irgendwie geraten da die Relationen aus den Fugen. Man ist Hauskatzengröße gewöhnt, und so kommt es einem eher so vor, als wäre der Wald kleiner und nicht die Katze größer – das kriegt das Gehirn irgendwie nicht richtig verarbeitet. Weiter oben auf der Ebene ist mal wieder Matthes unterwegs. Also natürlich nicht der Skatbruder aus Köln, sondern sein Pendant hier im Pantanal. Ich hatte meinen Skatjungs ja versprochen, dass ich die Bärchen nach ihnen benenne. Bisher können Matthes, Oliver, Alfons, Günther und Heino unterschieden werden, Ameisenbär Marc kenne ich schon von 2009 und habe ihn dieses Jahr prompt an derselben Stelle wiedergetroffen. Mütter mit Babys bekommen allerdings, wie schon in Boa Vista, Mädchennamen – ich will ja ungern eine Mama mit Baby Uwe nennen ...

Matthes ist ein kleiner, ganz süßer Ameisenbär, den ich eventuell letztes Jahr als Baby fotografiert habe. Er hat einen schwarzen Punkt auf dem Vorderbein, mit dem man ihn von Weitem erkennen kann. Vor allem hat er aber, und das habe ich noch nie bei einem Ameisenbären gesehen, eine weiße Kralle! Rechts vorne. Wie lustig. Wir kommen ganz nah, und er ist vollkommen entspannt. Kathrin im Glück – ihr erster Ameisenbär! Alles sehr beschaulich, und dann geht es mit einem Mal los: Den ganzen Nachmittag hatten sich schon Wolkenberge am Himmel aufgetürmt. In der Ferne grollte der Donner. Jetzt ist das Unwetter zu uns gekommen: Riesige Tropfen platzen auf uns nieder. Blitze, Donner, Sturm. Wir und die beiden australischen Touristinnen ducken uns auf dem offenen Touristentruck – kein Schutz. Carol rast in einem Höllentempo die nassen Straßen entlang, teilweise steht das Wasser schon so hoch, dass wir ins Schlingern kommen. Irgendwie lustig, irgendwie abenteuerlich, jedenfalls ganz schön nass. Ich drehe das Gesicht nach hinten, damit mir die riesigen Tropfen nicht ins Gesicht platschen. Hinter dem Auto versinken wogende Palmblätter in Regen, Nebel und Dunkelheit. Sehr stimmungsvoll. Die schöne Seite des Wolkenbruchs. Die blöde Seite: Jetzt ist endgültig alles nass oder dreckig. Und meine Hosenauswahl ist aufgrund der bescheuerten Dornen, die alles zerreißen, sowieso schon übersichtlich, und das schon nach den ersten Wochen!! Ab morgen geh ich dann also nackt ...

Man ist ja spontan ...

Alles ist nass, feucht und kalt. Okay, das Pantanal ist bekannt als das größte Binnenfeuchtgebiet dieser Erde, aber das muss doch nicht unser Haus mit einschließen, oder? Das steht nämlich nach dem gestrigen Unwetter unter Wasser, inklusive Betten, Geräten und Kleidern usw. Was machen die hier in der Regenzeit, wenn es *monatelang* regnet ...

Wenigstens hat der Regen mittlerweile aufgehört. Das Land liegt im Nebel. Es ist grau und still. Den Vögeln ist das Singen offensichtlich auch vergangen. Vermutlich kuscheln sich die Hyazintharas gerade plüschig und warm zwischen den Federn in ihrer Baumhöhle zusammen, anstatt draußen das übliche Gezeter zu veranstalten. Nach einer gemütlichen Höhle sehnen sich Kathrin und ich auch, als wir uns morgens aus den klammen, kalten Betten pellen, um auf die Pferde zu steigen und Kamerafallen zu verteilen. Als wir aber unterwegs sind, ist es herrlich. Es regnet nicht, und so feucht und kalt wirkt das Land fast wie Irland oder auch Deutschland. Man muss sich nur die Palmen wegdenken. Wir haben uns ordentlich mit Schals und Jacken eingemummelt, zwischenzeitlich kann man sich an den warmen Hals des Pferdes kuscheln.

An einem See liegt ein totes Schwein. Zwei Caracaras, Greifvögel, sitzen oben drauf und picken dran rum, Fliegenschwärme ... Mal gucken, ob das von einem Puma oder Jaguar getötet wurde ... ich beuge mich gerade drüber, da grunzt es, hebt den Kopf und schaut mich an. Hui! Der klassische Schocker im Horrorfilm. Ich springe auf und hechte zum Pferd. Mit solchen Schweinen ist nicht zu spaßen – ein ehemaliger Cowboy wurde mal von einem aufgeschlitzt, inklusive Gedärmen, die rauskamen ... Dieses Schwein hier am See ist aber weit davon entfernt, es stirbt gerade so langsam vor sich hin, vermutlich krank. That's life ... Freuen sich die Geier.

Enger Zeitplan, die Fallen müssen flott ins Feld, ich habe nämlich noch Großes vor: Um 12 Uhr muss ich fertig gepackt (und nach Möglichkeit zeckenfrei) am Flugfeld stehen, um mit einem Flugzeugchen nach Aquidauana zu fliegen. Dann weiter mit dem Bus nach Campo Grande, wo ich mich mit einem Filmteam des Bayerischen Rundfunks treffe. Die werden einen Film über Große Ameisenbären drehen, zunächst auf Pousada Aguapé, einer anderen Farm im Pantanal, auf der die Ameisenbärenkönigin Flavia Miranda ihr Projekt hat. Ich hatte sie bereits auf einem Kongress in Argentinien kennengelernt. Sie ist Veterinärmedizinerin und macht genetische und gesundheitliche Untersuchungen an Großen Ameisenbären. Vor allem aber leitet sie das Projeto Tamanduá, ein Netzwerk aus Forschern, die an den verschiedenen Arten von Ameisenbären arbeiten, also Zwergameisenbär, Tamandua und Großer Ameisenbär. Mit ihnen kooperiere ich und freue mich schon, Flavia bald wiederzusehen. Nach den Dreharbeiten mit ihr fahre ich dann mit dem gesamten Filmteam im Gepäck zurück zur Fazenda Barranco Alto, um dort noch mein Projekt zu filmen. Das wird spannend, und nicht nur, weil die Straße immer noch eine Katastrophe ist ...

11:30 Uhr, und wir schlagen uns immer noch mit der Machete durch den gottvermalledeiten Dornenwald. Über unseren Köpfen fliegt ein Flugzeug. Hm ... Das war dann möglicherweise meins. »Que drissie«, wie Fernando jetzt sagen würde. Der hat irgendwann mal das deutsche Wort »Scheiße« aufgeschnappt und nutzt es seither gerne und etwas inflationär. Nur blöd, wenn er mit deutschen Gästen arbeitet. Als unverfänglichere Alternative habe ich ihm jetzt »Driss«, also das kölsche Wort für »Scheiße«, beigebracht. Fiel auf fruchtbaren Boden, er benutzt es rege. Hat »Ai, que drissie« in seinem Deutschwortschatz direkt neben »Tippie Toppie« eingereiht.

Was die Mitfluggelegenheit betrifft, habe ich Glück und kann später mit einem anderen Flugzeug zurück in die Stadt fliegen, das neue Gäste auf die Farm gebracht hat. Marina muss Besorgungen machen und kommt auch mit. Anfangs fliegen wir über die Seen und intakten Galeriewälder des Pantanals, die momentan durch die Blüten der Cambará-Bäume in leuchtendes Gelb getaucht sind. Auch die gelben Trompetenbäume holen gerade Luft, um in den nächsten Wochen ihr Feuerwerk abzubrennen. Die Landschaft ist atemberaubend schön. Dann tauchen erste, exakte Quadrate von circa 100 Hektar auf, auf denen sämtliche Natur durch ausgeräumte Viehweiden ersetzt wurde. *Ready to use* ist das Stichwort. Kohleunternehmen bieten Landbesitzern an, ihre Flächen zu »reinigen« – d.h. alles Holz zu entfernen und den Farmbesitzern dann eine fertige Viehweide zu überreichen. Die Farmer müssen dafür nichts bezahlen, im Gegenteil – sie bekommen eine Prämie von den Kohleunternehmen. Das Holz, die ganzen Bäume, alles wird in Kohle umgewandelt. Obwohl viele kostbare Werthölzer dabei sind, wie z.B. die Trompetenbäume. Das Kohlegeschäft ist jedoch so gewinnbringend, dass sich ein selektiver Holzeinschlag nicht lohnen würde. Also wird alles plattgemacht.

Je weiter wir fliegen, desto größer wird die Zerstörung. Das ist alles in den letzten sechs Jahren passiert, sagt Marina. Am Rand der ausgeräumten Flächen qualmen in langen Reihen die Kohleöfen. In den schwarzen Öffnungen verschwindet unser geliebtes Pantanal. Dieses beeindruckende Paradies mit seiner überwältigenden Schönheit, seinen vielen einzigartigen

Tieren, den Ameisenbären, Tapiren, Jaguaren, Aras und seinen blühenden Bäumen. Übrig bleiben karge Wiesen, schwarze Kohleberge, Rauch und zerfahrene Straßen. Ich bin bei so was eigentlich eher pragmatisch und nicht allzu pathetisch. Hier im Flugzeug wird mir aber bewusst, wie schlimm es um das Pantanal steht. Es drückt mir das Herz zusammen – alle Forscher, alle Naturschützer rennen so dermaßen gegen die Zeit –, wenn in sechs Jahren so große Teile des südlichen Pantanals verwüstet wurden, bleiben uns vielleicht nur noch wenige Jahre, bis lediglich einzelne Oasen übrig sind. Möglicherweise ist die Zeit viel zu kurz, um irgendwelche Managementpläne, Schutzbemühungen und Gesetze in Gang zu bringen.

In Aquidauana bin ich total zerschmettert – die traurigen Bilder aus dem Flugzeugfenster, das Unwetter in der Nacht, die anstrengende Feldarbeit ... Hoffentlich kann ich auf der dreistündigen Busfahrt nach Campo Grande ein bisschen schlafen ... Angesichts der mit Decken, Kissen und Wintersportbekleidung ausgestatteten Brasilianer erinnere ich mich in letzter Sekunde an den Reisebuseissturm und hole hektisch sämtliche Kleidungsstücke aus meinem Rucksack, um sie übereinander anzuziehen. Und noch schnell Bier kaufen. Der Bus holpert los, alle machen sich zum Schlafen bereit. Stille. Ich öffne geräuschvoll eine Bierdose – mein Sitznachbar schaut mich überrascht an – Reisebier scheint hier nicht üblich zu sein. »Ich bin aus Deutschland«, sage ich entschuldigend. Er lacht. »Ach so, na dann.«

Not. My. Job.

Pousada Aguapé

Ein kurzer Abstecher: Stadt, Autos, Beton, jetzt wieder in meiner guten alten, türkisen Hängematte, diesmal auf der Pousada Aguapé. Dafür liebe ich Hängematten – man kann ein Stück Zuhause überall mit hinnehmen. In Brasilien hat jedes Haus Hängemattenhaken, zumindest auf dem Land. Übernachtet man z. B. nach einer Party bei Freunden, muss man sich nicht unbequem im Matrazenlager auf einer Isomatte den Rücken verbiegen oder erst umständlich ein Gästebett aufbauen – nein, jeder bringt seine Hängematte mit, hängt sie zwischen zwei Haken und schläft bequem im eigenen Bett. So schaukele ich also wohlig in den Abend hinein. Abgesehen davon bin ich übrigens gerade dem Tod von der Schippe gesprungen. Aber vielleicht erst mal von vorne:

Am Flughafen in Campo Grande hab ich das Filmteam getroffen, Andrea, die Autorin, Matthias, den Kameramann, Merle, die Assistentin, und Udo, den Redakteur der Naturfilmredaktion vom Bayerischen Rundfunk. Bin ja mal sehr gespannt, was das gibt. Vierstündige Fahrt Richtung Corumbá zur Pousada Aguapé. Die Farm liegt viel näher an Bundesstraße und Stadt als Fazenda Barranco Alto, ist also leichter zu erreichen. Dafür gibt es aber viel mehr Viehweiden anstelle dieses unberührten, wunderschönen Durcheinanders an Seen, Wäldern und Wiesen in meinem geliebten Nirgendwo. Vorteil für uns: Auf so einer ordentlichen Viehweide entdeckt man Ameisenbären viel leichter als im Gemüse. Denn so auffällig ein dunkelbrauner, wuscheliger Ameisenbär in der offenen Savanne ist, so perfekt getarnt ist er im Gebüsch. Zwei Schritte in den Wald und das Tier dematerialisiert sich quasi vor deinen Augen. Es grenzt manchmal fast schon an Magie. Wie der Waldarbeiter in Boa Vista so schön sagte: »Ameisenbären können alles, hätten sie Flügel, könnten sie auch fliegen ...«

Angekommen auf der Farm Aguapé, wir haben den Pick-up noch nicht geparkt, da kommt Flavia, meine Ameisenbärenforschungskollegin, angelaufen. Sie fällt mir mit breitem Lachen in die Arme, als würden wir uns seit Jahren kennen. »Übrigens: Da drüben läuft euer erster Ameisenbär.« Tatsächlich! Auf der Wiese vor den Farmhäusern, angesichts der zwei rudimentären Tore rechts und links wohl eine Art Fußballfeld, auf dem die Farmtiere grasen, wackelt ein Ameisenbär zwischen den Pferden herum. Hektisches Kameraaufbauen seitens des Filmteams. Die haben neben der großen Kamera ein ferngesteuertes Auto mit einer kleinen Kamera bestückt und wollen damit den Ameisenbären anfahren. Nach klassischer Erbsenhirnlogik können dabei zwei Dinge passieren: 1. Der Ameisenbär bekommt überhaupt nichts mit, oder 2. er dreht durch vor Angst.

Punkt zwei tritt ein. Absurde Szenen auf einem ruralen, brasilianischen Fußballfeld: Ameisenbär, Kühe, Pferde und Schafe galoppieren in panischer Flucht vor einem ferngesteuerten Auto wild durcheinander – der Bär direkt durch die Holzbalken, die das Tor markieren. Flavia reißt die Arme hoch: »Toooooor!!!«

Unten am See zwischen Seehyazinthen: Riesenotter. Wir hüpfen ins Boot und fahren hinterher. Ziemlich genau zu dem Zeitpunkt, an dem die Mücken rauskommen. Gut, dass ich ein Langarmoberteil und Mückenspray dabeihabe. Liegt nur in der Tasche irgendwo am Ufer, während ich auf dem See romantisch von Mosquitos gefressen werde. Die Otter prusten als Zeichen der Abwehr und zeigen tapfer ihre Kehle. Wir lassen sie in Ruhe. Ich hänge mich lieber mit meiner Hängematte auf der Terrasse auf und lasse mal die Viecher Viecher sein. Komatöser Schlaf, dann gemütlicher Tratsch mit Flavia beim Bier. Abendessen: Fleisch, Reis, Bohnen, Maiscreme und Maracuja-Pudding. Kann man mal haben. Dazu noch mehr Bier und Caipi. Flavia ist trinkfest. Gut zu wissen. Ich verabschiede mich früh, noch etwas mehr Hängematte, dann ins Bett. Dachte ich. Zumindest, bis ich auf einen Buschmeister trete: eine extrem giftige Schlange, kann durchaus auch tödlich enden. Diese Schlangenart ist aber Gott sei Dank nicht allzu aggressiv, und so bleibt noch Zeit, mädchenhaft quietschend zur Seite zu springen. Jetzt eiern hier also Brasilianer mit Haken ums Haus, um die Schlange einzufangen. Ich liege derweil großgrundbesitzermäßig in der Hängematte (schlangenfrei) und lass sie mal machen ... In Brasilien lernt man mit der Zeit die Not-My-Job-Einstellung. Als Deutsche meint man ja immer, sich bei allem irgendwie engagieren zu müssen. Nein. In Brasilien hat jeder eine ganz genaue Vorstellung von seinem Job und seinen Aufgaben und in der Regel keinen Bock drauf, dass einem ein Dilettant reinpfuscht. Das kann sein Gutes haben, in der Praxis aber auch häufig aussehen wie die Baustelle damals in Boa Vista vor unserem Haus: Drei Arbeiter waren abgestellt, ein Loch im Kopfsteinpflaster der Straße zu flicken. Einer mit einer Gießkanne, um den Boden zu befeuchten, einer mit einer Schubkarre, um die Steine zu holen, einer auf dem Boden, der die Steine verlegte. Nur sind der Gießkannen- und der Schubkarrenjob ja nicht unbedingt zeitfüllende Betätigungen, und man hätte den Auftrag in einem Drittel der Zeit erledigt, hätten alle Steine verlegt und bei Bedarf mal Wasser gespritzt und Material geholt. NEEEIN! Nicht so in Brasilien. Einer verlegt also durchgehend Steine, die anderen stehen daneben und geben ab und an kluge Kommentare ab. Die ganze, unfassbar ineffiziente Sause dauert am Ende vier Tage und erfüllt mich mit großem Amüsement ...

Nach fünf Jahren Brasilien schaffe ich es jetzt also auch: ignorant rumliegen, während andere Leute Schlangen jagen. Not. My. Job.

Bonanza no Brasil

Aquidauana

Habe diese Ameisenbärenfilm-Sache irgendwie leicht unterschätzt. Ich dachte, ich lauf da mal durchs Bild und fertig. Äh, nee. Wir waren heute voll eingespannt. Morgens: Flavia und Lydia stehen oben auf der Ladefläche eines Pick-ups, der in einer pink und blau blühenden Wiese durch den hochspritzenden Matsch heizt. Dabei möglichst routiniert und professionell aussehen. Und NICHT in die Kamera gucken. Dann: Flavia und ich laufen an verschiedenen Stellen im Pantanal rum, zeigen und diskutieren ... ich in meinem blödsinnigen Portugiesisch. Hoffentlich sieht nie ein Brasilianer diesen Film. Ein Rampensau-Kaiman läuft voll ins Bild, ein Gürteltier guckt MEGA in die Kamera, unfairerweise scheint das bei denen aber okay zu sein.

Punkt 13:30 Uhr (18:30 Uhr deutscher Zeit) fängt meine Nasenspitze an wie blöd zu jucken. Toll, bei solchen Filmaufnahmen. Falls ich also im deutschen Fernsehen mit rotgekratzter Nase auftauche, liegt das vermutlich an meinen Skatjungs in Köln, die jetzt gerade hoffentlich ganz doll an mich denken. Es ist Montag, sie sitzen jetzt alle mit den Karten in der Hand im Weißen Holunder und spielen Skat. Ohne mich. Menno. Während sie in Kölle im rauchigen Dunkel der Kneipe sitzen und ein schönes kühles Kölsch in der Hand halten, liege ich hier bei Hitze, Sonne und brüllenden Papageien in der Hängematte und mache Mittagspause. Immerhin: Udo und Merle vom Filmteam spielen Skat – jetzt müssen wir nur noch Karten auftreiben. Gibt es überhaupt das Altenburger Skatblatt in Brasilien?? Falls ja, vermutlich aus Plastik ...

Nachmittags wollen wir ausreiten. Im Optimalfall soll vom Pferd aus ein Ameisenbär für wissenschaftliche und medizinische Proben gefangen und betäubt werden. Im Pantanal entbehrt selbst genetische Forschung nicht einer gewissen Wild-Westromantik: vier Cowboys, Flavia und ich. Alle mit den typischen Pantanal-Strohhüten auf der Pferderasse sitzend, die es nur im Pantanal gibt. Hinter uns der Pick-up mit dem Kamerateam. Auf einer großen Ebene mit Palmen, Kühen und Pferden, die alle gebannt zusehen (vor allem die Palmen), galoppieren die Cowboys um einen Ameisenbären herum und treiben ihn zu Flavia. Flavia schießt mit dem Betäubungsgewehr (sie meint, die Methode mit dem Gewehr sähe für die Kamera weniger martialisch aus als mit dem Lasso. Hat sich vermutlich noch nie mit diesem riesigen Gewehr gesehen, die kleine Flavia ...). Der Schuss geht daneben. Bär galoppiert in den Wald, kein Erfolg, keine Daten für Flavia, aber immerhin spektakuläre Aufnahmen fürs Filmteam. Nebeneinander reiten wir nach Hause, die große, rote, untergehende Sonne in unseren Rücken bescheint den Rand meines Strohhuts in leuchtendem Orange. Bonanza oder auch die Glorreichen Sechs. Ich persönlich nehme den Moment ganz bewusst auf. So was Schönes.

Lebensweisheiten alter Naturfilmdarstellerhasen

Fazenda Barranco Alto

Falls ihr auch mal in Verlegenheit kommt, als Darsteller in einem Dokumentarfilm mitzuwirken, lasst euch eins von einem alten Hasen gesagt sein: gut überlegen, was ihr am ersten Drehtag anzieht. Dieses Outfit wird euch noch lange begleiten. Das Stichwort ist: Anschlussprobleme. Hat man plötzlich was anderes an, können die Szenen nicht mehr zusammengeschnitten werden. Mich hat es nicht ganz so schlimm getroffen – meine Hose kann man mittlerweile zwar vor Dreck hinstellen, und mein Shirt riecht … sagen wir mal … interessant, aber es gibt ja Gott sei Dank noch kein Geruchsfernsehen. Flavia hat es härter erwischt – ihr ist beim Reiten die komplette Naht am Hintern aufgeplatzt, und jetzt versucht sie, das riesige Loch durch Robben mit dem Rücken zur Wand vor der Kamera zu vertuschen. Ähnlich wie bei schwangeren Schauspielerinnen, bei denen man die Umstände nicht sehen darf, versuchen wir kreativ zu kaschieren: Flavia bis zur Hüfte hinterm Pick-up, »zufällig« ist genau die Karte, ich oder ein Pferd vor ihrem Hintern, oder ein Cowboy steht genau so, dass man ihre untere Körperhälfte nicht sieht …

Aber heute hat sie es geschafft: Die Dreharbeiten auf Pousada Aguapé sind fertig. Abschied von Flavia, denn jetzt geht's nach Hause zur Fazenda Barranco Alto. Nach Hause! So denke ich schon. Eigentlich sind Pousada Aguapé und Fazenda Barranco Alto nur 50 km voneinander entfernt. Da es aber keine Straße über den Fluss gibt, müssen wir in die komplett andere Richtung nach Aquidauana fahren und von da aus auf der anderen Flussseite alles wieder zurück – 110 km Umweg.

Mal wieder die üblichen hektischen Einkäufe im Supermarkt in Aquidauana, bevor es zurück ins Nirgendwo geht. Klassiker, ich lerne es einfach nicht: In Panik kaufen Merle und ich sieben Paletten Bier und Kekse. Den Block, den ich für die Datenaufnahme bräuchte, sowie sämtliche anderen wichtigen Sachen gehen mal wieder in der üblichen aufgeregten Übersprungshandlung unter … Genau wie die Straße zunehmend im Matsch versinkt, je weiter man von der Stadt in Richtung Farm fährt. Durch größere Seen kommen wir dank Allradantrieb und Vollgas. Udo, der Chefredakteur wollte UNBEDINGT fahren und klammert sich jetzt im Glückstaumel am Steuer fest, haha, Männerfreuden. Merle und ich sind derweil verzweifelt bemüht, die Bierberge, die sich auf der Rückbank zwischen uns türmen, festzuhalten. Dann wieder ein Graben, aufspritzender Matsch, Udos rudernde Arme am Lenkrad, und ich schreie nur: »Udo, denk an das Bier!!!« – zu spät. Eine Dose ist kaputt und suppt sich schön von hinten in meine Hose. Unterwegs: drei Ameisenbären, Nasenbären und ein Habicht mit Schlange. Als wir auf der Farm ankommen, ist es bereits dunkel, und ich selbst bin überrascht, wie sehr es sich nach Heimkommen anfühlt, als ich das Forscherhaus betrete. Juchhu!

Ein Cricketschläger Heimweh

Lucas und ich werden gefilmt, wie wir Kamerafallen anbringen und einen Pumakratzbaum besichtigen – eine nicht so ganz aus dem Leben gegriffene Szene. Lucas steht neben dem Baum, ich soll ins Bild kommen, und dann sollen wir einen eloquenten Dialog über Kratzspuren vom Stapel lassen. Uh. Ich lege mir schon mal zurecht, was ich gleich Schlaues sagen werde. Als ich vor die laufende Kamera trete, meint Lucas nur grinsend: »Na, Frau Doktor Lydia? Was sind denn das hier jetzt wohl für Kratzspuren?«, und bringt mich total aus dem Konzept. Haha ... Hahahahaaa ... Beidseitiger Lachkrampf, genervtes Kamerateam, das geht noch eine gute Weile so weiter. Die Armen haben sich ja die beiden Richtigen für ihren Film ausgesucht ...

Abends wird noch eine Szene von Lucas mit der Jaguartrommel auf dem Fluss aufgenommen. Solche Trommeln wurden früher von den Jaguarjägern eingesetzt, um die Katze anzulocken. Sieht fast aus wie eine normale, mit Tierhaut bespannte Bongo-Trommel, man haut aber nicht außen drauf, sondern reibt innen mit einem feuchten Tuch über die Haut. Ein tiefes quietschend-reibendes Geräusch ertönt, das wie ein rufender Jaguar klingt. Damit hofft man, andere Jaguare anzulocken, die denken, es gäbe einen Eindringling in ihrem Territorium. Normalerweise lockt Lucas den Jaguar nicht mit dieser Trommel, denn zum einen möchte er nicht die natürlichen Bewegungsmuster der Tiere stören. Zum anderen sterben die Küchenmädels, wenn sie nach der Spätschicht im Dunkeln nach Hause laufen müssen, ohnehin schon immer fast aus Angst vorm Jaguar. Mit einer Lockaktion macht man sich keine Freunde ... Heute also eine Ausnahme für den Film.

Ich habe mich flussaufwärts an die Uferböschung gesetzt. Vor dem Sonnenuntergang treibt Lucas stimmungsvoll mit Boot und Trommel auf dem Fluss und »brüllt«. Es hallt den ganzen Fluss entlang. Wahnsinn, wie viel Lärm so eine kleine Trommel produzieren kann! Vor mir stippen Scherenschnäbel ihren Schnabel beim Fischen in den Fluss, ein Eisvogel stürzt sich kopfüber ins Wasser und taucht mit einem Fisch wieder auf, der Fluss färbt sich rot im Abendlicht. Hört sich romantisch an, könnte gemütlich sein, ist es nicht. Ich biete geschätzten 1397261397161923876 31 Moskitos ein reichhaltiges Abendessen. Sämtliche angeblichen Wundermittel gegen Mücken helfen nichts. Scheißviecher. Unvermittelt geht ein Cricketschläger voller Heimweh nach Köln auf meinen Kopf darnieder. Hä? Warum denn gerade jetzt auf einmal?!

Der Spektakeltag, als Udo ging

Das Programm dieses Tages hätte auch eine ganze Woche gefüllt. Und das habe ich mir schon heute Mittag gedacht. Als ich zum Sonnenaufgang voll Elan aus dem Bett hüpfe, sitzt unser kleines Häuschen in einem rosa Zuckerwattenest. So sieht es zumindest aus, denn dichter Nebel hängt in der Landschaft, der von der aufgehenden Sonne in Mädchenfarben getaucht wird.

Nur schemenhaft sind die Palmen rund ums Nachbarhaus zu erkennen. Totales Zauberland. Die Forscherhausbewohner sitzen andächtig mit dem Kaffee in der Hand auf der Terrasse und bestaunen diese schöne Welt. Ich Glücksschwein: Ausgerechnet an diesem magischen Morgen will das Filmteam Lucas und mich im Flugzeug filmen. Lucas kann ja alles und ist dementsprechend auch Pilot. Klar. Also steigen wir in die kleine Cessna, heben ab, in den Baumwipfeln die Brüllaffen, die uns immer mit ihrem allmorgendlichen Getöse wecken. Und dann ist alles einfach nur wunderschön. Kaum fassbar, unvergesslich. Unter uns das Zucker-Rosa-Watten-Zauberland, von den unzähligen kleinen Seen steigen Wolken auf. Ganz klein, unten auf der Landebahn, steht der Kameramann. Lucas fliegt im Sturzflug auf ihn zu. Achterbahn! Er zieht kurz für die Bäume am Ufer hoch und folgt dann im Tiefflug dem Flusslauf. Ich bin in Tränen aufgelöst. Das ist zu viel Schönheit für mein Herz.

Während wir zwei noch ein bisschen glücklich-begeistert in der Luft herumeiern, will das Filmteam unten am Boden den Cowboy filmen, der die Pferde einholt. Die Pferde hier auf der Farm leben frei, nur morgens reitet ein Cowboy raus und treibt sie zusammen. Dann sucht man die heraus, die man für den Tag braucht, und der Rest kann wieder laufen. Wenn der Cowboy also morgens in Ledergamaschen, aufwändigem Westernsattel, Hut, Lasso und allem Drum und Dran in einer Staubwolke mit der gesamten Pferdeherde vor der aufgehenden Sonne über die Farm galoppiert, ist das üblicherweise ein spektakuläres Bild, das die europäischen Wildwestromantikklischees exakt erfüllt. Aber: Ausgerechnet heute, wo das Ganze gefilmt werden soll, hat der Cowboy verpennt. Irgendjemand schmeißt ihn hektisch aus dem Bett, und so gibt's heute zwar den galoppierenden Cowboy, aber eher im blauen Schlafanzug Richtung Scheune und später im gleichen Aufzug und mit entsprechend reduziertem Glamourfaktor auf dem Pferd. Der Kameramann ist optimistisch: »Ach, das verspielt sich.«

Als Lucas nach dem Frühstück Udo vom Filmteam nach Aquidauana fliegt, hänge ich mich dran, um ein paar Sachen einzukaufen. Von oben aus der Luft erklärt mir Lucas die Farm und viel über das Pantanal selbst. Eine wichtige Lehrstunde, viele landschaftliche Aspekte werden einem erst aus dieser Perspektive klar. Man kann die Bewirtschaftungsformen erkennen. Der Waldanteil ist viel höher, als ich gedacht habe, und der Rio Negro bildet eine geologische Grenze, die mir vorher nie aufgefallen ist. Ich plane meine Promotion noch während des Fluges in weiten Teilen um und verstehe langsam, wie das Straßennetz auf der Farm aufgebaut ist. In Aquidauana ruiniere ich beim Shopping in meinem zerrissenen Waldschrat-Outfit das Image der deutschen Frau, habe dafür diesmal etwas weniger kopflos eingekauft als letztes Mal. Nach zwei Stunden geht's mit dem Mototaxi zur Rollbahn und schwupps Flug zurück vom Trubel ins Nirgendwo. Ein surrealer Abstecher, irgendwie schön, mal wieder in einer dieser buntbemalten, bröckeligen, seelenlosen, brasilianischen Reißbrettstädte gewesen zu sein, die nur durch die herzlichen Brasilianer zu einem netten Fleckchen Erde werden.

Beim Landen brauchen wir zwei Anläufe, weil Pferde und Nandus auf der Landebahn rumrennen. Beim zweiten Mal klappt es zunächst, dann fliegt uns beim Ausrollen ein suizidaler Savannenhabicht genau in den Propeller. Federwolke. Och, maunz. Aber typisch Biologen: Trotz aller Trauer nehmen wir den toten Vogel mit zu Lucas nach Hause. Mal aufschneiden und gucken, was der so im Magen hat: Eidechsen und Gras. Meine Hände stinken noch zwei Stunden später. Genau wie der Esstisch, sehr zur Freude von Marina.

Lucas und seine Familie wohnen in einem dreißig Jahre alten Farmhaus. Eine windschiefe, löchrige Bretterbude, bescheiden wäre ein Euphemismus. Das Haus wird der »Vampirpalast« genannt, weil sich eine florierende Fledermauskolonie im Dachstuhl angesiedelt hat. Lucas hat in der letzten Woche zwei Schlangen aus dem Spülkasten der Toilette gezogen. Langsam hat er die Schnauze voll und lässt daher nebenan ein neues Haus bauen – wunderschön, groß, aus Stein. Zum Schrecken seiner Kinder, die auf keinen Fall diese heiß geliebte Bruchbude, in der sie aufgewachsen sind, verlassen wollen ...

Wunder-Wunderschön ...

Der Abschied vom Filmteam war zwar traurig, aber ich bin auch froh, mich wieder auf meine Forschung konzentrieren zu können. Und allen Computerkram aufzuholen, der in den letzten Wochen liegen geblieben ist. Trotzdem, nach dem Stress habe ich heute Morgen erst mal fett bis 5:45 Uhr ausgeschlafen ... yeah!

Immerhin: Nach unzähligen Stunden mit dem Filmteam auf dem Pick-up blicke ich endlich bei den Straßen besser durch und kenne viele Seen beim Namen. Kein Witz: Die meisten der vielen Hundert Seen, insbesondere die Salzseen auf der Farm, haben Namen. Sie zu lernen macht die Orientierung um einiges leichter. »Der Salzsee des Herzens« (herzförmig) liegt neben dem »Salzsee des Gestanks« (stinkt nach Brackwasser) und rechts vom »Süßwassersee mit der Unterhose« (da weiß keiner mehr so genau, wie es zu diesem Namen kam). An der nordöstlichen Farmgrenze liegt der Salzsee »Wunder-Wunderschön«. Der Name ist Programm.

Auch die Strände haben Namen: der Sonnenstrand, der hohe Strand, der Wassernixenstrand. Letzteren haben Lucas' Kinder so genannt. Uah, gute Idee. Nachmittags mach ich mal

Pause am Wassernixenstrand. Baden, Bier, in der Sonne liegen. Bitter nötig. Nixen haben den Vorteil, keine Beine, sondern einen Fischschwanz zu haben. Könnte ja wetten, zwischen den Schuppen sieht man die Insektenstiche nicht ganz so gut wie auf meiner weißen, mittlerweile schwer lädierten Haut.

Habe mir nach Moskitos und Zecken kürzlich neue Freunde gemacht: Als ich nachts im Dunkeln Dirk, den Ameisenbär, beobachte, stelle ich mich strategisch günstig mitten in ein Feuerameisennest. Die heißen in Brasilien »Lava pé«, also »Füße waschen«, weil sie erst die Füße überschwemmen, um sich dann über die Beine herzumachen. Dementsprechend merke ich erst gar nix, bis ich wieder hinter dem Steuer des Touri-Trucks sitze. Dann geht es los. Uaaah, scheiße. Die dummen Dinger stechen oder beißen, keine Ahnung, sich einmal quer den Körper rauf. Versuche also gleichzeitig den Truck auf Spur zu halten und die fiesen Scheißviecher loszubekommen. AUTSCH.

Feuerameisenbisse tun sich durch einen großen Unterhaltungswert hervor – man hat echt was davon. Moskitos jucken nur. Langweilig. Zecken? Da hat man wenigstens noch ein wenig Unterhaltung beim Suchen, Finden und Rausziehen, dann jucken sie aber nur noch langweilig vor sich hin. Feuerameisenbisse sind anders. Jeden Tag bieten sie was Neues. In einer Umgebung fern von kultureller, medialer und sozialer Unterhaltung wie Kino, Konzert oder Kneipe hat das was für sich. Anfangs zwiebelt es. Aber nicht gleichmäßig, sondern oszillierend, sodass man die ganze Zeit denkt, es wären noch Ameisen irgendwo in der Hose. Am nächsten Tag dann Juckreiz, die Bisse von ansprechender Größe und leuchtender Farbe haben sich mit Wasser gefüllt, was ihnen eine interessante Plastizität verleiht. Den weiteren Verlauf will ich allen ersparen, nur so viel: ein großartiges Spektakel. Selten so ansprechende Beine gehabt.

Wie läuft ein Puma??? Diese Frage stellen sich Kathrin und ich und mittlerweile die halbe Farm. Neben der Kamerafallenstudie sammelt Kathrin Pumadaten für ihre Diplomarbeit. Sie sucht also nach Spuren, die sie dann vermessen kann. Anhand dieser Maße kann man tatsächlich Individuen unterscheiden und bekommt eine Vorstellung, wie viele Pumas es auf der Farm gibt. Der Puma ist ja weltweit die Katzenart mit der weitesten Verbreitung, zumindest was die Breitengrade betrifft. Das muss man sich mal reinziehen: Es gibt sie auf dem amerikanischen Kontinent von Alaska bis runter nach Feuerland, einmal quer durch alle Klimazonen – arschkalt bis tropisch. Über die Ökologie tropischer Pumas ist so gut wie nichts bekannt, obwohl sie sich sicher deutlich von der eines Pumas in den USA unterscheidet: andere Beute, andere Körpergröße, anderes Wetter. Also guckt sich Kathrin das mal an.

Laut Standard-Protokoll soll man bei einer Spur immer die Hinterpfote vermessen. Nur welche ist das? Bei einer Spur hat man immer zwei Pfoten leicht versetzt paarweise zusammen, manchmal überlappen sie sich. Dann kommt mit gewissem Abstand das nächste Spurenpaar. Hm. Wir zermatern uns den Kopf, was davon denn jetzt verdammt noch mal die Hinterpfote ist. Ich hätte ja gesagt, die hintere eines Spurenpaares. Im Internet liest man dazu aber Widersprüchliches. Keiner scheint genau zu wissen, welche Pfote welche ist. Wir malen, diskutieren, Kathrin krabbelt sogar irgendwo im Feld auf allen vieren durch feuchten Sand. Chiquinho, der faule Farmkater, wird vor dem Haus in den Sand gestellt und soll Richtung Küche laufen, während ich ihn dabei filme. Überraschenderweise ist ihm nicht auf Anhieb klar, was von ihm erwartet wird, und er setzt sich erst mal hin und schaut uns trotzig an. Zuletzt liefert er aber die Lösung: Ich hatte recht, die Hinterpfote ist hinten. Wie es sich gehört. Und alle doofen Amis, die im Netz das Gegenteil behaupten, sollen einfach mal die Klappe halten.

Visum gibt's im Supermarkt an der Ecke. Na dann ...

Campo Grande

Ey, ich alte Chaoskönigin! Fällt mir ja beim Frühstück siedend heiß ein, dass mein Visum ausläuft und ich mal flott in die Stadt muss, um das bei der Polizei zu verlängern. Ups ... Mein Glück, dass heute eine Mitfluggelegenheit geht. Noch bevor ich weiß, wie mir geschieht, sitze ich in einem viersitzigen Flugzeug nach Aquidauana. Toll: In Aquidauana gibt es wider Erwarten keine Policia Federal. Und so sitze ich plötzlich in einem Bus nach Campo Grande. Drei Stunden später auf einmal in der Stadt. Huch? Die Polizei bearbeitet nur morgens Visumsangelegenheiten. Das hab ich dann für heute verpasst. Also ein Zimmer im guten alten Hostel buchen. Pablo an der Rezeption ist hocherfreut, mich wiederzusehen, man ist ja schon bekannt, bei mir hält sich die Freude in Grenzen – keine Wäsche, kein Kulturbeutel, nix dabei.

Na ja. Wo ich schon mal da bin, kann ich ja das machen, was nach Wochen in der Pampa am tollsten ist – Geld ausgeben! Auf dem traditionellen Markt kaufe ich Pimenta-Sauce, einen Hut, 1 kg Tereré (den typischen Matetee der Cowboys), einen Tereré-Becher, ein Messer, Doce de Leite. Ein Riesenbündel Bananen wandert binnen Sekunden in meinen Bauch (Obst ist für Forscher auf der Fazenda Mangelware. Es ist quasi unmöglich, es anzubauen – irgendein Vieh frisst immer die kleinen Pflänzchen ab, bevor überhaupt an eine Ernte zu denken ist. Also muss alles aufwendig aus der Stadt geholt werden). Im Konsum-Amoklauf weiter ins Shopping-Center. Nach dem Vakuum jetzt das Überangebot, und ich bin total überfordert. Am Ende kaufe ich eine Zahnbürste, Unterhosen und ohne Witz: 10 Kilo Obst. Erschöpft setze ich mich nach der ganzen Aufregung ins Café. FREMDE Menschen angucken. Die mich nicht kennen, und die ich nicht kenne. Das fehlt einem in der abgeschlossenen Farmwelt wirklich irgendwann. Mit laut knisternden Plastiktüten falle ich verspätet im Kino ein. »Inception« mit Leonardo di Caprio. Habe während des Films auch mit verschiedenen Realitätsebenen zu kämpfen – Kino produziert ein starkes »Zuhause in Deutschland«-Gefühl. Mir kommt die Fazenda surreal vor. Auf dem Pferderücken in irgendwelchen Seen planschen, weite Felder mit gelbem Gras und verschlungene Wälder. Ameisenbärchen. Vorhin auf dem Flug die rosa und gelben Trompetenbäume, die gerade in voller Blüte stehen. Ein Blumenmeer, durch das sich glitzernd ein Fluss zieht. Ein einsamer Jabiru-Storch zieht darüber hinweg. Auf einer Insel im Fluss tausend Silberreiher. Kitschromantik wie beim pathetischen Ende eines Ami-Naturfilms, wo ein Sprecher mit tiefer, getragener Stimme fragt: »Will this paradise survive?« In diesem Fall alles echt und direkt um die Ecke. Kaum zu glauben. Ich sitz hier im Dunkeln gefühlte 11000 Kilometer weit weg mit Leonardo di Caprio und erwarte beim Rausgehen die Lobby vom Cinedom in Köln.

Am nächsten Morgen Moto-Taxifahrt zur Polizei. Diese Motorrad-Taxis sind billiger als die klassischen Auto-Taxis, und man bekommt das Totenhemd gratis dazu. Bei der Policia läuft alles lässig, die Beamtin arbeitet schnell und effizient, die Wartezeiten betragen circa ein Zehntel der Zeit, die man bei der Stadt Köln einzuplanen hat. »Todo tranqüilo« – alles entspannt, sagt Luciana, die für mein Visum zuständig ist. »Im Supermarkt gegenüber der Polizei bezahlst du jetzt dein Visum.« Ähm, Letzteres habe ich wohl nicht recht verstanden –

gibt es da ein Gebäude neben dem Supermarkt, oder wo muss ich bezahlen?

»Ganz einfach«, sagt Luciana, »an der Kasse vom Supermarkt.«

Mit einem gelben Rechnungszettel und dem festen Glauben, mich gleich maximal zu blamieren, gehe ich rüber zum Supermarkt. Wo ich schon mal da bin ... Ich lege Äpfel, Rasierschaum und mein zu bezahlendes Visum auf das Laufband an der Kasse. Kommentarlos wird alles über den Scanner gezogen, und ich darf offiziell noch drei Monate in Brasilien bleiben. Crazy Shit. Ich kann erst mit dem Lachen aufhören, als ich mir eine halbe Stunde später erneut das Totenhemd auf dem Mototaxi zurück zum Hostel überziehe.

Dat soll Brasilien sein?

... Dat han isch mir anders vorjestellt ...

Äh, hallo? Land der Triangelbikinis, Caipis, Sonne und Strände, wo bist du verdammt noch mal hin? Ich sitze in meinem zugigen Hostelzimmer in Campo Grande in Decken eingemummelt im Bett ohne wirkliches Fenster bei 7 °C, und ernähre mich von Keksen und Bier. Was anderes hab ich nicht da. Will nicht vor die Tür – zu kalt, zu windig.

Nach der gelungenen Visumsaktion bei der Polizei wollte ich eigentlich direkt zurück zur Farm fahren. Also ausgecheckt und mit Sack und Pack zum Flughafen. Dort bin ich mit Vavá, dem Fahrer, verabredet. Wir holen die zwei neuen Volontäre aus England ab und fahren zurück zur Farm – so zumindest der Plan.

Flughafen Campo Grande: galoppierendes Chaos. Auf unbestimmte Zeit gesperrt wegen dieser vermaledeiten Kalt-/Nebelfront, die wie aus dem Nichts kam. Hunderte Brasilianer wirbeln in einem hysterisch schnatternden Orkan von blindem Aktionismus durcheinander. Keine Engländer in Sicht, die Landebahn ist bis auf Weiteres gesperrt. Wir müssen warten, bis sich das Wetter bessert. Wieder zurück zum Hostel, zum großen Amüsement der Belegschaft wieder ein Zimmer buchen. Und jetzt sitz ich hier. Keiner kann mir sagen, wann es weitergeht. Blätsch. Und ich hab schon seit gestern Heimweh. Also nach dem Pantanal.

Noch mal unter die heiße Dusche. Der einzige Ort, wo man ein bisschen Wärme abbekommt. Gut auch, dass ich ja nur die Kleider mit habe, die ich am Leib hatte, als ich vor drei Tagen in brütender Hitze spontan mal ins Flugzeug stieg. Und dann noch dieses Nichtstun! Ich lasse mir aus Langeweile in einem Copyshop ALLES laminieren, was mir so einfällt. DAS können die, die Brasilianer, klar ... ist ja auch Plastik. Da macht ihnen so schnell keiner was vor.

Ich weiß gar nix mit mir anzufangen und mache mich noch mal auf den Weg ins Kino. Der übliche Klimaanlageneissturm wirkt in Relation zur Außentemperatur wie ein warmer, wohltuender Sommerwind. Unterwegs sehe ich zwei Jungs aus Köln, die ich im Hostel kennengelernt habe. Sie sitzen etwas unglücklich in einer dieser typisch laus(ch)igen brasilianischen Kneipen unter Wellblech und Neonröhren um einen gelben Plastiktisch auf gelben Plastikstühlen, mit dem Bier im gelben Plastikkalthaltgefäß. Ich grüße im Vorbeigehen, drehe nach ein paar Metern doch noch mal um und setze mich dazu. Bier ... vielleicht die beste Idee in dieser Tristesse. Oder Caipirinha? Irritierter Blick vom Kellner. Es ist doch Dienstag! Dienstags gibt es keine Limetten. Das weiß ja wohl jeder. Aha, geht das wieder los, ich erinnere mich noch lebhaft an den bescheuerten Obstbus in Boa Vista ... Wir weichen auf Zimtcachaça aus, und der Abend nimmt seinen Lauf. Die anfänglichen Bedenken um mein Augenlicht (der Schnaps, in dem einige Zimtstangen schwimmen, wurde in der Garage vom Bruder des Wirtes gebrannt) zerstreuen sich nach dem dritten Glas. Der Rezeptionist vom Hostel gabelt uns auf und verschleppt uns mal wieder in die Turnhalle, in der sich pensionierte Cowboys und reife Damen mit hautengen Plastikshirts, umrahmt von weiträumigen welken Dekolletés, unter Neonbeleuchtung zum Sonntagsschwoof treffen. Auf der Bühne eine Sertanejo-Kapelle mit zweifelhaften Livequalitäten. Die Kölner Jungs und ich nach größeren Mengen des wärmenden Zimtschnapses schwer in Fahrt, tanzen wild mit der lokalen Bevölkerung. Einer der beiden Jungs reißt sich noch eines der nicht mehr ganz so frischen Mädchen auf und ich wünsche ihm einen Filmriss. Wann wir nach Hause gekommen sind? Weiß keiner mehr, der Rezeptionist meint, es war irgendwas gegen 23 Uhr. Verrückte brasilianische Frühabende ...

Am nächsten Morgen checke ich mal wieder hoffnungsfroh aus – und enttäuscht wieder ein, nachdem klar wird, dass der Flughafen immer noch gesperrt ist. Nach der gestrigen Sause bin ich aber so dermaßen zerstört, dass ich eigentlich ganz froh bin, meinen Schädel schnell wieder im Bett zu platzieren. In der Lobby treffe ich die beiden ziemlich verlebt aussehenden Kölner Jungs. Denen geht es unterirdisch. Wir lernen, zugegebenermaßen nicht ganz überraschend: Zimtcachaça = fieser Fusel. Bei mir ist ja egal, ob ich mit oder ohne Kopfschmerzen schlecht gelaunt im Hostel rumhänge, die beiden anderen haben für heute aber eine große Tour ins Pantanal gebucht: Reitausflug, Jeeptour, Safari, man hat viel vor. Puh, ich sag mal bar jeden Neids Tschö und viel Spaß.

Seit heute Morgen strahlt die Sonne wieder von einem makellos blauen Himmel und tut so, als wäre sie nie weg gewesen. Die Temperaturen sind gleich mal auf 30 °C hochgeschossen, und mein Kreislauf dementsprechend in die Tiefe. ENDLICH warm. Ich sitze mit geschlossenen Augen vor dem Hostel in der Sonne und sauge die warmen Strahlen. Diesmal habe ich nicht umsonst ausgecheckt: Vavá, der Fahrer, holt mich ab und ich falle ihm glücklich in die Arme. Am Flughafen treffen wir zufällig Lucas, der dort was zu erledigen hatte – mit Sonnenbrille und auch sonst stadtfein. Habe ihn bis jetzt noch nie in anderem Kontext als der Farm gesehen, irgendwie komisch. Caiman-Dundee in der Stadt. Gemessen an der Beiläufigkeit der Situation freue ich mich viel zu doll, ihn zu sehen – vermutlich einfach, weil ich ihn mag und er ein Stück eines wunderschönen Ortes repräsentiert, der mir in den letzten Tagen so gefehlt hat. Natürlich: Während ich weg war, hat er an einem Tag zwölf Ameisenbären gesehen. Die blöden Idioten.

Die englischen Volontäre kommen ENDLICH am Flughafen an und sind sehr drollig und SEHR britisch. Zwei geschniegelte Jüngelchen aus gutem Hause, die nach der Schule und vor der Militärakademie noch was erleben wollen. Mike, ein groß gewachsener, ruhiger Perfektionist, und Alex, klein und mollig, plappert mit leuchtenden blauen Augen die ganze siebenstündige Fahrt durch. Auf dem Weg zur Farm sehen wir sieben Ameisenbären. Mittlerweile ist es wieder sonnig und warm, als wäre nix gewesen, und die Bärchen freuen sich wie wir über das schöne Wetter und kommen aus ihren Verstecken gelatscht. Wir sind noch gar nicht wirklich auf der Farm angekommen, da steige ich schon neben der Flugbahn auf den Touristentruck, und Minuten später bin ich wieder im Feld. Eine Hirschkuh mit frisch geborenem Bambi, ein seltenes

Neunbinden-Gürteltier und Ameisenbär Matthes. Äh, auf welcher Traumebene befinde ich mich jetzt?

Kathrin, Carol und die Küchencrew freuen sich über meine Heimkehr. Und ich erst! Mit Begeisterung steige ich am nächsten Morgen auf mein Pferd, Kamerafallen einsammeln. Ich genieße die Landschaft, als wäre ich noch nie da gewesen. Vergnügt tratschen Kathrin und ich, räumen laut klappernd den Feldkram zusammen, diskutieren lautstark über den besten Weg zur nächsten Position ... äh ... steht da ein Tapir? Tatsächlich. Fünfzehn Meter vor uns eine kleine Tapirdame in den rosa Blumen, die rund um einen See wachsen. Hat nix mitbekommen von unserem Getöse. Neotropische Säugetiere sind manchmal alle etwas blöde. Der Größe nach zu urteilen ist sie noch jung, maximal ein Jahr alt, also mitten in der Pubertät. Anstatt von uns wegzugehen, kommt sie durch das Blumenmeer direkt auf uns zu. Wenn die Tapir-Mama zu Hause mitbekommt, dass sich die Kleine mitten am helllichten Tage hier so leichtsinnig rumtreibt, gibt's aber mächtig Ärger! Wir nennen sie Chantal ... »Schantall, komm sofort bei die Mama bei!«

Na, Ladies, darf ich euch auf einen Drink einladen?

Fazenda Barranco Alto

Wir müssen die Kameras im großen Schutzgebiet der Farm aufstellen. Der Computer nimmt erfahrungsgemäß keine Rücksicht auf unproblematische Erreichbarkeit. Die nächsten zehn Orte, die mit Kamerafallen ausgestattet werden müssen, befinden sich also im großen, undurchdringlichen Schutzgebiet im Westen der Farm. Dieses zehn Quadratkilometer große Areal ist für Farmtiere und auch weitestgehend Menschen nicht zugänglich. ANGEBLICH gibt es einen Pfad für Pferde in dem unberührten Dickicht, ANGEBLICH haben die englischen Volontäre diesen in den letzten Tagen freigehackt. Momentan sieht es aber so aus, als hätten sich die beiden eher einen lustigen Vormittag gemacht und Bier getrunken, statt zu arbeiten, denn wir finden den Weg in diesem verwunschenen Jaguarland am Fluss nicht. Eine undurchdringliche Wald-Wand türmt sich jenseits des zweiten Sees vor uns auf und lässt uns verzweifeln. Wir hatten den ominösen Pfad von Lucas' Wandkarte abgezeichnet und mit Google-Earth auf das GPS-Gerät gezogen: aber kein Weg da, wo das GPS einen vermuten würde. Wir haben die Karte, auf der der Weg eingezeichnet ist, abfotografiert. Nix. Lucas hat uns einen Positionspunkt auf unser GPS geladen. Kein Pfad. Jeden Morgen stehen wir aufs Neue mit ebenso ratlosen Pferden im Nirgendwo und kommen nicht weiter.

Dabei ließ sich so langsam eine gewisse Routine und steigende Brillanz im Freihacken von Wegen beobachten. Arbeitsteilung: Ich navigiere und schlage mich mit der Machete vorne durchs Pflanzen-Dornen-Gedöns. Äußerst befriedigendes, sattschmatzendes Geräusch, wenn man ein Palmblatt kappt. Kathrin markiert hinter mir den Weg mit abgeknickten oder abgeschnittenen Ästen, damit wir wieder zurückfinden – sehr effizient. Hänsel und Gretel waren ziemliche Idioten mit ihren Brotkrümeln ... Vermutlich werden wir als große Kapazitäten im Wegefreihacken wieder nach Deutschland zurückkehren. Eine weitere nutzlose Expertise, das bringt mir in Köln höchstens was im Sommerschlussverkauf bei H&M.

Hier im Schutzgebiet bringt uns alle Wegefreiräumbrillanz aber leider nichts – zu Fuß ist es zu weit, und mit den Pferden kommen wir da nie durch. Wir brauchen diesen bescheuerten Weg! Schon der dritte Tag, und wir haben die Schnauze voll.

Anstelle der Fallen entlang des nicht aufzufindenden Pfades hängen wir die Kameras erst mal auf der anderen Flussseite auf. Das geht nur per Kanu. Damit haben wir, abgesehen vom Flugzeug, jetzt sämtliche Fortbewegungsmittel der Farm für unsere Studie genutzt.

Kaimane tummeln sich lässig am Strand vor der Farm, und Wasserschweine steigen neben uns die Böschung hoch. Die Positionierung der Fallen am Fluss verzögert sich am Ende aber auch enorm, diesmal wegen eines kleinen, mutigen Flussotters. Er fängt einen Fisch nach dem anderen und frisst ihn angeberisch direkt vor uns auf. Insgesamt zehn Stück! Keine Ahnung, wo der kleine Kerl die alle hinmampft, aber er will uns ganz offensichtlich mit seinem Können beeindrucken. Eine vertrödelte Stunde und circa 5000 Fotos später machen wir dann mal mit den Kamerafallen weiter. Kein Baum weit und breit, um sie aufzuhängen.

Wir kloppen also unter den kritischen Blicken eines Blatthühnchens und eines juvenilen Tigerreihers Pfähle in den Boden. Hinterher klatschnass geschwitzt. Hihi ... hartes Forscherleben. In weiser Voraussicht hatten wir morgens die Bikinis schon druntergezogen, zum nächsten Strand ist man flott gepaddelt. Ein eiskaltes Guaraná aus der Kühltasche und das schwarze Wasser des Flusses bis zum Hals – so sitzen wir ewig auf einer Sandbank und prokrastinieren die Schutzgebietskamerafallen einfach mal zur Seite. Ist ja Sonntag ... »Jetzt bitte: Auftritt Jaguar!«

Leider nur Wunschdenken. Ein Kaiman schwimmt mit lüsternem Blick an uns vorbei: »Na, Ladies, darf ich euch auf einen Drink einladen?« Die Scherenschnäbel attackieren am Strand unter lautem Gezeter unsere ausgelegten Badelaken. Sie haben ja wohl sehr viel früher diesen Strandabschnitt markiert, der Mann ist extra um 5:30 Uhr schon aufgestanden, um als Erster sein Badelaken auszulegen! Und jetzt kommen wir, was das denn verdammt noch mal soll, eine Impertinenz sondergleichen ...?!

Am Abend im Forscherhaus hält Alex, der englische Volontär, wie immer alle auf Trab. Bin ja mal gespannt, ob der seine Zeit im Pantanal lebend übersteht, so ramponiert, wie der Tollpatsch schon nach wenigen Tagen ist.

Beim Fischen hat er statt eines Fisches erst die Stromleitung über dem Fluss und dann seinen Finger geangelt. Der Haken musste rausoperiert werden, und aufgrund fehlender medizinischer Betäubungsmittel, gabs nur viel Whisky. Letzte Woche hat er sein Pferd beim Palmenschneiden mit der Machete erwischt. Nur leicht, das Pferd hat es nicht mitbekommen, blutete aber stark, was im weißen Fell spektakulärer aussieht, als es ist. Lucas ärgert sich und verdonnert die beiden für den nächsten Tag zum »Poo-Day«. Heißt: Kuhscheiße zum Düngen des Gartens einsammeln. Nicht sehr glamourös. Alex tritt auf die liegende Harke, die schnalzt hoch, und der Holzgriff trifft ihn am Kopf. Anschließend schmeißt er sich die gusseiserne Schaufel auf den Fuß. Abends kippt er beim Lagerfeuer mit dem Holzklotz, auf dem er sitzt, hinten über, fällt um ein Haar in die Kohlen und schmeißt sich beim ausweichenden Abrollen das gesamte Essen von seinem Teller ins Gesicht. Sein Leben scheint eine einzige Slapsticknummer zu sein.

Eben sitze ich im Forscherhaus an meinem Laptop und höre einen dumpfen Schlag vor der Tür: Alex ist mit einer Bierdose in der Hand im Dunkeln über die Hängematte gestolpert und der Länge nach hingefallen. Hat im Flug Prioritäten gesetzt: Kein Tropfen Bier darf verschüttet werden! Die Bierdose bleibt vollkommen unversehrt, nicht so der Ellbogen und das Handgelenk: Letzteres geprellt, hoffentlich nicht gebrochen und im Ellbogen prangt ein ansehnliches Loch, das man auf- und zuklappen kann. Ich stopfe die Fleischfetzen lose wieder rein, desinfiziere und verbinde. Da winkt möglicherweise morgen noch ein Nähen mit Whisky-Aktion.

Ab September gehen die Jungs ja für vier Jahre auf die Militärakademie. Ich hoffe für Alex und das britische Königreich, dass er nie zum Einsatz in ein Kriegsgebiet entsandt wird. Dann müsste man sich, glaube ich, ernsthaft Sorgen machen. Für beide Seiten, Feinde und Engländer, und vor allem um Alex ...

Jaguarkacke hinter Heizung von Reisebüroarschloch

Heute sollte eigentlich meine Schwester mit ihrem Freund kommen. Die wollten mich in Brasilien besuchen, und ich hab mir ein Loch in den Bauch gefreut ... WOLLTEN!

Dabei bleibt es, denn das fucking Internetreisebüro ist insolvent gegangen, und die Flüge von vielen tausend Menschen wurden niemals gebucht. Auch nicht die von Judith und Mario. Futsch ist also der Urlaub bei mir auf der Farm in Brasilien, denn das Geld für neue Tickets haben sie nicht. Ich sitz hier im zugigen Forscherhaus und bin unendlich traurig und enttäuscht. Ich will diesen unglaublichen Ort mal jemandem zeigen, der mir lieb ist!!! Wenn man hiervon in Deutschland erzählt, bleibt alles immer irgendwie abstrakt. Niemand kann das Leben hier je verstehen, der nicht da war. Von den kleinen Dingen erzählt man meist gar nicht. Zum Beispiel von Coca Chocolate, dem kleinen, braunen Lamm, das hier gerade mit der Hand aufgezogen wird. Auf wackligen Beinen mäht es rund um Lucas' und Marinas Haus und raubt allen den letzten Nerv. Hat mir auf den Laptop gepinkelt. Seit ich ihm die Flasche gegeben habe, nuckelt es immer ungefragt an meinen Hosen, wenn ich vorbeikomme – und hat mich damit letztens im Dunkeln zu Tode erschreckt.

Oder wie ich in eine aggressive Nabelschwein-Horde auf der Landebahn zwischen Küche und Forscherhaus geraten bin. Mal wieder ohne Taschenlampe ... Klassiker! Den leichten Thrill bei der allnächtlichen Wanderung muss man selbst miterlebt haben. Mitsamt dem strengen Maggiegeruch der gestressten Schweine im Dunkeln. Geruch kann man ohnehin nicht beschreiben. Zum Beispiel die weißen Blumen mit dem schweren Duft, der hier über weiten Teilen der Farm hängt, und der Geruch der Pferde, der eigentlich überall hängt, vor allem in den Kleidern. Der Geruch von Kampfer, wenn man abends über eine Wiese fährt – als hätte jemand eine Flasche Wick Vaporub verschüttet. Der Geruch von Grillfleisch am Sonntagmorgen (SEHR große Fleischstücke muss man SEHR lange grillen). Ich habe mich soooo sehr gefreut, dass endlich jemand kommt, um das alles kennenzulernen. Dass ich mich mit meinen Lieblingsmenschen auf einer ganz anderen Ebene darüber unterhalten kann.

Und jetzt? Wegen so einem, Entschuldigung, Wichser, ist alles weg. Judith war am Boden zerstört und ich auch. Wir haben beide bei Skype mit der klassischen Minutenverzögerung geheult. Haben hier noch Jaguarkacke im Kühlschrank. Wer weiß, wie Hauskatzenscheiße duftet, kann sich eine ungefähre Vorstellung machen: So, nur 100 Mal schlimmer, und ich würde sie jetzt gerne dem Reisebüro-Arschloch in seiner Gefängniszelle hinter die Heizung schmieren.

Das Geld zurückzubekommen ist wohl selbst mit Anwalt utopisch. Beim Insolvenzverfahren kriegen erst die großen Fische und ganz am Ende die Kleinkunden was. Die Lehre, die wir alle daraus ziehen können: Solche Sachen immer mit Kreditkarte zahlen – dann ist die Reise versichert, und eine Gepäckversicherung ist auch gleich dabei.

Und dann auch noch eine neue Kaltfront. 11 °C können ohne Scheiben in den Fenstern und warme Dusche auf Dauer ganz schön bitter sein. Besonders, wenn die Moral so sehr am Boden ist wie meine gerade. Immerhin ersparen sich Judith und Mario jetzt die lustigen Spinnen im Forscherhaus, vor denen sie sich im Vorfeld, also quasi pro forma, schon geekelt haben.

Die armen Spinnen mit ihrem Imageproblem. Die machen ja nix. Sitzen nur bewegungslos an der Wand. Ganz anders die im Bad residierenden Frösche, die einen ständig anhüpfen. Unter der Dusche auf den Rücken oder ab und an beim Pinkeln von unten aus dem Klo an den Hintern. Wenn auf einmal so was Nasskaltes auf einem landet, erschrickt man ganz schön. Klar. Dann folgt aber bei jedem die gleiche Reaktion, wenn er den kleinen, verantwortlichen Frosch sieht: »Ach, du bist's ja nur, hihi.« Bei einer Spinne sähe das wohl anders aus.

»Just another day in the office ...«

Im Forscherhaus sitzen wir nach dem Mittagessen alle einträchtig mit den Laptops um den großen Tisch. Luisa, eine Forscherin, misst Cumbaru-Früchte aus, die schon mal durch den Darmtrakt eines Paarhufers gewandert sind. Alex bereitet die Englischstunde für Fernando vor. Kathrin und ich klicken uns durch unsere Kamerafallenfotoberge. Dann kommen Leticia und Emilia mit dem pausenlos mähenden Lamm Coca vorbei und unterwandern die Arbeitsmoral.

Unter ohrenbetäubendem Gebrüll stöckelt das doofe und gleichzeitig zuckersüße Schaf auf hohen Hufen zwischen unseren Beinen herum und pinkelt dann mal saftig in die Küche. Später zum Sonnenuntergang stehen Lucas und ich tratschend neben dem Auto, während ein Fotograf aus Südafrika zwischen der zahmen Wasserschwein-Familie herumsteigt und Nahaufnahmen macht. Wohlfühlmoment. Lucas schaut über den See »Mineiros«, in dem neben den Wasserschweinen Rosa Löffler und Pfeifenten im goldenen Abendlicht stehen, und meint: »Das hier ist einfach schön. Das hier ist Pantanal für mich. So friedlich. Kein Typ mit Gewehr, der aufpassen muss, dass man nicht von irgendwelchen Löwen oder Nashörnern angefallen wird. Einfach schön.« Im seichten Wasser des Salzsees »America« kackt und trinkt ein Tapir im romantischen Licht. »How beautiful!«, sage ich, und objektiv gesehen passt diese Beschreibung vielleicht nicht ganz auf den plumpen, kackenden Tapir mit seinen Speckfalten. Egal. Ich finde Tapire prima.

Schutzgebietsfasching die 3283764876te

Wir haben den Pfad im Schutzgebiet immer noch nicht gefunden, um endlich unsere Kamerafallen aufstellen zu können. Peinlich. Heute begleitet uns Reginaldo, der ewig grinsende und gut gelaunte Gärtner als Babysitter.

Am Sattelplatz aber erst mal große Aufregung: Marina weist den Chefcowboy Edson an, mir heute eines der Maultiere zum Reiten zu geben. Bei Maultieren ist der Papa Esel und die Mama Pferd. Optisch haben sie mehr von der Mutter, den sturen Kopf eher vom Papa. Trotzdem kostet ein gutes Maultier im Pantanal mehr als ein gutes Pferd, denn es sind zähe Arbeitstiere. Die Maultierdame, die ich reiten soll, ist bei den Cowboys als schwierig und störrisch gefürchtet. Edson reißt daher zweifelnd die Augen auf: »Marina, sie wird runterfallen!« Marina bleibt hart. Die Pferde müssen für die Arbeit mit den Gästen geschont werden. Das Maultier ist rund und rot, hat stolze, schwarze Augen und heißt »Papola«, also »Mohnblume«. Fernando betüddelt mich mitleidig beim Satteln – »Ai, nossa senhora Lídia, que drisse!«. »Nimm dieses

Zaumzeug, dann kannst du sie besser kontrollieren, und besser der Sattel hier, der ist sicherer …«

Er steckt mich total mit seiner Nervosität an. Ich bekomme wirklich Angst und werde ärgerlich – was schiebt mir Marina denn da für ein Tier unter! Und das noch im Schutzgebiet, wo die Pferde wegen Jaguar und Co. sowieso nervös sind … Na ja, zunächst geht es ganz gut los. Papola zockelt in einem entspannten, durchaus bequemen Trab mit ihren kleinen Hufen los, die langen, roten Eselsohren wippen dabei lustig auf und ab.

Reginaldo zeigt uns den Pfad, und uns wird klar, warum wir den nicht finden konnten: Der Weg ist auf Lucas' Karte falsch eingetragen und verläuft vollkommen anders. Da hätten wir noch ein Jahr suchen können. WIR SIND ALSO NICHT SCHULD!!! Der Pfad ist tatsächlich gut ausgetreten und von den beiden Engländern ordentlich gesäubert worden. Meine Mulidame ist großartig, joggt wie ein Uhrwerk, ich bin ein bisschen verliebt. Weiß der Henker, was die Cowboys da für ein Fass aufgemacht haben. Idioten.

Jetzt sind wir tief im Schutzgebiet, hier kommt kaum ein Mensch hin, und das spürt man auch. Fühlt sich an, als würde man als Fremder in einen Raum reinplatzen, in dem alte Freunde eine Party feiern. Hinter den verschlungenen Wäldern warten beeindruckende Seen. Jeder für sich eine Sensation – rosa Blumen, kristallklares Wasser, Schneereiher fliegen auf. Die Pferde waten knietief durch das klare Wasser. Durch die hüpfenden Maultierohren sehe ich neben den violetten Wasserhyazinthen Fische schwimmen. Man erwartet Elfen oder Elben oder Rumpelwichte. Ohne Reginaldo hätten wir uns noch tausendfach verirrt. Er erzählt mir von seinem Leben hier im Pantanal. Dass er mit seiner momentanen Lebenssituation so glücklich ist, wie man nur sein kann. Dass er seine Frau liebt, die er hier auf der Farm kennengelernt hat, dass er seine kleine Tochter über alles liebt und dass er das fantastische Pantanal und alles an seinem Leben hier liebt, sein winziges Schuhschachtelhaus im Garten von Marina und Lucas, die Arbeit als Gärtner, all das macht ihn glücklich. Mehr braucht er nicht, sagt er mit seinen fröhlichen, glänzenden schwarzen Augen. Irgendwie schön und beneidenswert, wenn einen so ein einfaches, in sich geschlossenes Leben so glücklich machen kann.

Ein herrlicher Morgen. Reginaldo hackt und schlägt sich für uns durchs Gemüse und zeigt uns alle Abkürzungen. Für mich ist es wahnsinnig entspannend, zumindest einen Tag lang die Verantwortung an jemanden abzugeben, der im Gegensatz zu mir weiß, was er tut und wo er ist. Keine Unsicherheit, sich einfach mal treiben lassen. Ich genieße es in vollen Zügen.

Abends sitze ich in der Küche unterm Ofen – dort ist das Internet am besten. Wir nennen diesen Platz immer den Hauselfplatz, weil, sich hier zu verkriechen schon was von Dobbie, dem Hauself, von *Harry Potter* hat. Meine allerliebste Köchin Sandra mit ihrem runden, fröhlichen und offenen Gesicht werkelt am Herd und schiebt mir mit verschwörerischem Lächeln ab und an Kostproben zu. Sehr gemütlich. Marina funkt uns an – schon wieder ist ein Puma vor unserem Haus vorbeimarschiert. Schon wieder habe ich ihn verpasst. Die Wasserschweine machen immer noch einen riesen Rabatz. Meine Stirnlampe mit ihrer spektakulären Reichweite von geschätzten 76 cm ist für Nachtsichtungen eher bedingt geeignet. Da sehe ich den Puma nur, falls er mich ins Gesicht beißen möchte.

In drei Wochen reise ich schon ab und fliege erst mal nach Boa Vista. Das Filmteam vom Bayerischen Rundfunk will mit mir dort noch Aufnahmen für den Ameisenbärenfilm machen, und ich freue mich wie verrückt, nach drei Jahren endlich alle meine Freunde von da wieder zu treffen!!! Von Boa Vista aus geht's dann zurück nach Deutschland. Irgendwie jippie, aber irgendwie auch traurig, die Farm hier, die doch schon ein Zuhause geworden ist, zu verlassen. Gestern war ich deshalb auf der Nachmittagssafari schon etwas heulig unterwegs. Man kann's mir auch nicht recht machen. Muss ich aus Köln weg, nöhl ich rum, und muss ich hier weg, ist es auch doof. Man sollte es so sehen: Es ist ein großes Privileg, an den beiden schönsten Orten der Erde, Köln und Pantanal, ein Zuhause mit so lieben Menschen gefunden zu haben.

Nachruf

Es ist etwas Schreckliches passiert. Alex hat Ralf, den Frosch, getötet! Seit drei Monaten war Ralf mein kleiner Freund. Auf ihn freute ich mich immer schon, wenn ich ins Bad ging. Dann lugte er vorwitzig aus dem Überlauf des Waschbeckens oder begrüßte mich vom Spiegel herab oder sprang mir aus der Kloschüssel vergnügt an den Hintern. In den letzten Wochen änderte sich etwas – ohne froschpsychologisch bewandert zu sein, erschien er mir traurig. Fast schon suizidal, denn er setzte sich wieder und wieder oben auf den Türrahmen, als würde er darauf hoffen, zerquetscht zu werden. Jetzt ist es geschehen. Alex schloss die Tür, und Ralf wurde versehentlich im Türrahmen zerdrückt. Nicht tot, viel schlimmer: noch so halb am Leben. Querschnittsgelähmt. Furchtbar! Heulend habe ich ihm schnell den Kopf mit der Machete abgehackt, um ihm weitere Schmerzen zu ersparen. Ich kann es immer noch nicht fassen. Was ist bloß passiert, Ralf? Ich werde dich als den fröhlichen Frosch in Erinnerung behalten, der beim Spülen im Wasser des Klos Karussell fuhr. Leb wohl.

Zur Beruhigung setze ich mich nach dem Drama erst mal zu den Cowboys, die in der Scheune wie jeden Mittag Tereré trinken und tratschen. Tereré ist Matetee, der eiskalt aus einem großen Kuhhorn getrunken wird. Die Teetrinkerei hat eine lange Tradition im Pantanal, und die bei den Cowboys obligatorische Tereré-Runde läuft nach einem ganz eigenen Knigge ab: Hat einer leer getrunken, gibt er das Kuhhorn an den »Zeremonienmeister« mit der Flasche mit dem Eiswasser zurück. Der füllt das Wasser wieder randvoll auf die Mateblätter und gibt es an den Nächsten in der Runde. Sagt man »Danke«, wenn man das Horn gereicht bekommt, heißt das, dass man genug hat und in der nächsten Runde nicht mehr mittrinken möchte. Da muss man auch erst mal dahinterkommen. Am Anfang hab ich mich immer gewundert, warum ich als Einzige immer nur einmal was bekomme, während alle anderen das Horn immer weiter kreisen lassen.

In der Tereré-Runde der Cowboys in der Scheune wird alles besprochen. Was passiert ist, was gemacht werden muss, was getratscht wird. Sie ist somit die zentrale Gerüchteküche, in ihr wachsen vormals kleine, unspektakuläre Ereignisse zu gigantischen Abenteuern heran. Bei jedem Erzählen wird der Jaguar größer ... Auch wenn auf den ersten Blick Arbeitszeit dafür draufgeht, vom Standpunkt des Qualitätsmanagements ist diese Runde vorbildlich – denn jeder weiß, was der andere macht, bei was er Hilfe braucht und was demnächst ansteht.

Edson, der Chefcowboy mit den stahlblauen Augen, fragt, ob ich eigentlich gar keine Angst vor dem Jaguar habe, wenn ich da tagelang im Schutzgebiet rumreite. Nein. Daran verschwende ich keinen Gedanken. Wir sind mit unseren zwei Beinen ja überhaupt kein Beuteschema, jede Katze frisst lieber ein saftiges Schwein. Nur vor den afrikanisierten Bienen mit dem explosiven Aggressionspotential – da fürchte ich mich wirklich. In den Plantagen in Boa Vista bin ich ja bekanntermaßen ständig attackiert worden, zwischen den Baumreihen konnte man aber immer wegrennen. Hier, im vollkommen verschlungenen Wald? Keine Chance. Wenn die mich angreifen würden, sähe ich echt alt aus. Bisher bin ich glimpflich davongekommen und nur von Wespen gestochen worden. Das ist zwar auch nicht geil, die rekrutieren dann aber nicht direkt die halbe blutrünstige Verwandtschaft wie die doofen Bienen. Eine besonders gemeine Wespe hat mich aber mitten auf den Hintern gestochen – da hat man dann tatsächlich lange was von, wenn man jeden Tag 10 bis 15 Kilometer reitet.

So klönen wir gemütlich in der Scheune und trödeln hinterher zusammen über die Landebahn zur kleinen Siedlung mit vier Häuschen, in der wir alle nebeneinander wohnen. Edson wohnt mit seiner Familie direkt neben dem Forscherhaus, Fernando zwei Häuser weiter. Zwei gestandene Pantaneiros mit Pistolen, Machete und Patronengürtel um die Hüfte, Cowboyhut und Stiefeln. Für eine mitteleuropäische Seele sind solche Cowboys ja irgendwie mit einer gewissen anonymen, träumerischen Romantik besetzt. In der Praxis sieht das eher anders aus: Ramona, Edsons Frau, steht mit verschränkten Armen vor der Küche, als die Jungs die Rinder an unseren Häusern vorbeitreiben: »Jetzt ist die ganze Terrasse voll Staub. Lass den mal nach Hause kommen. Das kann der schön selber wegkehren.« Auch für mich sind es mittlerweile Freunde, jenseits jeglicher Anonymität oder Romantik. Fernando, die alte Lachwurz, bei der man abends zum Kuchenessen eingeladen wird, und Edson, der zwar immer ein äußerst grimmiges Gesicht macht, aber eigentlich liebend gerne Geduldsspiele aus Leder bastelt und mit seinem kleinen Enkel vorne auf dem Sattel sonntags ausreitet. Bis unter die Zähne bewaffnet. Klar.

Manchmal wundere ich mich selbst, was für mich mittlerweile normal geworden ist. Wäsche aufhängen zwischen Papayabäumen, Rosa Löffler und Hyazinth-Aaras fliegen mir über den Kopf. Das schizophrene Hokkoweibchen steht mal wieder daneben; es hat sich absurderweise in mich verliebt und rennt mir ständig balzend hinterher (Hokko = Hühnervogel mit albernen Locken auf dem Kopf). Pferde satteln, zum Gästehaus traben und schnell frühstücken, die Pferde vor der Küche angebunden. Frühstück mit Honigbrot und Kaffee, dazu ein Jabiru-Storch im See jenseits des Esstisches. Pferde, die im Sonnenaufgang durchs Wasser waten, und Wasserschweine, die nach der allnächtlichen Pumaattacke noch leicht gestresst in den Tag starten ... Alles Alltag, und doch überkommt mich immer mal wieder ungläubiges Staunen, was so alles »normal« sein kann.

Sonntagnachmittag noch angeln mit Fernando und Kathrin am Fluss. Die Piranhas beißen schneller, als man die Spule an der Angel arretieren kann. Wir sind alle keine Fans von Piranha-Suppe und lassen sie deshalb wieder vom Haken oder verfüttern sie an die Kaimane. Vorsichtig, wohlgemerkt – wenn man den Piranha nicht richtig festhält, ist auch mal flott ein Finger ab.

Ich hatte als kleines Kind eine Spielzeugangelrute, mit der ich manchmal stundenlang an irgendwelchen Seen saß und meinen Eltern dabei furchtbar leid tat, denn gebissen hat nie was. Mein Vater wollte ernsthaft mal runtertauchen und einen gekauften Fisch an den Haken hängen. Dabei war das einfach ein riesiges Missverständnis: Ich wollte eigentlich nie wirklich einen armen Fisch am Haken haben, sondern genoss die meditative Stimmung. Die Angelrute hat das stundenlange, tatenlose Rumgesitze lediglich in einen sinnhaften Rahmen gegossen.

Angeln im Pantanal ist mir dementsprechend viel zu stressig. Ich mach mir lieber ein Bier auf und setze mich an den Strand. Vor meinen Füßen hampeln Kaimane, Fernando, Kathrin und Piranhas in buntem Treiben vor exotischer Flusskulisse herum. Gestern Nacht habe ich geträumt, Fernando und seine Frau Rosa wären bei einem Flugzeugabsturz ums Leben gekommen, und bin tränenüberströmt aufgewacht.

Ein gigantischer Riesenscheiß

Es folgt die Definition von »gigantischem Riesenscheiß«: Der Tag fing schon bescheuert an: Viel zu tun, also stehen wir besonders früh auf, um nach Sonnenaufgang direkt ins Feld zu können. Erst müssen Kamerafallen im Burro Branco eingesammelt werden, einem Teil der Fazenda gaaaanz oben im Norden. Danach wollen wir die Kamerafallen unten im Uferwald östlich der Farmhäuser direkt wieder aufstellen. Während des Frühstücks muss ich aber erst noch eine ungeheuerlich wichtige Mail mit der spektakulären Größe von 300 KB abschicken. Beim hiesigen Internet dauert das leider eine Stunde. Also kommen wir trotz frühem Aufstehen total verspätet los. Netterweise leiht uns Lucas vertrauensvoll seinen neuen Pick-up. (Er ist wirklich niegelnagelneu, gerade mal 400 km gefahren, und ich habe vorgestern bei einer Safari den entsprechend neuen Pirellireifen an einem Holzstück kaputtgefahren. Kann passieren, Lucas ist mir nicht böse, aber doof fühlt man sich dann doch. Zudem das Auto nach einer Woche schon vollkommen runtergekommen aussieht – zerkratzt und dreckig. Kathrin und ich fahren zwar wie auf Eiern, einen großen Teil der Macken kann man trotzdem sicherlich uns zuschreiben. Auf den schmalen, zugewachsenen Wegen hier auf der Farm sind Kratzer kaum zu vermeiden. Auch das nimmt Lucas uns nicht übel, er stellt uns trotz allem immer wieder sein Auto für unsere Arbeit zur Verfügung. Lieb.)

Wir fahren also mit Pick-up und Zeitdruck ins Feld. Als wir nach einer Dreiviertelstunde im weit entfernten Burro Branco ankommen, wo Straßen kaum existieren und man sich nur schwer zwischen den labyrinthartig angeordneten Seen und Wäldern zurechtfinden kann, fällt mir auf: Ich habe vergessen, die Wege zu den Kamerafallen, die uns Fernando bei Google Earth digital vorgezeichnet hat, zum Navigieren aufs GPS-Gerät zu laden. Boah, Möcklinghoff, du Riesenhorst. Ohne Wege brauchen wir gar nicht erst anzufangen! Am Ende finden wir zum Glück Kathrins Laptop unterm Sitz im Auto und können die Daten nachträglich doch noch hochladen. Für die Aktion geht aber noch eine halbe Stunde drauf. Vollkommen verspätet sind die Kamerafallen endlich eingesammelt. Hektisch zurück zum Fluss auf diese mistige, matschige Straße, wo wir vor einigen Wochen schon mal stecken geblieben sind. Da die Farm mittlerweile unter einer großen Dürre leidet und seit fast drei Monaten ohne einen Tropfen Regen auskommt, sollte Schlamm heute aber unser geringstes Problem sein. Seit Wochen kann man auf dem trockenen Boden keine Tierspuren mehr sehen und sammeln, statt durch Matsch schwimmt man mit dem Auto durch Sand, teilweise können die Pferde nicht mehr geritten werden, weil das karge Gras, das sie fressen müssen, keine Energie mehr hergibt. Die Dürre macht alles etwas komplizierter. Aber im Schlamm stecken bleiben – zumindest das passiert einem jetzt nur noch mit größerem Aufwand. Soweit die gute Nachricht. 500 Meter weit müssen wir uns dann noch zu Fuß von der Straße aus ins Gestrüpp entlang des Flusses schlagen. Überschwemmungswald. Ist mit seinen ganzen verworrenen Wurzeln und Lianen erfahrungsgemäß wie Gummitwist. Aber zumindest ein wenig einladender als der übliche Bromeliendornenwald im Inland. Sollte also nicht so wild sein.

Zu früh gefreut: Genau dieser Wald, in den die Kamerafallen heute gestellt werden müssen, tut sich durch besonders dichten Bewuchs der Tucum-Palme hervor, die mit langen, schwarzen Stacheln bestückt ist. Sehr langen, schwarzen Stacheln. Von den bisherigen Erfahrungen, die wir mit dieser netten Pflanze sammeln durften, steckt immer noch ein Dorn so tief in Kathrins Bein, dass er nicht rauszuholen ist, genau wie in meinem Finger: ein lustiger Knubbel zum Rumschieben.

Heute dann also ein ganzer Wald davon. Mit weiteren spaßigen Einfällen wirbt die Vegetation darum, zum beschissensten Wald der ganzen Farm gekührt zu werden: Lianen, Äste und Stachelpalmen wachsen exakt zu hoch zum Drübersteigen, zu niedrig zum Durchkriechen und zu dick zum Weghacken. Wir bewegen uns also einen halben Kilometer in einer gebückt, watschelnden Position, während sich die Haut unserer Hände nach und nach mit abgebrochenen Dornen befüllt. Es ist heiß. Mittlerweile 11 Uhr, im Drissgestrüpp steht die Luft. Insgesamt drei Zeckennester mit mehreren Hundert Zecken überschwemmen meine Hosen. Durch die gebückte Position landet mir der halbe Wald im BH. Die Fallenposition ist irgendwo in der Mitte dieses Durcheinanders. Erfahrungsgemäß kommt hier außer einem Aguti und einem Haufen Tauben sowieso kein Tier vorbei, die haben auch keinen Bock, sich in dem Gemüse durchzuquetschen. Maximal genervt watscheln wir mit verspanntem Nacken zurück zum Auto. Noch eine Kamerafalle. Glühende Mittagshitze.

Dann ein ungeschickt liegender Ast, ein zischendes Geräusch, und wir haben den zweiten Reifen in drei Tagen kaputtgefahren. Das erste Mal ich, jetzt Kathrin. Ich fass es nicht. Wir starren uns schockiert an. Was machen wir denn jetzt??? Besser noch ein Stück fahren, oder lassen wir das Auto stehen? Keine Ahnung! Mit zitternden Händen erst mal Fernando anfunken. Keiner da. Also kleinlaut Lucas anfunken und ihm stecken, was wir für einen Riesenscheiß gebaut haben. Bitte tut sich doch mal ein Loch auf, in dem wir verschwinden können! »Dann müsst ihr jetzt eben nach Hause laufen.« Mehr sagt er nicht dazu. Natürlich laufen wir nach Hause! Als hätten wir ihn angefunkt, damit uns auch noch einer abholen kommt – lieber wär ich zehn Kilometer gelaufen! Es sind am Ende nur zwei. Verschwitzt, dreckig und voller Zecken kommen wir in der Küche an und warten auf das Donnerwetter von Lucas, wenn er vom Essen kommt. Ich kann es immer noch nicht glauben! Jetzt sind wir 3 Monate mit dem alten Auto problemlos hier rumgegurkt, und jetzt fahren wir hintereinander zwei der tollen neuen Reifen kaputt. Oh Mann!!!

Carol ist lieb und beruhigt uns mit Katastrophengeschichten, wie sie selbst oder andere Forscher schon Reifen und Autos kaputtgefahren haben. Natürlich ist es nicht das erste Mal, dass was kaputtgeht – das passiert einfach, wenn man ohne richtige Straßen durch die Pampa gurkt. Aber zweimal hintereinander setzt die Wahrscheinlichkeit, dass es sich um Blödheit und nicht um Zufall handelt, um immerhin 50 Prozent herauf. Lucas hat jetzt keinen Ersatzreifen, und das Auto kann möglicherweise nicht für die Ausfahrt der Gäste am Nachmittag genutzt werden – und die Farm ist voll ausgebucht, oh Mann. Lucas und Marina stecken so viel Zeit, Arbeit und Ressourcen in mein kleines Projekt, obwohl immer noch alles finanziell auf wackligen Beinen steht. Ich darf das Auto verwenden (ohne Benzin zahlen zu müssen) und die Pferde, und Lucas setzt sich wieder und wieder mit mir hin und hilft mir bei der Positionierung der Fallen und schickt mir Ameisenbärenbilder usw. ... Und was mach ich: das Auto kaputtfahren. Darum nehme ich mir das Ganze wohl etwas über Gebühr zu Herzen. Am Ende ist keiner böse, das erwartete Donnerwetter von Lucas bleibt aus, das macht es aber fast noch schlimmer.

Ein gigantischer Riesenscheiß eben. Wir verstecken uns den ganzen Nachmittag verschämt in der Hängematte und rühren uns nicht.

Abends kommt Fernando vorbei und gibt mir für meine Studie die Fotos, die er am Nachmittag von den Ameisenbären gemacht hat. Erzählt mit breitem Grinsen, großen Gesten und strahlenden Augen, dass er einen Ameisenbären beim Kacken beobachtet hat, zum ersten Mal einen Kackhaufen von denen gesehen hat und wie riiiiiiiiiiieeesig der doch wäre. Soooooo sah der aus, und es war ganz viel Erde drin, ganz schwarz und gaaaanz große Ameisen, und er hat für mich die Stelle markiert, und ich muss mir das uuuunbedingt angucken. Zeigt aufgeregt Fotos von der Ameisenbärenscheiße. Aha, schön, danke Fer, schöne Scheiße. Und was ist jetzt mit dem Auto? Und dem Reifen? Und bist du nicht ein bisschen sauer, dass deine Mittagspause draufgegangen ist, weil du wegen den doofen deutschen Biologen den kaputten Pick-up aus dem Wald holen musstest? »Ach so, das Auto ... Den Reifen habe ich ersetzt, die neuen sind eh viel zu dünn ... vollkommen egal ... Jetzt guck doch mal, wie groß der Ameisenbärenkackhaufen war!!!«

Am Ende des Tages ist wirklich niemand sauer. Lucas witzelt rum, dass er uns erst verzeiht, wenn wir das Haus putzen (mit Zahnbürsten) und seine Wäsche waschen. Beeindruckend. Klar haben wir das nicht absichtlich gemacht, aber Lucas und Marina hätten trotzdem jedes Recht, mal angefressen zu sein. Vielleicht ist das die brasilianische Mentalität. Oder ein großes Herz. Oder sie sind Kummer mit kaputten Gebrauchsgegenständen hier draußen gewohnt. Oder eine Kombination aus allem.

Beim Versuch, meiner liebsten Sandra abends in der Küche beim Abspülen zu helfen, geht mir natürlich noch ein Teller zu Bruch. Sandra verscheucht mich vom Spülbecken: »Fass hier heute nichts mehr an, Lídia – por favor!!!« Am Ende steht also auf der Liste in der Küche, auf der eingetragen wird, wer was kaputtgemacht hat:

07/09 Lídia 1 Prato (1 Teller)
07/09 Kathrin 1 Pneu (1 Reifen).

Die drei??? und der mysteriöse Terrassen-Kacker

Seit einigen Wochen kackt uns jede Nacht ein unbekanntes Vieh auf die Terrasse. Sehr ärgerlich, jeden Tag diese Hinterlassenschaften wegputzen zu müssen!!! Sortiert man die Köttel auseinander, findet man Überreste von Insekten. Ein Insektenfresser also. Aber das kann hier so ziemlich alles sein. Die Kamerafallen sind gerade nicht im Feld, weil die Batterien laden müssen, also hänge ich mal eine hier auf, um den Täter per Fotobeweis zu überführen. Man ist ja Forscher. Tatsächlich: Auch in dieser Nacht hat der Schuldige sein Geschäft auf der Terrasse verrichtet, allerdings außerhalb des Aufnahmebereichs der Kamera. Den Aufzeichnungen zufolge gibt es jetzt immerhin drei Hauptverdächtige:

21:09 Uhr: Alex verlässt das Haus für 5 Minuten – was hat er in dieser Zeit außerhalb des Hauses gemacht?

21:16 Uhr: Merie, die Farmkatze, läuft vorbei – wieso hält sie sich so weit entfernt von ihrem eigentlichen Revier auf?

01:36 Uhr: Rita, der Baumameisenbär aus dem nahegelegenen Mangobaum, passiert die Kamera – Insektenfresser! Hat sie was mit der Sache zu tun??

In der folgenden Nacht installiere ich, von galoppierender Neugier besessen, vier Kameras. Wieder: hingekackt, aber im toten Winkel, und die Kameras haben keine weiteren Beweisaufnahmen geliefert. Kann doch nicht sein! Der blöde Terrassenscheißer! Will der mich verarschen? Das werden wir ja sehen! Im Wahn verschiebe ich das laut Zeitplan fällige Positionieren der Kamerafallen für meine Studie um einen Tag. Stattdessen pflastere ich am nächsten Abend die gesamte Terrasse mit insgesamt 10 Kameras zu. Toter Winkel? PAH! Gibt's jetzt nicht mehr. Nach Sonnenaufgang linse ich nervös aus der Eingangstür. Tatsächlich: Die Kacke liegt wieder da, und diesmal VOR einer der Kamerafallen. In heller Aufregung stecke ich die Speicherkarte in den Computer:

21:24 Uhr: Lydia geht nach dem Aufstellen der Kamera ins Haus.

05:26 Uhr: Lydia kommt zum Einsammeln der Speicherkarte aus dem Haus (im Vordergrund die mysteriöse Kacke).

Sonst nix. Als hätten sich die Köttel aus dem Nichts materialisiert. Was geht denn hier ab?!

Es hilft alles nichts, heute muss ich die Kamerafallen im Feld positionieren, anstatt sie zum Spaß auf der Forscherhausterrasse aufzustellen. Kann ja nicht den gesamten Arbeitsplan für diese Fisimatenten über Bord werfen.

Aber irgendwie passiert es, hehe, dass eine Kamerafalle übrig geblieben ist … Mit der kann man jetzt doch ein bisschen mehr Licht in das Mysterium des Terrassenkackers bringen. Ich gehe also vor dem Schlafen im Nachthemd auf die Terrasse, um besagte Kamerafalle aufzustellen. Bei dem ganzen Gereite und Gepaddel hatte man ja mal ordentlich Zeit zum Nachdenken. Meine einzige logische Lösung zu dem aus dem Nichts erschienenen Haufen war, dass sich der Terrassenkacker nicht auf dem Boden, sondern im Dachgebälk über der Terrasse bewegt und von da oben runterscheißt. Also vielleicht doch Baumameisenbärin Rita? Ich lege die Kamerafalle also auf den Rücken, sodass die Linse Richtung Dach zeigt. Überprüfe mit der Taschenlampe den Blickwinkel, und als ich dafür nach oben leuchte, sehe ich einen weißen Schemen zwischen den Holzbalken. Kleine glitzernde Augen blinzeln verschlafen ins Licht der Lampe. Da oben sitzt der kleine Buntfalke, der in der Nistbox neben dem Haus brütet. Eigentlich wollte er heute schon mal früher ins Bett, und dann kam ich mit meinem Mist und meinem Flutlicht und hab ihn wieder aufgeweckt.

Verrückt! Also damit hatte ich nun echt nicht gerechnet.

Der Terrassenkacker ist ein Vogel! Und das, was da vor unserem Haus landet, ist gar keine Kacke, sondern Gewölle! Also musste man ihn jetzt eigentlich zum Terrassenkotzer umbenennen ... Auch nicht viel romantischer.

Festa do Tamanduá

Heute, an meinem vorletzten Abend hier im Pantanal, feiere ich die »Festa do Tamanduá« (das Fest des Ameisenbären) im Forscherhaus. Ursprünglich war das anders geplant und wurde dann zum brasilianischen Selbstläufer: Ich wollte vor meiner Abreise gerne meinen Laptop in der Scheune aufstellen und einen kleinen Vortrag über die Ameisenbären und die Ergebnisse meiner Arbeit für die Angestellten halten. Ein Dankeschön, denn alle sind mir gegenüber so unglaublich hilfsbereit und liebevoll. Marina und Lucas finden die Idee super. Lucas meint, ich kann mir ja seinen kleinen Beamer leihen. Ah, das wäre ja gut! Mit Beamer geht das dann aber nicht in der Scheune und auch nicht tagsüber. Also würde sich ja der Samstagabend im Forscherhaus anbieten. Ich lade mal mündlich ein, wen ich so treffe. Irgendwie ist das aber mühsam ... Leihe mir von den Nachbarn Buntstifte und male ein paar kleine Plakate für die »Noite do Tamanduá« (Abend des Ameisenbären), die ich an Scheune und Küche aufhänge. Pfff ... mal sehen, ob überhaupt einer kommt.

Paulo und Reginaldo, die beiden Gärtner, strahlen mir ein paar Tage vorher schon von weitem entgegen. Daumen hoch, sie sind dabei, und Paulo kündigt feierlich an, dass er mir zum Abschied ein Bild malt, das beim FESTA do Tamanduá überreicht werden wird. Äh, Paulo: Nicht FESTA, sondern NOITE. Das wird nur ein Vortrag, keine Party, ne? Abgesehen davon: ein selbst gemaltes Bild?! Interessant, ich freue mich?!

Ramona kommt auch auf das FEST, wie sie betont, und freut sich schon sehr (»Nicht FEST, sondern ABEND! KEINE PARTY!!!«). Ebenso die Köchinnen Léia und Rosa, die sich schon Gedanken machen, was sie anziehen werden, und ankündigen, Kuchen und herzhafte Teigtaschen zu backen. Picapau, der Traktorfahrer, fragt, ob er Grillfleisch mit auf die Ameisenbären-PARTY bringen soll (Abend! NUR der Abend des Ameisenbären!!!). Überall hört man die Leute sprechen: »Ein FEST? Am Samstag???«

Okay. Ich gebe mich geschlagen und bestelle Bier. Dann eben doch eine Party ... Kathrin spendiert auch eine Palette Bier und Carol auch. Haha, die Brasilianer, die alten Partymäuse ... Was als kleiner Vortrag zwischen Tür und Angel geplant war, ist zum Selbstläufer geworden, und mir bleibt gar nichts anderes übrig, als auf den brasilianischen Partyzug aufzuspringen. Großartig.

Als ich am Tag der ... PARTY! verspätet aus dem Feld komme (Klassiker: im Sand stecken geblieben), herrscht in der Küche bereits buntes Treiben: Von der Nacht des Ameisenbären spricht keiner mehr. Das FEST DES AMEISENBÄREN wird DAS Ereignis in dieser partylosen Region. Die Mädels in der Küche haben einen Auflauf und süße und herzhafte Gebäckvarianten vorbereitet, sich am Vorabend die Nägel gegenseitig lackiert und sind zum Schminken verabredet. Edson kündigt an, seine Musikanlage mitzubringen. Alle, wirklich alle kommen und bereiten Geschenke und Essen vor. Ich bin ganz gerührt. Hier steckt so viel Herz mit drin!

Jetzt schnell das Haus putzen und den Vortrag überhaupt mal machen und vor allem noch duschen – immerhin haben sich Kathrin und ich gerade zwei Stunden unter einem im Sand versunkenen Truck gewälzt und versucht, das Scheißteil auszugraben ...

Zum Glück ist die abendliche Großveranstaltung in unserem Haus mit recht wenigen Vorbereitungen verbunden. Das Essen bringen ja die Gäste mit. Um Punkt sieben trudeln alle ein, und wie hingezaubert steht auf einmal ein Mordsbuffet da. Alle, wirklich alle sind gekommen, manche davon wohl mehr wegen des Biers als der Ameisenbären. Genau wie die anderen Mädels haben wir uns in Schale geschmissen. Die Männer im sauberen Hemd. Anfangs stehen alle etwas verloren mit Kind und Kegel im Forscherhaus rum. Die typische unentschlossene, scheue Autoscootersituation, mit der jedes brasilianische Fest beginnt. Im Laufe des Vortrags werden alle warm. Zweite Folie, und schon wird viel gefragt und diskutiert, aus fehlenden Portugiesisch-Vokabeln mache ich ein Quiz, bei dem man Schokolade gewinnen kann. Anstatt still zuzuhören, wird gelacht, reingerufen und Geschichten erzählt, die gerade passen. Macht Riesenspaß und ist ganz anders, als wenn man einen Vortrag vor Fachleuten hält. Vor allem Uschi, der lesbische Ameisenbär, sorgt für Heiterkeit. Claudine, unsere Haus- und Hof-Fledermaus, kreist aufgeschreckt durch den Raum und stört den Vortrag, wenn sie vor dem Beamer vorbeifliegt. Nachdem der Vortrag vorbei und das Bier im Turbotempo leer ist, bröckelt die Partygesellschaft rapide. Übrig bleibt der harte Kern. Im Haus ist es zu heiß, also sitzen wir auf Holzbänkchen und in Hängematten auf der Terrasse im Kreis und lassen uns von Mücken zerfressen. Ich mache Caipi; Fernando hat Cachaca und Limetten vom Baum in seinem Garten mitgebracht. Wir spielen »Ich packe meinen Koffer«. Das Konzept dieses Spiels bleibt dem Traktorfahrer bis zuletzt ein Rätsel. Wenn er an der Reihe ist, zählt er nicht die einzupackenden Gegenstände auf, sondern sagt: »Ich packe meinen Koffer, und ich packe ein, Dona Tamanduá (Frau Ameisenbär, womit er mich meint).« Wir versuchen ihm noch mal das Spiel zu erklären, nächste Runde: »Ich packe meinen Koffer, und ich packe ein, Dona Tamanduá«. Na gut, in Gottes Namen, verreist der jetzt eben mit mir im Koffer ... Fernando verabschiedet sich mit dem Schwips geschuldeten Tränen: »Ai Lídia – que drisse! Ich werde dich so schlimm vermissen!« Ich dich auch, du lieber Fer.

Am Morgen vor der Abreise zwar ein bisschen Caipi-Schädel, aber kein Schongang: am letzten Tag noch dickes Programm: drei Kamerafallen einsammeln, vier rausbringen. Das muss klappen, denn danach bin ich ja weg!

Erster Programmpunkt ist aber erst mal Salzsee Redonda, da hatte Carol beim Reiten gestern frische Pumaspuren entdeckt, die Kathrin aufnehmen und vermessen möchte. Während sie also am See hockt, die Spur mithilfe einer Glasscheibe abmalt (MEGA-schlauer Trick) und die sonstigen Daten aufnimmt, spaziere ich gelangweilt herum und entdecke, dass die Kacke, die an diesem See in großer Menge herumliegt, nicht, wie gedacht, Kuh-, sondern Ameisenbärenhinterlassenschaften sind. Hä? Wie kann das denn sein? Hier liegt echt ALLES voll damit. Kacken hier alle Bären der Farm hin??? Mein letzter Tag und dann so was. Muss mich wohl oder übel damit abfinden, dass dieses Geheimnis bei meinem nächsten Feldaufenthalt gelüftet werden muss. Driss. Im wahrsten Sinne des Wortes. Typisch Ameisenbären.

Jetzt flott die Fallen einsammeln, die noch von der letzten Woche draußen sind, und die neuen aufstellen. Ich erwarte ja irgendwie, dass die allerletzte Falle eine besondere Herausforderung wird – so ein Endgegner, wie man ihn von Computerspielen kennt. Bisher aber alles lässig, auch bei Google Earth sahen die Positionen der zu installierenden Kamerafallen leicht erreichbar aus. Einziges Hindernis ist die Stelle, an der wir schon am Vortag stecken geblieben waren. Bodenlos tiefer Sand in einer Kurve. Na ja, zwei Mal hintereinander wird man da ja wohl nicht drin hängen bleiben. So blöd kann man ja gar nicht sein ...

Tja, was soll ich sagen ... eine Panikattacke zum falschen Zeitpunkt, und wir sitzen WIEDER im Sand. An der EXAKT gleichen Stelle wie schon am Vortag. Fuck. Wie bescheuert ist das denn??? Ich lasse Kathrin ans Steuer – meine Nerven machen nicht mehr mit. Mit Palmwedeln, Graben und Schalten kommen wir wieder frei. Ein Glück. Die Aktion hat uns vierzig Minuten gekostet, aber wenigstens muss uns keiner extra holen kommen. Nachdem wir die folgenden Kamerafallen souverän und ohne weitere Zwischenfälle angebracht haben, jetzt also der Endgegner. Die letzte Kamerafalle ist entlang des Grenzzauns zu erreichen – sollte kein Problem sein, dort hat der Traktorfahrer gerade erst die Straße gesäubert. Okay, mit Pflanzen haben wir dann auch tatsächlich kein Problem, aber der Boden ist durchgehender Schwimmsand und der Allradantrieb nach wie vor im Eimer. Perfekt, um sich noch mal festzufahren. Zur Falle zu Fuß gehen funktioniert aber auch nicht, das ist zu weit ... Oh Mann, ein Endgegner, der sich gewaschen hat ... Mit viel Schwung düsen wir los. Erst mal klappt es gut. Dann, nach 1,5 Kilometern, das Unvermeidliche – wir stecken fest.

Wir entscheiden uns, erst mal die Falle doch zu Fuß wegzubringen und anschließend die Befreiungsaktion zu starten. Meilenweit laufen wir durch den tiefen Sand zur Position hin, Falle aufhängen, wieder zurück. Verschwitzt und erschöpft kommen wir beim Auto an, und damit geht unser Workout eigentlich erst so richtig los: Das Auto ist WIRKLICH festgefahren. Und zwar so was von. Ohne Schwung kommen wir auch über den restlichen Sand nicht mehr drüber. Jeden einzelnen Meter müssen wir uns erarbeiten. Kathrin fährt, während ich ums Auto renne und Sand wegschaufle und festtrete, Palmzweige schneide und sie unter die Reifen stecke. Stundenlang. Kathrin muss trotz allen Elends ein bisschen lachen – im Rückspiegel sehe ich offenbar vollkommen wahnsinnig und besessen aus, wie ich da mit hochrotem Kopf im Boden wühle ... Nach einer einstündigen Aktion, die uns insgesamt circa 20 Meter vorangebracht hat, und einer anschließenden einstündigen Wendeaktion, ist das Auto auf einmal frei. Ich schreie Kathrin zu, dass sie fahren soll. Auf keinen Fall anhalten, und ich renne in der Mittagshitze hinter dem Auto her. Mein Wasser ist schon lange leer.

Von Weitem sehe ich es schon: Wir hängen wieder. 50 Meter vor Ende des Sandwegs. Wieder schaufeln. Anfahren. Ästeschneiden. Als wir endlich frei sind, ist es 14 Uhr. Drei Stunden haben wir uns durch den Sand gekämpft. Ich bin der totalen Erschöpfung nahe. 15 Uhr müssen wir spätestens bei den Farmhäusern sein – dann geht die Touristenausfahrt los. Carol hat echt schon genug Stress, Marina und Lucas sind übers Wochenende weggefahren, und jetzt ist sie der Boss. Sie macht es großartig, aber irgendwie bleibt ihr nichts erspart: Erst stecken Samstag irgendwelche bescheuerten deutschen Biologinnen im Sand fest, dann fällt sie vom Pferd und verletzt sich das Handgelenk, Stromausfall, ein fehlgebuchter Pilot und jetzt Sonntag noch mal doofe Biologen im Sand. Da muss wenigstens der Touri-Truck zur rechten Zeit wieder am rechten Ort stehen. Jetzt also schnell ...

Aber: Peinlicher geht's kaum. Auf der Rückfahrt bleiben wir WIEDER bei der Stelle im Sand stecken, an der wir schon gestern und heute Morgen hängen geblieben sind. Echt mal, wie bekloppt kann man denn bitte sein???! Diesmal stecken wir so tief ... keine Chance mehr, da eigenmächtig rauszukommen. Nach über drei Stunden, in denen wir alles getan haben, um nicht wieder jemanden rufen zu müssen, geben wir auf und funken die Farm an. Auf der Frequenz hört auch noch zu allem Elend das halbe Südpantanal zu. Sonst machen wir uns immer über die Nachbarfarmen mit ihren Problemchen lustig, jetzt sind es wir, über die wohl alle lachen ... Gleiches Spiel wie gestern: »Fernando, Fernando, ta na escuta?« (»Fernando, bitte kommen?«) »Escuta Lídia.« Fernando ist die Geduld und Freundlichkeit in Person, dabei kann ich mir schon vorstellen, dass sein Kopf ähnlich wie bei uns nach dem Festa do Tamanduá auch nicht so ganz auf der Höhe ist. Erst will er jemanden schicken, dann entscheidet er sich um und beschreibt detailliert, wie man den Allradantrieb trotz Defekt einschalten kann. Hä? Der ist doch kaputt? Wohl doch nicht so ganz, denn nachdem Fernando sich wirklich mit einer Engelsgeduld den Mund fusselig geredet hat, ist er zumindest kurz mal drin, und wir kommen tatsächlich aus dem Sand raus. Man fasst es nicht. Hätten wir das früher gewusst, hätten wir uns aber so einiges erspart. Uff.

Ich sehe aus wie ein Golem. Schweiß und Dreck haben sich zu einer ansprechenden Patina vermengt, und das Auspuffrohr hat sich im Eifer des Gefechts in meinen Oberarm gebrannt. Und das Traurigste: Weil wir so ewig gebraucht haben, kann ich nicht mehr bei der Nachmittagssafari mitfahren und verpasse so die Chance, meinen Ameisenbärchen und der Farm tschüss zu sagen und den wunderschönen Tieren und Seen und allem. Und Marina und Lucas sind in São Paulo hängen geblieben und kommen nicht wie geplant noch vor meiner Abreise nach Hause, und auch ihnen kann ich nicht tschüss sagen. Manno ...

Traurig

Boa Vista

Herrje, das hatte ich mir irgendwie einfacher vorgestellt. Ich dachte, die Abreise selbst wird traurig, danach fängt aber was Neues an, und es wird besser. Im Gegenteil. Plötzlich denke ich an die Farm, und dann ist es wie ein Tritt in den Bauch.

Jetzt, wo ich weg bin, ist es fast schlimmer, denn es fühlt sich auch so an: Weit, weit weg. Fast wie ein Traum, und das will ich gar nicht – ich will, dass sich die Erinnerungen unmittelbar und echt anfühlen. Aber sie rutschen mir einfach durch die Finger. Jetzt erinnern mich nur noch der Ganzkörpermuskelkater und die Dornen in den Fingern unmittelbar an die Farm. Und die kreisrunde Brandwunde vom Auspuff des Toyotas auf meinem Oberarm.

Ich liege mit Realitätsverlust in Boa Vista auf dem noblen Hotelbett. Hier bin ich ja mit dem Filmteam verabredet. Vor dem Bett liegen mein Messer und mein Hut, die in den letzten Monaten meine wichtigsten Alltagsgegenstände waren. Hier wirken sie deplatziert und machen mir klar, wie weit weg sich das Pantanal jetzt schon anfühlt. Und dann denke ich an den Abschied, der mir besonders von Carol und Fernando unendlich schwer gefallen ist. Freunde. Und Fernandos trauriges, ernstes Gesicht – ganz ungewohnt, sonst lacht er immer.

In den letzten Stunden, bevor wir in Boa Vista landen, fliegen wir endlos über den vom Menschen vollkommen zerfressenen Regenwald, der sich vom Amazonasbecken bis hoch nach Roraima erstreckt. Ich kann es kaum erwarten, endlich das schöne Lavrado, die hiesige Savanne, vor dem Fenster zu sehen. Am Horizont taucht der Serra Grande auf, der einzige Berg hier, unter uns der Rio Branco, und da ist es: das Lavrado. Die altvertrauten Bäche von Buritípalmen gesäumt ziehen sich unter einem riesigen Himmel durch die offene Seen- und Wiesenlandschaft. Schön! So schön!

Trotz aller Trauer ist es cool, nach vielen Jahren zurück in Boa Vista zu sein. Die Fahrt vom Flughafen zum Hotel ist total verrückt – da kommt man in eine brasilianische Stadt, die irgendwie fremd ist, und kennt doch jede Ecke. Hier das Kino, da Bobs Burger, hier die Eisdiele, in der ich immer die Telenovelas geguckt habe. Das Aipana Plaza Hotel, in dem ich jetzt wohne, habe ich zugegebenermaßen zu 90 Prozent wegen der sauleckeren Tapioca-Pfannkuchen, die es hier erfahrungsgemäß zum Frühstück gibt, gebucht. Da fahr ich ja voll drauf ab. Tapioca ist weitestgehend Stärke, die aus Maniok gewonnen wird, und die Pfannkuchen mit Käse oder süß mit Zimt und Zucker sind ein Traum.

Ich freue mich also heute auf Manuel, einen alten Freund von damals, und morgen auf Tapioca-Pfannkuchen. Immerhin. Abgesehen davon geht es mir aber nach wie vor nur so mittelprächtig. Immer noch traurig.

Explodierte Fellkugeln am Sonntag

Boa Vista ist schön. So schön hatte ich es gar nicht in Erinnerung, aber vielleicht ist das nur der Direktvergleich zu Campo Grande. Manuel gestern nach zwei Jahren wiederzusehen war irgendwie verrückt – als wäre man nie weg gewesen. Ähnlich verrückt das Wiedersehen mit Boa Vista insgesamt. Hätte ich ein Auto – ich würde mich immer noch komplett zurechtfinden.

Mein Luxushotel hält sein Versprechen, und ich begrüße das Filmteam mit einer kugeligen Tapioca-Wampe vom Frühstück – boah, diese Tapioca-Pfannkuchen mit Käsefüllung! Und der Tapioca-Pudding! Und dann noch Pão de Queso – ich mampfe mich einmal quer durchs Buffet.

Nachmittags ein Besprechungstermin mit der Plantagenfirma, und ich bekomme zur Begrüßung Handtücher mit Ameisenbären und meinen Initialen bestickt geschenkt, außerdem einen Ameisenbären-Schlüsselanhänger und eine Ameisenbären-Tasse und Akazienhonig von den dämlichen Bienen, einen Reiseführer von Roraima, ein Buch über Boa Vista und ein T-Shirt der diesjährigen WM, auf dem ein fußballspielender Ameisenbär abgebildet ist. Cool! Womit habe ich das denn verdient? Alles lässt sich gut an, und abends sitzen wir wie früher unten am Fluss zum Abendessen, wo ich schon so viele schöne Abende mit Flo, Manuel, Steffi, Henrik, Kolja und den anderen verbracht habe. Erinnerungsflash. Ich vermisse sie, außer Manuel sind mittlerweile alle weg. Und meine Lieblingspizza mit Trockentomaten, auf die ich mich schon seit Wochen gefreut habe, vermisse ich auch – die gibt's hier nämlich nicht mehr. Skandal!

Der erste Drehtag beginnt schleppend – kein Ameisenbär weit und breit. Typisch, hätte mich auch gewundert, wenn die auf Knopfdruck parat gestanden wären. Am nächsten Tag gehen wir daher in einen anderen Bereich der Plantage, in dem es bekanntlich von Ameisenbären wimmelt. Vierzig Minuten Fahrt durch das wunderschöne Lavrado. Soooo schön! Die weiten Grasebenen, die raschelnden Burití-Palmen und weichen Hügel. Jaja, ich weiß, ich wiederhole mich ...

In der Savanne wandert tatsächlich ein gemütlicher Ameisenbär an einem Tümpel entlang. Der Schwanz flattert im Wind, tiefenentspannt scheint er seinen Gedanken nachzuhängen (Ants, Ants, Ants, Ants, Ants ...). Es ist ja Sonntag, da kann man es mal lässig angehen. Wir hingegen müssen mit Stativ und Kamera im sumpfigen Boden dem Herrn Bär folgen. Matthias, der Kameramann, bekommt aber die Belohnung für die nassen Füße: Der Bär rennt fast in seine Kamera rein, zwei Meter ist er vielleicht noch entfernt. Schöne Aufnahmen. Da dreht der Wind plötzlich: Der Bär riecht uns, und das gesamte Sonntags-entspannt-mal-wo-rumeiern-Kartenhäuschen stürzt in sich zusammen. Panik. Das Fell explodiert, und man sieht einen dunkelbraunen Ball aus wehendem, raschelndem Haar durch die Wiese galoppieren. Dabei wird kein Wasserloch ausgelassen – Bär tritt rein, stolpert, fällt auf die Nase, rappelt sich auf und rennt weiter. Der Sonntagmorgen ist mal gehörig versaut. Ich presse mir die Hände auf den Mund, um nicht laut rauslachen zu müssen – Dick und Doof sind nix gegen einen ordentlichen Ameisenbären-Slapstick. Ansonsten ist es nicht ganz so einfach mit einem vollgepackten Pick-up, auf dem sich immerhin sechs Leute quetschen, die Bären unbemerkt vor die Kamera zu kriegen – der Geruch, die Geräusche, schwierig. Das wird schon noch ...

Rohre verlegen dauert in Brasilien etwas länger

Am nächsten Tag drehen wir einige Szenen in dem Waldarbeitercamp, in dem ich während meiner Diplomarbeit jeden Tag gefrühstückt, Mittag gegessen und geschlafen habe. Antonio, der Leiter des Camps, macht große Augen und fällt fast um vor Freude, als er mich sieht. Voll Stolz zeigt er mir seinen selbst gebauten Kräutergarten. Ansonsten staune ich nicht schlecht: Es hat sich NICHTS verändert! Ich mag das ja, wenn die Zeit stehen bleibt, solange ich weg bin – da verpasst man nichts. Die Baustelle für den neuen Schlafsaal ist noch auf demselben Stand wie vor zwei Jahren. Es wurden damals auf dem kompletten Areal Gruben ausgehoben, um irgendwelche Rohre zu verlegen – auch die liegen noch unberührt da, als wäre ich nicht weg gewesen. Nur Bretter hat man teilweise darüber gelegt, um die Genickbruchgefahr zumindest etwas herabzusetzen. Dieses Brasilien ... Ordem e Progresso, jaja. Immerhin hat sich in Antonios Haus was getan. Es war damals neu und uneingerichtet, jetzt ist es gemütlicher, soweit man dieses Wort auf eine brasilianische Inneneinrichtung anwenden kann. Antonios Frau hat sich ganz offensichtlich darauf spezialisiert, Stoffbezüge und andere Einrichtungsgegenstände aus farbenfrohen Flicken- und Fransenstoffen in offensichtlich großer Menge zu produzieren. Entsprechend kunterbunt sieht Antonios Haus

aus: bunt befranste Stühle, Hocker und Tische auf wildgemusterten Teppichen. Noch mal typisch Brasilien: Viel hilft viel.

Einen Ameisenbären entdecken wir schlafend. Wir machen etwas Lärm, er wacht auf, kann sich dann aber nicht mehr erinnern, warum er eigentlich aufgewacht ist, und setzt sich erst mal auf seinen Hintern. Die Schwanzhaare sind wie ein Nest um ihn herum ausgebreitet. Beschaulich kämmt er sie mit seiner langen Vorderkralle. Ein kämmender Ameisenbär – wie sehr hat sich Kathrin den im Pantanal gewünscht! Ab und an seilt er mal die 60 cm lange Zunge in ihrer ganzen Länge ab. Warum? Könnten Dehnübungen sein, oder er riecht so besser – das bleibt Spekulation. Unfassbar süß, dieser Ameisenbär in seinem Haarnest. Schnell ein Foto mit dem Herzen machen!

Fluntsch-Weiber im brasilianischen Hamam

Leider habe ich die Telefonnummer von Emerson verloren, einem lieben Freund, bei dem ich vor Jahren ein denkwürdiges Weihnachtsfest verbrachte. Auch Manuel hat keinen Kontakt mehr. Schade. An meinem ersten Tag in Boa Vista kommt dann plötzlich eine Freundschaftsanfrage auf Facebook von ihm. Totales Karma – er hatte gar keine Ahnung, dass ich gerade in der Stadt bin. Auch bei Emerson alles beim Alten – täglich grüßt das Murmeltier: Als ich letztes Mal hier war, hatte er sich gerade von seiner Freundin getrennt. Wir hatten lange Gespräche darüber. Von exakt derselben Freundin hat er sich jetzt gerade wieder getrennt, und wir haben exakt die gleichen abendfüllenden Gespräche aufs Neue.

Vor Emersons Haus liegt auch noch derselbe Berg von Bauschutt wie vor zwei Jahren, obwohl Emerson steif und fest behauptet, dass es nicht derselbe sei und von einer neuen

Baustelle herrührt. Und dann treffe ich mein rotes Kätzchen wieder – das kam damals, als ich in Boa Vista wohnte, halbtot zu unserem Haus. Wir haben es aufgepäppelt, und ich habe es fünf Monate lang großgezogen. Bei meiner Abreise gab ich das Kleine an Emerson und seine Familie ab. Das Letzte, was ich damals von ihm sah, war, wie er Emerson auf die Ledersitze im teuren Mercedes pinkelte. Heute ist es ein ausgewachsener Kater und es geht ihm blendend, er ist der Liebling der ganzen Familie. Er legt sich schnurrend auf meinen Schoß, und ich bilde mir einfach mal ein, er hätte mich wiedererkannt ... Mich freut das so. Ein kleines gerettetes Leben. Mein Herz macht jedes Mal einen Hüpfer, wenn ich daran denke.

Abends dann noch eine kleine Retrooffensive: Banda Garden, die Band, auf die wir vor allem 2005 immer so mega abgetanzt haben, gibt es immer noch. Heute Abend spielt sie in einem möglicherweise ungeplanten Disco/Hamam-Crossover-Club: Künstlicher, duftgeschwängerter Rauch wabert in einem leeren Raum, der nicht heiß, sondern fröstelnd kalt ist – der entscheidende Unterschied zum türkischen Hamam. Banda Garden spielen U2, Pearl Jam, Smashing Pumpkins – tolle Musik, und sind wahnsinnig gut. Früher waren ihre Konzerte DIE Ereignisse in Boa Vista. Wir deutschen Studenten tanzten immer so wild, dass die Brasilianer teilweise ihre Freunde anriefen, sie müssten sofort herkommen und sehen, was diese Deutschen da treiben. Heute scheint ihre große Zeit vorbei zu sein – außer uns drücken sich nur noch sechs Pärchen im Club rum, die aber lediglich Augen füreinander haben und sich nicht die Bohne für die Band interessieren. Neben der Bühne sitzen die obligatorischen Fluntsch-Weiber. Die ziemlich billigen und ziemlich aufgetakelten Freundinnen der Musiker, die mit gelangweiltem Gesicht das Konzert »über sich ergehen lassen« – aka: »Ach das ... Das kann ich mir doch jeden Tag angucken, ihr vielleicht nicht, aber ich ... aber Achtung, Weiber: Der geile Hengst ist meiner – bloß nicht angucken!«

Wahnsinn in São Paulo und Grüße aus dem Pantanal

São Paulo

Die Preise steigen, die Temperaturen fallen, ich bin in São Paulo. Von hier aus geht's morgen nach Hause, und bei 10 °C anstelle der 43 °C in Boa Vista bibbere ich mich schon mal auf den deutschen Herbst ein. Aus meiner Fleecejacke musste ich erst mal den Staub der Sattelkammer und den Pferdegeruch der Farm schütteln, und – herzlichen Glückwunsch – wenig später findet sich eine Zecke, festgebissen an meinem Bauch. Die hatte wohl seit meiner Abreise von der Farm in der Jacke ausgeharrt. Schöne Grüße aus dem Pantanal. Fast habe ich mich gefreut.

Ein hagerer, alter, wahnsinniger Taxifahrer, der mit schnatternd heiserer Stimme und einer guten Portion Hysterie auf mich einredet, fährt mich vom Flughafen in die Stadt. Nach der zwanzigminütigen Fahrt kenne ich die Hälfte seines Lebens sowie das gesamte Leben seiner Tochter und habe alle 1,2 Millionen Straßennamen der Stadt schon mindestens einmal gehört. Merkwürdigerweise macht er mir São Paulo etwas sympathischer – bin hier mit dem Vorurteil einer cleanen Businessmetropole angekommen, und in dieses Bild passt er nun wirklich nicht. Latsche etwas später leicht desorientiert in der Stadt rum: Konnte im chinesisch geführten Hostel lediglich eine Straßenkarte für Hongkong ausfindig machen, die jetzt nur begrenzt hilft. Daher lieber in der Straße sitzen und Leute gucken. Verschiedene Dinge fallen auf:

- Der wahnsinnige Taxifahrer war kein Einzelfall – schnatternde Hysterie ist ein Charaktermerkmal von circa 50 % der Leute in São Paulo. Bin mir immer noch nicht ganz sicher, ob der verrückte Kellner im Café nicht schon wieder der Taxifahrer ist, der je nach Jobumfeld eine andere Lebensgeschichte für seine Kunden parat hat.
- Weiße Hosen sind hier gaaanz groß in Mode.
- Besteck sucht man vergebens. Sogar mein Grillfleisch mit Zwiebelringen kommt ohne und ich helfe mir verschüchtert mit Zahnstochern. Versuche, möglichst wenig Aufsehen beim verrückten Kellner zu erregen.
- Auf der Straße kennt wirklich jeder jeden. Da ist man in einer der größten Städte der Welt, und es geht schlimmer zu als am Markttag in dem Dorf in Baden, wo meine Mutter wohnt (»Dooo d'Rittaaa – was machsche du dooo?«).

Kurzer Flash von Heimat, als ich, ganz wie in Köln, jede U-Bahn gerade verpasse. Schön, was einen in der Fremde so an zu Hause erinnert ...

Auf dem Weg zum »Alte-Gebäude-Besichtigen« stolpere ich in ein Viertel, das die Brasilianer eigens für mich gebastelt zu haben scheinen: Sämtliche Läden verkaufen nur eins – Dinge, die die Welt nicht braucht. Kostüme, Glitzer, Partyartikel. Scheiß auf Kultur. Vier Stunden verbringe ich im vollkommenen Einkaufsrausch in Kostüm- und Partygeschäften. Das Ergebnis vom Einkaufswahnsinn in São Paulo:

1 Schmetterlingsflügel
1 Sternenzauberstab mit Glitzerlametta
7 Wackelfühler verschiedener Ausführung
14 bunte Plastikbrillen in Stern- und Schmetterlingsform
1 Feder-/Paillettendiadem
1 buntes Glitzerwindrad mit schielender Libelle
1 buntes Glitzerwindrad mit Schmetterling

1 lila Glitzerwindrad mit einem Pfau, den ich zunächst als Huhn identifiziert hatte
4 Plastik-Glitzerboa
2 Glitzermasken
1 Marvelcomic Actionmaske
1 Blumenkränzchen
1 eine Geburtstagskerze in Blumenform für das Schwesterherz, die nach dem Anzünden zu rotieren beginnt, die Blütenblätter öffnet, eine Glitzerfontäne abschießt und dabei Happy Birthday spielt.
1 Koffer, um den ganzen Kram mitnehmen zu können

Auch die Nacht ist in meinem China-Hostel ziemlich anspruchsvoll: Ich habe noch NIE auf einer derart harten Matratze geschlafen – da hätte der chinesische Hostelbesitzer genauso gut Reismatten auf dem nackten Boden auslegen können ... Und ich kann sowieso schon so schlecht schlafen. Vor lauter Freude! Morgen bin ich zurück in Kölle!!! Unfassbar!!!

2012
RUMSUMPFEN FÜR FORTGESCHRITTENE

Ambivalente Gefühlslage

Köln

Ein Vortrag über Ameisenbären und die Tiere Südamerikas in einer Kölner Grundschule. Erste Power-Point-Folie, und schon sind diverse Finger in der Luft. Haha ... Ein Vortrag in einer deutschen Grundschule hat ja überraschende Parallelen zu einem Vortrag vor Cowboys in Brasilien ... »Ja?«

»Bist du erkältet?«

»Nein, das ist meine normale Stimme.«

»Kommt der Inlandtaipan aus Brasilien?«

»Äh ...«

»Faultiere sind nicht so faul, wie man immer sagt.«

»Stimmt ...«

»Ich habe mal ein Igelbaby gefunden und durfte es nicht behalten.«

»Ah, hm, aber wir reden hier ja über Südamerika ...«

Großartig. So diskutiert man sich schwer interaktiv durch die Folien. Großer Tumult bei einem Foto, auf dem der Ameisenbär seine lange Zunge herausstreckt. Wann verliert man diese dreiste Neugier? Offensichtlich irgendwann im Lauf einer europäischen Schulbiografie, denn die Brasilianer haben sie sich weiter bewahrt ... Ich denke da an die Symposien und Kongresse, bei denen einem beim Vortrag ein Saal leerer Gesichter gegenübersitzt. Man ist sich manchmal gar nicht sicher, ob die einem eigentlich zuhören. Ich baue listig überraschende Witze ein, um dann am Anteil grinsender Gesichter herauszufinden, ob überhaupt noch irgendwer aufpasst. Allerdings eine fehlerhafte Datenerhebung, denn die Qualität des Witzes hat dabei ja auch einen großen Einfluss auf die jeweilige Reaktion ... Ein Forscher aus Venezuela ist mal bei einem meiner Vorträge beim Lateinamerikasymposium mit lautem Schnarchen eingeschlafen. Ich war schon schwer geknickt, offenbar total langweilig gewesen zu sein. Hinterher kam der Typ aber zu mir und entschuldigte sich. Ameisenbären seien eigentlich seine Lieblingstiere, er sei aber morgens erst in Bonn gelandet und total gejetlagged. Vor Jahren hat er in Venezuela an der Straße einen Babyameisenbären aufgesammelt, dessen Mutter überfahren worden war. Der Bär wuchs bei ihm auf, war zahm und verschmust, am Abend rollte er sich immer mit einem behaglichen Schnaufen neben dem Bett zusammen. Bis der Forscher bei sich zu Hause eine Party schmiss, bei der der Ameisenbär heimlich den Gin Tonic aus den Gläsern auf der Fensterbank trank. Zu viel für das kleine Erbsenhirn – die Partygesellschaft machte sich zunächst noch lustig, als der sturzbetrunkene Bär über den Hof torkelte. Unbemerkt fiel er dann aber leider im Suff in einen Brunnen und ertrank. Tststs ... diese Ameisenbären ... Ambivalente Gefühlslage, in die einen diese Geschichte stürzt – man weiß gar nicht, ob man jetzt deprimiert oder amüsiert sein soll.

Apropos ambivalente Gefühlslage: Noch sechs Wochen, bis es für die nächste Feldphase zurück ins Pantanal zur Fazenda Barranco Alto geht, und ich bin mittlerweile krank vor Heimweh. Obwohl hier in Köln Frühling ist und überall die Blumen und die Liebe blühen und die ersten Sonnenstrahlen alle in einen Glückstaumel stürzen. Bald ist es warm genug, um wieder auf meiner geliebten Dachkante unter dem Fernsehturm Ukulele zu spielen. Bald kann ich wieder meine Hängematte im Park aufspannen. Und trotzdem vermisse ich die Natur, die Schönheit, meine Bären, mein Forscherhaus und vor allem die lieben Menschen da unten im Sumpf.

Die haben übrigens gerade mit einer Jahrhundertflut zu kämpfen. Überschwemmungen sind zur Regenzeit ja normal im Pantanal, bis zu fünf Meter schwankt der Wasserspiegel im Schnitt übers Jahr. Dieses Jahr lag der maximale Wasserstand aber noch mal zwei Meter über dem normalen Hoch. Land unter.

Als die Seen und der Fluss vor ein paar Wochen rasant anstiegen, schrieb mir Lucas noch eine vergnügte Mail mit einem Foto, das zeigt, wie er, Marina und die Kinder von der Brücke vor der Küche in einen See sprangen, der da eigentlich nicht hingehört. Mit einer Hello-Kitty-Luftmatratze rasten sie auf einem Wildwasserfluss, der normalerweise die Straße ist, von Salzsee zu Salzsee.

»Guck mal, wie lustig!«, schrieb Lucas.

»Hoffentlich sauft ihr nicht ab!«, schrieb ich zurück. Bis vor wenigen Tagen erhielt ich darauf keine Antwort, denn genau das war passiert. Die Gäste mussten evakuiert werden, solange noch Flugzeuge auf der zunehmend überschwemmten Landebahn starten konnten, dann war die Farm komplett vom Rest der Welt abgeschnitten. Ameisenbären, Sumpfhirsche und Mähnenwölfe liefen auf der Flucht vor dem steigenden Fluss direkt vor den Farmhäusern vorbei, die allerdings auch schon alle unter Wasser standen. Man kam nur noch mit dem Kanu von A nach B.

Alle Übrigen mussten zusammen im Forscherhaus wohnen, das noch am höchsten liegt und daher einigermaßen trocken blieb. Marina nennt diese unfreiwillige Wohngemeinschaft nur ironisch die »Republica da Alegria«, also die »Republik der guten Laune«. Der Pantaneiro an sich ist nämlich mehr Einzelgänger als Rudeltier, und schon nach wenigen Tagen ging man sich gehörig auf den Keks. Paulo, der Gärtner, zog nach kurzer Zeit entnervt in sein überschwemmtes Haus zurück und watete lieber mit Gummistiefeln in sein Bett.

Jetzt ist das Wasser Gott sei Dank auf dem Rückzug, das Leben auf der Farm normalisiert sich aber nur langsam. Sie sind immer noch weitestgehend vom Rest der Welt abgeschnitten. Immerhin funktioniert das Internet wieder. Hoffentlich fällt meine Anreise nicht ins Wasser! Ich habe hier in Deutschland nämlich schon alles für die nächste Feldphase vorbereitet. Ich werde die gleiche Methodik wie im letzten Jahr verfolgen – morgens Kamerafallen aufstellen und die Daten auswerten, nachmittags Ameisenbären beobachten. Gerade nach der Flut wird es sehr interessant, was sich im Vergleich zum letzten Jahr geändert hat. Ob sich die Tiere zum Beispiel in den Wald zurückgezogen haben, der im Pantanal auf erhöhtem Terrain liegt und daher eventuell trocken geblieben ist. Oder ob sich die Streifgebiete der mir bekannten Ameisenbären verändert haben, weil sie die altbekannten Grenzen an die Wassermassen anpassen mussten. Wir werden sehen. Erst mal überhaupt hinkommen …

Die Planschkuh in ihrer Reinform

Fazenda Barranco Alto

Hurra, da bin ich wieder. In der Mitte vom Nirgendwo und diesmal so richtig. Im Gegensatz zur immer noch vollkommen überschwemmten Straße ist die Landebahn nach der Flut mittlerweile frei. Ricarda, eine Studentin, die mir in diesem Jahr bei der Feldarbeit hilft, und ich können also mit einer kleinen Cessna eingeflogen werden. Von oben sieht man das ganze Ausmaß der diesjährigen Überschwemmung. Wobei ... Auf den ersten Blick sieht alles normal aus, die üblichen weiten Wiesen und Weiden mit Rindern zwischen Galeriewäldern. Erst beim genaueren Hinsehen erkennt man, dass zwischen den Gräsern Wasser glitzert – das Pantanal ist ein einziger großer See. Die Kühe laufen durch hoch aufspritzenden Matsch – der Begriff Planschkuh in seiner Reinform. Jetzt kommen die Farmhäuser vor dem Flugzeugfenster in Sicht. Sie quetschen sich zwischen den angeschwollenen Fluss und ein Meer, das sich aus drei einzelnen Seen gebildet hat. Beim Anblick der Wassermassen graut mir schon vor dem Aufstellen der Kamerafallen. DAS wird eine Schlammschlacht ... herzlichen Glückwunsch ...

Beim Landeanflug schlägt mir vor Freude das Herz bis zum Hals. Lucas seh ich schon von Weitem an der Landebahn stehen. Fernando kommt angelaufen, Carol, es ist wirklich, als wäre ich nie weg gewesen. Das letzte halbe Jahr in Köln, so intensiv es sowohl positiv als auch negativ war, ist irgendwie ausgeklammert. Gleichzeitig weiß ich schon jetzt, dass nach meiner Rückkehr nach Deutschland die Farm wieder in ebenso einer Klammer in meiner Gleichung steht. Beides nicht wegzukürzen.

Das Kölschglas: Unentbehrliches Utensil für Tropenforscher

Mir sind ja Konstanten und Traditionen wichtig, um mich möglichst schnell wieder am anderen Ende der Welt heimisch fühlen zu können. Darum nehme ich unter anderem immer dasselbe Bett, im Mädchenzimmer des Forscherhauses links oben. Ist zwar eine größere Bergsteigeaktion, ins Stockbett zu steigen, und natürlich habe ich entsprechend meiner zahlreichen Schlafneurosen immer entweder die Taschentücher oder das Wasser oder die Ohrstöpsel oder den Wecker oder mein Buch oder die Stirnlampe oder sonst was vergessen und muss gefühlte 28767487-Mal rauf- und runterklettern, aber ich finde, man hat etwas mehr Privatsphäre in diesen luftigen Höhen.

Gefrühstückt wird, auch wie immer, auf der Terrasse hinter der Küche. Von hier aus hat man einen herrlichen Blick auf einen See, über die Landebahn bis hinüber zur Scheune. Diese Schönheit!!! Der See und der Fluss, normalerweise viele Hundert Meter voneinander entfernt, sind jetzt durch einen Bachlauf verbunden, der vor der Terrasse vorbeiführt. In dessen seichtem Wasser zappeln Fische, um die sich Schnee- und Tigerreiher kloppen. Aufplustern, tröten, nach dem anderen hacken. Die Kaimane wiederum hampeln dazwischen 'rum, in der Hoffnung, sich einen dieser Reiher schnappen zu können. Fast wäre es gelungen. Ein Kaiman stürzt sich auf einen Tigerreiher, der gerade noch mit einem Schneereiher die Besitzverteilung im Bach diskutiert. Schnappt daneben. Der Tigerreiher ist wegen des Zoffs mit dem anderen Reiher noch so dermaßen in Fahrt, dass er alle Vorsicht über Bord wirft, sich umdreht und seinerseits den Kaiman attackiert. Der ist vollkommen überrumpelt und sucht das Weite. Pantanesisches Frühstücksfernsehen.

Lucas packt uns in den Jeep. Er hat noch Kamerafallen draußen stehen, und die müssen wir einsammeln, damit Ricarda und ich mit der Studie loslegen können. Ich staune mich durch die überschwemmte Farm. Direkt um die Ecke spaziert schon der erste Ameisenbär über die Straße. Den kenn ich schon vom letzten Jahr: Günther. Guten Tag. Ein Nasenbärenbaby in einer Astgabel quietscht uns aufgeregt an. Ich habe Respekt vor den matschigen Straßen. Prima zum Festfahren geeignet.

Fernando freut sich schon auf den altbekannten Funkspruch: »Fernando, Fernando, wir brauchen Hilfe! Wir stecken fest!« Er meint, er würde dann einfach das Funkgerät ausschalten, dann hätte er seine Ruhe.

Mittagspause in meiner Hängematte, die natürlich auch an ihrer angestammten Stelle rechts vor dem Forscherhaus hängt. Übrigens immer noch die türkise Mädchenmatte, in der ich damals in Boa Vista in den Waldarbeitercamps geschlafen habe. Schon sieben Jahre alt, da wird man nostalgisch. Vermutlich ist es auch dasselbe Gürteltier wie letztes Jahr, das da um die Mittagszeit an unserer Terrasse vorbeiwackelt. Ich beobachte es gemütlich beim Schaukeln in der Hängematte.

Nachmittags kotze ich mal ein Ründchen, und auch Ricarda fühlt sich komisch. Dehydrierung ist die Diagnose. Wir müssen Elektrolytlösung trinken, die genau auf 0,2 Liter abgemessen sein muss. Jetzt zeigt sich gleich, welch wichtiges Utensil ein Kölschglas im Reisegepäck der Tropenforscherin darstellt. Das hatte ich mit einem »Weißer Holunder – Wir denken an dich« eingraviert von meinen Skatjungs in Deutschland geschenkt bekommen, und jetzt tut es gleich gute Dienste.

Am nächsten Tag geht's mir wieder einwandfrei, Ricarda liegt aber mit schlimmen Gliederschmerzen und fast 40 °C Fieber flach. Sie sieht ganz klein und elendig aus, so zusammengerollt in der Hängematte, und dabei ist sie eigentlich ein Baum von einer Frau mit Kraft, Tattoos und Dreadlocks. Verdacht auf Dengue-Fieber. Gibt's hier eigentlich nicht, aber sie war ja vorher noch mit dem Rucksack in Kolumbien unterwegs. Malaria könnte es auch sein. Schön. Und wir sitzen die ganze Zeit aufeinander. Die Wahrscheinlichkeit, von einer Mücke gestochen zu werden, die sich vorher in Ricarda versenkt hatte, schätze ich als ziemlich hoch ein. Na ja, so 'ne schicke Tropenkrankheit fehlt mir bisher eh noch.

Kolonialherrentum mit Proteinzufuhr

Ich sitze in einem Schwarm kleiner Fliegen und habe den Ventilator auf mich gerichtet, in der frommen Hoffnung, sie wegzublasen. Jaja, klappt toll. Das mit den Nervinsekten ist gerade an den Abenden echt anstrengend – da hat man gar keine Lust mehr, sich mit dem Laptop hinzusetzen. Um es schon mal vorwegzunehmen: Ich lebe noch. Ricarda so halb.

Jetzt versuche ich für Kathrin, die gerade mit den gesammelten Daten vom letzten Jahr ihre Diplomarbeit zusammenschreibt, die neuen, tollen Pumabilder von den Kamerafallen hochzuladen. Mit der Internetverbindung hier eine größere Aktion – seit 23 Minuten sagt mir mein Computer, es würde nur noch 18 Minuten dauern. Schön.

Scheiß drauf. Während das noch voraussichtlich stundenlang lädt, fahre ich mit Lucas ins Feld, um auch die restlichen Kamerafallen einzusammeln. Er zeigt mir Wege durch den ganzen Matsch, die alten Straßen wurden in großen Teilen weggeschwemmt oder sind immer noch unter Seen verborgen. Ich bin so glücklich, zurück in dieser wunderschönen Natur zu sein. Wir sind mit dem neuen tollen Jeep unterwegs, der jetzt als Forscherauto angemietet werden kann. Bin ich froh. Jetzt muss ich nicht mehr die ganze Zeit fürchten, die Autos zu ramponieren, die mir Lucas aus Gutmenschentum kostenlos zur Verfügung stellt. Der kleine Jeep, von allen nur liebevoll Jeepinho (also Jeepchen) genannt, hat eine wegklappbare Windschutzscheibe. Man sitzt dann wie in der Sardinenbüchse drin, guckt oben raus, und es ist wie Reiten oder Fahrradfahren, also gar nicht so autoig. Allerdings auch nur bis zur Dämmerung so richtig klasse. Dann bräuchte man eine Fliegerbrille und einen Mundschutz. Jedes Mal, wenn man lacht, fliegt ein Schwung frischer Proteine in den Mund. In meinem BH können entomologische Biodiversitätsstudien durchgeführt werden. Ich verspreche Lucas, im Sommer auf dem Flohmarkt in Köln nach zwei alten Fliegerbrillen zu schauen. Die müssen dann aber auch stilecht mit weißem Schal getragen werden. Dann umweht mich endlich ein Hauch vom Kolonialherrenforschertum des vorletzten Jahrhunderts. Frau Dr. Lydia Humboldt.

Schlammschlacht im Dornröschenschloss

Der erste Tag Feldarbeit war das erwartete Desaster. Die Kamerafallen sollen an denselben Orten wie letztes Jahr aufgestellt werden, immer noch in regelmäßigen Abständen von je einem Kilometer.

Nachdem Ricarda ja mit Dengue-Fieber oder so flachliegt, springt für die Kamerafallenaufstellaktion Gabriela, die Lehrerin aus der Schweiz, ein, die Lucas' Kindern Deutsch beibringen soll. Zum Sonnenaufgang reiten wir am See entlang ins Feld, ich auf Papola, meinem roten Maultier mit dem störrischen Eselskopf, auf das ich mich schon so gefreut hatte.

Während ich bei der ersten Kamerafallenposition mit der Machete die Pflanzen zurückschneide, die vor der Linse hängen würden, lehnt Gabriela an einem Baum und beleuchtet die Unterschiede zwischen einem klassischen Morgen in der Schweiz und hier in Brasilien: In der Schweiz füllt man zum Frühstück Kaffeepulver in die Kaffeemaschine und isst am Küchentisch ein Müsli. Hier im Pantanal kommt stattdessen erst ein Wildschwein und dann ein Cowboy mit einer Pistole den Hang vor der Küche runtergerannt. Wilde Verfolgungsjagd mit unserem potentiellen Mittagsbraten. Bleibt einem das Honigbrot vor lauter Spektakel im Hals stecken. Statt sich später in Mitteleuropa in übervolle Bahnen zu quetschen, steigen wir hier auf die Pferde für einen langen Ritt durchs Nirgendwo, entlang von weiten Seen und durch dichten Wald. Als wir um eine Ecke galoppieren, steht da ein verdatterter Ameisenbär, der gemütlich vom Baden kommt. Jetzt steht ihm das nasse Fell vor Schreck zu Berge. Mit listigem Blick steht er vor uns auf der Straße und versucht durch schnüffeln und ganz doll Konzentrieren herauszubekommen, was denn nun eigentlich los ist. Entscheidet sich letztendlich ebenfalls für einen Galopp – ins nächstgelegene Gebüsch. Wenn man in Zürich im Büro ankommt und sich auf dem gepolsterten Bürostuhl niederlässt, schlägt hier in Brasilien eine deutsche Biologin wie eine Verrückte mit ihrer Machete auf die unschuldige Vegetation ein, um eine Position für eine Kamerafalle auszusäubern. Wenn man in deutschsprachigen Ländern dann sein Knoppers auspackt, gehen bei uns kurzfristig die Pferde verloren: Gestern Nacht hat es ein gigantisches Gewitter gegeben, jetzt liegt im Wald alles kreuz und quer, riesige Bäume sind umgefallen und so. Muss mächtig was los gewesen sein, ich hab's komplett verschlafen. Die Pferde sind jetzt irgendwo am Waldrand in dem Durcheinander geparkt, und das GPS, mit dem wir ihre Position gespeichert haben, ist wegen des Winds und der Wolken verwirrt. Als wir letztendlich die Pferde wiederfinden, stellen wir fest, dass wir immer genau um sie rumgelaufen sind. Das schlaue Maultier schaut uns mit leichter Verachtung entgegen. Die müssen auch denken, wir hätten nicht mehr alle Tassen im Schrank ...

Lucas hatte schon angekündigt, dass da jetzt ein See ist, wo sich eigentlich die Straße zur nächsten Position befindet. Vermutet aber, dass man da vielleicht schon an einer seichten Stelle durchreiten kann. Eine vage Vermutung klingt aus Lucas' Mund irgendwie immer nach totaler Überzeugung. Die Pferde sind nicht ganz d'accord. Papola schraubt die Hufe in den Boden, dreht den Kopf zu mir und mustert mich abfällig mit stolzem Maultierblick. Ich versuche, sie dennoch zum Weiterlaufen zu bringen. Wir kämpfen uns vorwärts, bis das

Wasser zum Sattel reicht, vor uns liegen noch über Hundert Meter See, das können wir abhaken. Viel zu tief, jaja, Papola, du hattest mal wieder recht. Ist ja schon gut. Um außen herum zu reiten, ist es jetzt auch zu spät. Die Falle muss ich morgen wohl aufstellen. Mist.

Ab Richtung Heimat. Auf dem Rückweg liegen auf der Hauptstraße immer mehr umgestürzte Bäume. Ist das alles von letzter Nacht? Der Weg ist auch total überschwemmt, das Wasser steht immer höher und höher ... ganz schön tief ... äh ... Gabriela! Halt die Satteltaschen mit den Kameras hoch, wir saufen ab! ... Da sind wir dann wohl falsch abgebogen. Die altbekannte Straße verschwindet nämlich seit der Flut in diesem riesigen Meer, das sich aus drei einzelnen Seen gebildet hat. Also DAS hat das alte Besserwissermaultier zur Abwechslung mal nicht vorausgesehen, im Gegenteil, es will nach Hause und rennt ungebremst in die Wassermassen. Hysterisch lachend die Satteltaschen in die Luft haltend, versuchen wir die Pferde davon zu überzeugen, dass dies kein funktionierender Weg nach Hause ist. Zwischendrin halte ich kurz inne und fühle nach: Trotz der schon jetzt zerkratzten Arme und den durchnässten und eingeschlammten Kleidern, habe ich riesigen Spaß. Habe den richtigen Job gewählt.

Der Zirkus isch do ...

Entweder ich habe ein sehr klischeebehaftetes Bild von Tropenforschung, wie sie eigentlich sein sollte, oder meine ökologische Arbeit in den Tropen ist im Direktvergleich mit anderen Studien totaler Firlefanz: Ich sitze in keinem Zelt im regenumtosten Wald, ich mache mir auf keinem Bunsenbrenner Dosen warm, halte keine verbeulte Blechtasse mit lauwarmem, klumpigem Kaffee in den klammen, zitternden Händen, mit denen ich gerade noch verzweifelt versucht habe, mir eine feuchte Zigarette anzuzünden. Gut, ich rauche nicht, aber es rundet das Bild so schön ab.

Nein. Ich wohne hier im schönen Forscherhaus, bekomme leckerstes Essen gekocht. Statt irgendwelchen Indianern im Lendenschurz zuzusehen, wie sie aus Flaschenkürbissen im Boden vergorenes Bier trinken, schaue ich herzige Kinderzirkusvorführungen auf Schwiizerdütsch an.

Ja, der Zirkus war da. Leticia und Emilia, die Töchter von Lucas und Marina, haben schon vor Tagen selbstgemalte Einladungen verteilt: »Der Zirkus Beija Flor kommt! (Beija-Flor = Blumenküsser = Kolibri in Portugiesisch). Da müssen wir natürlich hin! Lucas, der stolze Papa! Erst noch mit den Gästen auf Safari, alles dauert etwas länger, und am Ende rasen wir abends total verspätet im Affenzahn nach Hause. Lucas am Steuer, während ich oben auf dem Auto versuche, mit dem Suchscheinwerfer im Vorbeirasen irgendwie noch Tiere zu zeigen. Wir düsen an der Vogelspinne Pablão vorbei, die aufgescheucht Richtung Loch stürzt. »Lucas, da ist die Spinne!«

»Keine Zeit! Wir verpassen den Zirkus!«

Ungünstig, wenn wir mit einem Ameisenbären am Kühlerrost klebend nach Hause kommen ... Denke ich gerade, da steht schon ein Bär mit trägem Blick neben der Straße. RRRRRROOOOAAAAMMM ... sind wir an ihm vorbeigerast. Das Ganze geht so schnell, der Ameisenbär steht unbewegt und völlig verdattert da, seine Schwanzhaare kräuseln sich lakonisch im Fahrtwind. Vermutlich überlegt er, was los war, ob er rennen sollte. Das Ergebnis dieses langwierigen Entscheidungsprozesses erfahren wir nie, denn er ist auch schon wieder im Dunkel der Nacht versunken.

Mit Glitzer-Pailletten-Kostümen, selbstkomponierten Liedern, Artistik und Zauberkunststücken brennen die Mädels ihr Showfeuerwerk ab. Die Clownnummer muss fast abgebrochen werden, weil Emilia vor der Pointe schon so einen Lachkrampf hat, dass der Dialog mehrfach ins Stocken gerät. Zur Pause gibt es selbstgemachtes Popcorn in selbstgebastelten, bunten Tütchen, die sich nachfolgend als Partyhüte umfunktionieren lassen. Finale ist ein Mittanzlied, jetzt tanzen also Touri-Guides, Jaguar-, Riesenotter- und Ameisenbärenforscher und die ganze Familie in einem abgelegenen Haus im Pantanal zu einem Schweizer Lied über irgendeine Katze. Zur Feier des Tages wird gegrillt. Während er die Grillspieße beaufsichtigt, fragt Lucas Leticia: »Lele, weißt du schon, was stolz sein bedeutet?«

»Ja.«

»Ich bin sehr stolz auf dich.« Herzig, herzig, herzig alles.

Ungünstigerweise gab es am heutigen Abend eine Doppelbelegung der Räumlichkeiten rund um den Grill, und der Termin der diesjährigen Eintagsfliegenhochzeit fällt ausgerechnet mit dem Termin unseres Grillfests zusammen. Als Resultat schwärmen unzählige Eintagsfliegen unter den Lampen und liegen dann tot zwischen gelbem Staub (Eier? Sperma?) auf dem Boden von Lucas' Terrasse. ALLES voll. Wie viele das wohl sind? Ich zähle mal die Leichen auf einer Kachel und multipliziere diesen Wert mit der Gesamtanzahl der Fliesen. +/– 22400 tote Eintagsfliegen macht das, nur auf dieser Terrasse. Riesige, dicke Käfer und eine Vogelspinne laufen wie Schneeschieber dazwischen rum und fressen sich satt. Uäh. Wir gewinnen mit dem ultratollen, saftigen Rindfleisch eindeutig den Kulinaristik-Preis.

Männer. Manchmal wär's auch ohne schön ...

Ich persönlich lasse ja lieber fahren, als selbst zu fahren, darum habe ich der 16-jährigen Volontärin erst mal schnell Autofahren beigebracht, damit sie mich in Zukunft herumkutschieren kann. Den ganzen Nachmittag fährt sie mich also vorbildlich auf der Farm herum. Enge Waldstraßen, anhalten an Toren, an einem Gebüsch üben wir einparken, alles einwandfrei. Abends kommen wir an der Scheune an. Da muss sie nur reinfahren und bremsen. Letzteres stellt auf einmal überraschenderweise ein Problem dar. Wie ging das doch gleich? Ungebremst fahren wir über den Parkplatz und durch die Scheune, mitten hinein in die Kutsche von Mini-Rock, dem kleinen Maultier. Im Schwung schieben sich die beiden Anspannleisten der Kutsche durchs Dach und hebeln diverse Dachziegel aus, bevor wir dann endlich zum Stehen kommen. Die Dachziegel zerschellen mit lautem Gepolter auf dem Boden. Auweia! Die Cowboys fischen unten am Fluss und hören Krach. Sie hoffen, wir hätten die doofe Kutsche ein für alle Mal überrollt. Man kann die Volontärin jetzt zwar nicht unbedingt damit trösten, dass Kutschenrammen und Scheunendächerabdecken vielen Leuten bei der ersten Autofahrt passieren, aber so richtig schlimm sind drei kaputte Dachziegel jetzt ja nicht. Und immerhin – trotz aller Peinlichkeit, eine gute »Meine erste Autofahrt«-Geschichte.

Ich und die Autos auf der Farm ... Wenn man sich's mal genau überlegt, habe ich noch gar nicht so viel Mist gebaut: die Reifen, ein paar Mal stecken geblieben und ein paar Kratzer, mehr nicht. Umso ärgerlicher, dass ich diese vollkommen paranoide Panik, ein Auto kaputt zu machen, nicht losbekomme. Kürzlich bin ich in einer Kurve gegen ein Holz gestoßen. Weder schnell noch fest, aber ich meine, hinterher ein komisches Geräusch am Jeep zu hören, das da vorher nicht war. Nicht verrückt machen, Lydia, sage ich mir und bitte Fernando, mal nachzusehen. Nach der Mittagspause komme ich zur Scheune – ein Rad wurde vom Jeep abmontiert, Fernando liegt mit diversen ausgebauten Teilen unterm Auto – das sieht gar nicht gut aus. Er schaut mich mit verbissenem Gesicht an:

»Das gesamte Differential ist kaputt – 4000 R$ Schaden, den Jeep wirst du jetzt erst mal nicht fahren können. Lucas ist stinksauer.« Ich kann es nicht fassen. Meine größte Angst geht in Erfüllung, und nicht wegen des blöden Geldes, sondern weil ich wieder Mist gebaut habe. Dabei will ich doch immer gerne alles richtig machen und niemanden verärgern. Ich verstecke mich unterm Auto.

Lucas kommt vorbeigelaufen: »Das wird richtig teuer.«

»In Zukunft fahre ich nur noch mit der Kutsche, Lucas ...«

»Nee, die hat auch zwei Räder, die machst du auch kaputt. Bleibt dir nur noch das Maultier. Wenn ich du wäre, würde ich heulen.« Und ich brech prompt in Tränen aus.

Am nächsten Tag bin ich immer noch unglücklich, und Carol hat Mitleid: »Das war ein Aprilscherz, Lydia. Gestern war der 1. April! Fernando und Lucas haben dich verarscht. Der Jeep ist nicht kaputt.« Boah. Das ist wirklich und echt gemein. Im Prinzip ja ein virtuoser Aprilscherz – genau meine Schwachstelle genutzt, gut gespielt, Chapeau. Ich hatte Lucas einige Tage vorher erzählt, dass meine Schwester und ich uns am 1. April oft so schlimm hochgenommen haben, dass eine von beiden geheult hat. Vielleicht hätte ich bei meiner Beschreibung deutscher Aprilbräuche nicht das Detail vergessen dürfen, dass der Scherz spätestens mit den Tränen des anderen als gelungen gilt und mit einem »April, April« aufgelöst wird ... Man ey, Männer! Manchmal wär's auch ohne schön ...

Kleiner Ameisenbär, pass auf!

Nönö ... jetzt sind gerade alle Fallen im Feld, heute sollte also mein entspannter Tag sein. Oder so. Beim noch sehr relaxten Frühstück um 6:45 Uhr (!!! eine Stunde später als sonst, ich summe *Probier's mal mit Gemütlichkeit*) erzählt mir Paulo, der

Gärtner, dass hier um die Ecke ein toter Ameisenbär liegt. In der Gegend kommen für die Leiche drei Individuen infrage: Lilli, Adilson und Tao Tao, wobei Letzterer noch sehr jung ist, gerade mal ein Jahr oder so, und daher vermutlich nicht derjenige, der den Löffel abgegeben hat.

Den Kadaver findet man leicht, der liegt wohl schon ein Weilchen, und es stinkt im weiten Umkreis nach Tod. Die Leiche ist von oben aufgerissen und ausgefressen, aber als wir sie umdrehen, ist das Fell auf der unteren Seite noch intakt, sodass ich an der Fellzeichnung sehen kann, welcher Ameisenbär es ist. Seine Größe hatte es mich schon befürchten lassen: Es ist Tao Tao, der Ameisenbärenteenager. Wir singen seit Wochen, immer wenn wir ihn sehen, das Lied von der Pandabärenzeichentrickserie: »... wo alle frei und glücklich sind – ja da lebt Tao Tao. Unser Tao Tao. Kleiner Ameisenbär pass auf, pass gut auf dich und deine Freunde auf ...« Hat er wohl nicht gemacht, der Kleine. Ach Mensch, Tao Tao!

Da der Kadaver noch ganz vollständig ist, wollen wir ihn in einen Plastiksack stecken und vergraben. Löcher in die Tüte, und dann können die Ameisen und Würmer das Fleisch vom Skelett fressen. In einem Jahr gräbt man dann die sauberen Knochen aus. Mit Stöcken versuche ich, den stinkigen Haufen Fell in die Tüte zu bugsieren. Hach herrlich, was für ein Aroma. Schön auch die Fliegen, die vom Kadaver aufbrummen und sich einem dann ins Gesicht setzen. Wir legen die Tüte erst mal hinterm Haus ab, bis eine Schaufel organisiert ist, und duschen rasch vor dem Mittagessen. Meinen freien Vormittag hatte ich mir irgendwie anders vorgestellt. Beim Weg zur Küche drückt was im Schuh, Socken vielleicht verrutscht? Nach einem unbequemen Kilometer schüttle ich den Stiefel mal aus, und es entsteigt eine riesige Spinne, um einige Beine ärmer, ansonsten aber wohlauf. Die Arme ... Erinnert mich an Kathrin letztes Jahr, die irgendwann dachte, sie hätte einen Socken im Hosenbein, und heraus fällt eine Fledermaus. Oder Luisa, bei der im letzten Winter eine Vogelspinne aus dem Pullover marschiert kam.

Momente, in denen einem schlagartig die Absurdität des hiesigen Alltags bewusst wird. So auch, als ich nach der Ameisenbärenbeerdigung in Rock und freizügigem Neckholderoberteil mit einer riesigen, gusseisernen Schaufel über der Schulter die Flugzeuglandebahn entlanggehe ... Bin jetzt erst mal zum Rocktragen verdonnert, weil ich meine einzige saubere Hose mit Ameisenbärenleichensaft besudelt habe. Aus der Scheune winken die Cowboys wohlwollend, und Sandra ruft von der Küche (frei übersetzt) rüber: »Seht mal, die leichtbekleidete Schnalle auf der Landebahn!«

Kein Ameisenbär und ein gutes Gefühl

Es ist heiß, die Sonne sticht, der Fluss lockt, komm, scheiß aufs Kamerafallenbildersortieren – wir gehen baden.

Mit dem Kajak an den Strand paddeln, kopfüber in den kühlen Fluss springen, bis zum Hals im Wasser mit einer Dose Bier in der Hand, gelbe und grüne Schmetterlinge flattern in Wolken herum, meditatives Fotografieren, komplett verloren in mir selbst. Das Wasser läuft vom nassen Bikini meinen Rücken runter. Als ich vom Fluss nach Hause schlendere, bricht sich die Morgensonne an der Bootsanlegestelle im Rauch eines Feuers in einzelne Strahlen. Wie im Märchen – mal wieder ist mit Einhörnern zu rechnen. Das vermisse ich am meisten, wenn ich in Köln bin: diese Schönheit überall im Pantanal, an jeder Ecke, ganz alltäglich, aber nie selbstverständlich. Ich will sie fest in mir abspeichern, immer dabeihaben. Sie in meinem Frontallappen funkeln lassen können, auch wenn sie unerreichbar weit weg ist. Mit diesen Gedanken im Kopf schaue ich auf: Drei Pferde stehen bis zum Bauch im saftig grünen Gras am Rand eines Sees. Schauen träge grasend zu mir rüber. Die Sonne steht warm in ihrem Rücken, lässt die roten Mähnen und die Libellen, die sie umschwirren, leuchten. Nur ein wahlloses Bild, einfach beim Umgucken.

Nachmittags Ameisenbärensuche mit Ricarda und Fernando im Jeepinho. Ein gemütlicher Wohlfühlnachmittag, auch wenn weit und breit keine Ameisenbären in Sicht sind. Dafür aber ihre Kratzbäume. An jeder Ecke, wo ich gerade nach Jahren der erfolglosen Suche dachte, Kratzbäume gäbe es hier im Pantanal einfach nicht. (Nur eine Kuriosität der sozial gestressten Plantagenameisenbären in Nordbrasilien.) Offensichtlich musste ich erst ein Suchschema entwickeln, denn nachdem ich durch Zufall über einen bekratzten Baum gestolpert bin, sehe ich sie auf einmal überall. Vor allem auf einer großen Ebene ganz oben im Norden der Farm, wo kleine Bauminseln in der offenen Grassavanne stehen. In jeder, wirklich jeder, dieser Bauminseln steht ein Ameisenbärenkratzbaum. Vollkommen verrückt. Ich werde wohl mal eine Woche standardisierte Kamerafallenstudie opfern und meine Kamerafallen vor die Kratzbäume hängen müssen. Wenn es mir gelingt, das Markierverhalten in einer Fotoserie zu dokumentieren, wäre das weltweit das erste Mal – der absolute Hammer! Man könnte vielleicht sogar sehen, wer wann und wo kratzt! In Boa Vista hatte ich ja noch keine Kamerafallen – das eröffnet vollkommen neue Möglichkeiten! Aufregend hier im Ameisenbärenforscherwonderland. Übrigens ein gutes Wort für Galgenmännchen. Mark Twain wäre begeistert. Der hat ja einen großartigen Aufsatz zur deutschen Sprache und ihrer Besonderheit, Wörter einfach miteinander zu kombinieren, bis der gewünschte Sinn herauskommt, geschrieben *(The Awful German Language)*.

Im Dunkeln fahren wir zurück nach Hause, Ricarda am Steuer, Fernando leuchtet nach Tieren, und ich lege den Kopf zurück und schaue die Milchstraße und die vorbeidüsenden Glühwürmchen an. Ein paar Witzchen, und ich fühle mich in diesem Augenblick sehr aufgehoben und zu Hause.

Abendessen bei Lucas und Marina. Die kommen gerade aus der Stadt und haben uns als Projektspende Schokolade und Bier mit dem wunderschönen Namen Colônia mitgebracht. Da schmeckt das eher mittelmäßige Bier gleich doppelt so gut. Schön, dass mein Lokalpatriotismus auch hier in Brasilien Unterstützer findet.

Effizienz in Reinform

Nach einer Performance vollendeter Feldarbeit kommen Ricarda und ich pünktlich um 12 Uhr zum Mittagessen vor der Küche vorgefahren. Gut, duschen, frische Klamotten und ein bisschen Zeckensammeln wäre ganz schön gewesen, aber man kann ja nicht alles haben. NATÜRLICH essen wir ausgerechnet heute anstatt hinter der Küche mit den Cowboys, wo es egal ist, wie man rumläuft, vorne im Essensraum mit den Gästen. Klassiker. IMMER wenn man unfassbar dreckig und nach Pferd stinkend zu spät zum Duschen, sozusagen just zum Mittagessen, aus dem Feld in der Küche aufschlägt, dann isst man auf einmal vorne mit den Gästen. Na ja, als Forscher kann man zur Klischeeerfüllung ja auch mal die Freiheit genießen, mit dreckiger Hose zum Essen zu erscheinen. Ricarda singt: »Forscher, die Freiheit nehm ich mir …« Hab ich ja sofort drei Tage als Ohrwurm.

Ich giere während des Essens schon auf die Auswertung der Speicherkarten. Wenn man zum ersten Mal guckt, was im Lauf der Woche fotografiert wurde, ist es jedes Mal, als würde man ein Schatzkästchen öffnen. Besser als jeder Film. Ich kann Stunden damit verbringen zu sehen, wie das heimliche

Leben der Tiere aussieht, wenn sie meinen, sie seien unbeobachtet.

Auf allen Kameras sind diese Woche viele Fotos. Ganz sicher auch viele tolle Tiere. Nur eine scheint ein Schuss in den Ofen gewesen zu sein: nach sieben Tagen nur elf Fotos. Vermutlich zeigen sieben Fotos davon mich, wie ich die Pflanzen vor der Falle weghacke, und die anderen vier einen dämlichen Vogel. Ich schaue genauer hin – nein, da sind Fotos von einem Fuchs drauf ... der Fuchs sieht aber eher nach einer ... Katze aus ... getigerte Beine, ansonsten graubraun ...

»Carol? Ich habe eine Pantanalkatze auf einer meiner Kamerafallen!«

»Ach, so ein Quatsch. Die existiert hier doch gar nicht. Oh ... ja! Äh ... Marina! Lydia hat eine Pantanalkatze auf ihrer Kamera!!«

»Blödsinn. Die gibt's doch gar nicht.«

»Wohl doch ...«

Ja, dass es Pantanalkatzen, auch Pampaskatzen genannt, irgendwie gibt, ist schon belegt. Es gibt auch einige in Zoos, von denen quasi sämtliche existierende Fotos stammen. Und im Emas Nationalpark, mehrere Hundert Kilometer östlich von hier, wurden sie mit Kamerafallen fotografiert. Aber hier? Ab und an behauptet mal jemand, eine gesehen zu haben, aber die Katze sieht einer Hauskatze so ähnlich, dass es immer Verwechslungen sein können. Sozusagen die Nessie des Pantanals. Bei den Fotos unserer Kamera bleibt kein Zweifel. Sie ist es. Einmal nachts und dann noch mal zwei Tage später tagsüber in der Sonne.

Uiuiui. Lucas landet gerade mit seiner Cessna, und ich renne aufgeregt Richtung Landebahn. Er versteckt sich hinter seinem Flugzeug: »Oje, wenn die schon so angerannt kommt, will sie irgendwas ...«

»Rate, was wir auf der Falle haben.«

»Mähnenwolf?«

»Nein.«

»Ich würde ja sagen, Pantanalkatze, aber die gibt es ja gar nicht.«

»Genau die.«

»Ach, so ein Quatsch.«

Aber die Fotos überzeugen auch ihn, wir hüpfen und springen auf der Terrasse rum, und am Ende werde ich belohnt, wie eine brave Deutsche am liebsten belohnt wird: mit einer Palette Bier.

Barack Obama durchkreuzt deutschen Effizienzplan

Eine einzige Kamerafalle wollen wir heute mit den Pferden aufstellen. Das sollte doch klappen. Als wir jedoch an dem See ankommen, in dessen angrenzendem Wald die Falle hängen muss, geht alles rapide den Bach runter. Hier steht nämlich Barack Obama, der weiße Araberhengst, mit seinen Stuten. Der möchte meine Pferdedame spontan in seine Herde integrieren und den Wallach von Ricarda mit Tritten und Imponiergehabe zum Teufel jagen. So eine Aktion hat er bei Lucas schon mal gebracht und ihm einen ziemlich fiesen Tritt ans Bein verpasst. Leider habe ich versäumt, mal zu recherchieren, wie denn das richtige Verhalten in so einem Fall aussieht. Wir galoppieren also davon, der Hengst hinter uns her, ich verliere Hut und Satteltaschen, Ricarda ihr Messer, uns beiden geht der Arsch auf Grundeis. (Der Hengst wirkt derweil vergnügt. Scheint es witzig zu finden, wie die deutschen Biologen da ihren Kram auf den Wiesen verstreuen.) Bis zum nächsten See treibt er uns, am Ende springen wir aus Verzweiflung ab und jagen ihn mit Lärm und großen Gesten davon. Zurückreiten, um unseren Kram zu holen, trauen wir uns nicht. Wir binden die Pferde an und gehen zu Fuß zurück. Totale Demütigung. Unter den belustigten Blicken der Pferdeherde sammeln wir unsere verlorenen Sachen ein. Die dämliche Falle ist tief im Zecken- und Dornenwald des Pantanals:

»Oh Mann, ich hab überall Zecken.«

»Ja, lass uns die nachher absammeln, der Akku vom GPS ist schwach, ohne das finden wir nicht mehr aus dem Wald. Scheiße! 5 Zeckennester! Gib mir mal dein Messer – die muss ich jetzt echt erst abkratzen.«

»Aaaah, Mist – da sind Bienen im Baum, weg hier!«

»Mich beißt irgendwas in den Hintern. Keine Biene. Feuerameise?«

»Große Zecke?«

»Ich glaub, keine Zecke, vielleicht eine von diesen kleinen Wespen …«

Zurück zur Farm müssen wir jetzt einen riesigen Umweg reiten, um nicht wieder am Hengst vorbeizukommen.

Effizienztechnisch war dieser Tag also ein Komplettreinfall. Wir runden ihn abends am Elektrozaun noch ab: Da muss man drüberklettern, um nach Hause zu kommen. Ricarda drückt den Zaun, auf dem ziemlich viele Volt sind, um die Tiere endlich von der Landebahn fernzuhalten, mit einem Plastikstück runter, während ich drüber steige. Gerade bin ich mit einem Bein auf jeder Seite, da bekommt sie doch noch eine gewischt, lässt den Zaun flitschen,und ich bekomme gleich auch noch einen schicken Schlag zwischen die Beine. Aua, aua. Da kann man mal jemanden springen sehen … DAS Quietschen haben jetzt vermutlich auch alle auf der Farm gehört. Die lauten deutschen Biologinnen wieder …

Müde. Sehr müde. 20:45 Uhr, Ricarda liegt schon im Bett. Ihr letzter Abend hier auf der Farm. In weiser Voraussicht haben wir die Abschiedssause schon gestern gemacht, damit sie nicht ganz so mitgenommen auf die Reise geht.

Abschiedssause: Lagerfeuer am See auf der kleinen Halbinsel, dann Übernachtung in den Hängematten im Palmenwald nebenan. Wir beladen also das Auto mit Kochtöpfen, Hängematten, Klappstühlen (was Marina im Vorfeld für Weicheiergedöns hält, gibt uns dann aber absurderweise Feuchttücher als unentbehrliches Utensil mit), Decken, Bier (danke an die Pantanalkatze, die uns diese Palette beschert hat) und Caipiroshka aus Ricardas übrigem Wodka und Limetten aus Fernandos Garten.

Auf der Fahrt zum See kommen uns die Cowboys entgegengeritten. Sie treiben eine Pferdeherde vor sich her, die Lucas auf einer anderen Farm im Pantanal gekauft hat. Seit elf Stunden sitzen sie schon im Sattel, teilweise mussten sie mit den Tieren sogar schwimmen, denn das Wasser steht immer noch hoch in der Landschaft. Jetzt sind Pferde und Menschen gleichermaßen müde und glücklich, fast zu Hause zu sein.

Pünktlich zum Sonnenuntergang ist das Feuerholz gesammelt, das Feuer am Brennen, und die Hängematten baumeln zwischen den Palmen im Wald. Wir stoßen mit der Caipiroshka an, mit Blick auf das Kitschspektakel am Himmel jenseits des Sees vor uns, durch den gerade ein Kaiman schwimmt. Nä, wat herrlisch. Der Tratschflash hält die ganze Nacht, irgendwann um 5 Uhr gehen wir in die Hängematte. Ich brauche ein ganzes Weilchen, um einzuschlafen, denn die Deckenberge, zwischen die ich mich in dieser kalten Nacht kuschele, werfen unter mir Falten, und das kann ich ja gar nicht leiden. Außerdem macht einen dieses vielstimmige Mosquitokonzert vollkommen paranoid. Die sind zwar außerhalb des Mosquitonetzes, das ich um die Hängematte gewickelt habe, so ganz trauen kann ich dem Frieden aber nicht. Stirnlampe an (Mosquito im Netz???), Stirnlampe aus (nee, doch nicht). Stirnlampe an, Stirnlampe aus, Stirnlampe an, Stirnlampe aus, Stirnlampe irgendwo zwischen den Decken verschwunden, da ist dann wenigstens Ruhe im Karton. In Boa Vista habe ich ja oft in der Hängematte geschlafen und auch immer wunderbar, aber vermutlich muss man sich da auch erst mal wieder dran gewöhnen. So finde ich nicht wirklich viel Schlaf, und um 7 Uhr schmeißt mich die Sonne, die gnadenlos durch die Baumwipfel in meine Hängematte scheint, zusammen mit zwei roten, lautstark herummaulenden Aras aus dem Bett. Ich spaziere im Schlafanzug um die Insel, versuche, anhand der Spuren herauszubekommen, welches große Tier irgendwann des Nachts zu uns ins Camp kam und an Ricardas Hängematte geschnüffelt hat. Ist aber schwer zu sagen. Ich finde frische Schweine- und Ozelotspuren, Ricarda meint aber, es wäre hochbeiniger als ein Schwein gewesen. Auf der anderen Seite der Insel sind frische Pumaspuren ... hm ...

Sex auf dem Terrassentisch!

Ich sitz hier seit Tagen am Computer, während draußen die Wildnis tobt und in funkelnd feurigen Farben die Sonne untergeht. Da muss ich mich mit meinen geliebten Alliterationen aufheitern. Morgen muss ein Antrag für Fördergelder fertig sein, und der steht auch nach Tagen der Arbeit noch wie ein riesiger Berg vor mir. Nicht mal Ameisenbären gucken bin ich heute gegangen. Buhuhuuu. Eben funkt Lucas, dass sie schon vier gesehen haben. Ätschibätsch. Ich funke kurz und knapp zurück: »Schweinerei.« Isses ja wohl auch.

Immerhin geht vor mir auf der Terrasse als kleine Zerstreuung der seit gestern tobende Katzenporno weiter. Kater Griso und Farmkatze Merie arbeiten hart am Kinderglück. Aktuell AUF dem Terrassentisch. »Nossa senhora! Sex em cima da mesa!« (Sex auf dem Tisch!), ruft Fernando, als er das sieht, und Köchinnen, Cowboys und Forscher kommen zusammen, um Technik und Durchhaltevermögen zu diskutieren. Griso steht ein wenig unter Leistungsdruck – er ist noch jung, hat noch wenig Erfahrung. Die gesamte Fazenda mutmaßt, er würde es nicht hinbekommen. »Er setzt zu hoch an ...«

»Nein, ich denke, er müsste sie besser halten ...«

»Also, dass sie sich die Stümperei gefallen lässt!«

»... und dann auch noch so häufig!« Der arme Griso rackert sich in der Mitte dieser gut gemeinten Klugscheißerei verzweifelt ab. Sogar die Hokkos, die Hühnervögel mit den bekloppten Locken auf dem Kopf, gackern neugierig vorbei. Ein Fuchs bekundet mit gesträubtem Fell und aufgestelltem Schwanz großes Interesse an Merie und setzt Griso damit zusätzlich unter Druck. Wenn ich es nicht besser wüsste, würde ich mir Sorgen um eine Katze/Fuchs-Hybridisierung machen ...

Danach ein Förderantrag-Prokrastinations-Filmabend in der Hängematte mit Bier und den heiligen, weil streng kontingentierten Doritos. *Somewhere* von Sofia Coppola, der sich vor allem und weitenteils auch ausschließlich durch den äußerst ansprechenden Hauptdarsteller hervortut. Allerdings leide ich nicht, wie die hiesigen Farmkatzen, unter einem Überangebot von Zweisamkeit, schöne Schauspieler möchte ich also eigentlich gar nicht zu sehen bekommen. Das nächste Mal nehme ich mir die gesamte Filmografie von Gérard Depardieu und/oder Didi Hallervorden oder so mit.

Auch schön, wie das mit diesem blöden Antrag letztendlich ausging: Nach Tagen Arbeit hatte ich alles fertig. Nur noch hochladen. Ich bleibe nachts extra beim Gästehaus. Zu dieser

Zeit sollte an diesem Ort das Internet am besten sein. Die Stiftung hat eine superschicke Online-Application, wo man das alles hochladen soll, nur leider scheitert das hiesige Internet schon allein am Aufbau der bunten, feschen und aufwendig gestalteten Internetseite. »Seite nicht verfügbar«. Refresh. »Seite nicht verfügbar«. Refresh. »Seite nicht verfügbar«. Refresh. Seite baut sich auf. Juchhu! Upload. Bääääääääääääääää-ääähhh sagt die Seite eine halbe Stunde lang, dann Error. Datei konnte nicht hochgeladen werden.

Um 1 Uhr nachts gebe ich entnervt auf und tapere Richtung Forscherhaus. Meine Stirnlampe habe ich vergessen, also trage ich meinen Laptop als Laterne vor mir her. Schön auch, dass man die ganze Zeit schon die Vögel keifen hörte, als wäre da ein Raubtier unterwegs. Wenn mich jetzt jemand frisst, soll auf meinem Grabstein stehen: »Die fancy Webseite einer Stiftung hat diese junge Forscherin getötet.«

Am Morgen gehe ich ins Netz, und, wie befürchtet, poppt beim Aufbau der Homepage ein Fenster hoch: »Your Deadline has expired.« Scheiße. Das ganze Geld über die Wupper, die ganze Arbeit umsonst. Halt: Da ist noch ein Button, den man drücken kann: »Would you like to extend it? Yes. – No.« Klick ich doch mal Yes. »Your Deadline has been extended for 30 days.« Träum ich? Nein. Jetzt bin ich Fan. Das ist ja mal das beste Bewerbungsprozedere ever!!!

Ein paar Tage später funktioniert das Satelliten-Internet, das ja schon die letzten Wochen schwer zu wünschen übrig ließ, wieder einwandfrei. Klar, jetzt wo ich keine dringenden Anträge mehr hochladen muss, hat Lucas nach langem Suchen die Fehlerquelle entdeckt. Wir dachten ja, das mangelnde Netz würde wahlweise am Vulkanausbruch in Chile oder dem starken Wind liegen. Ein Funkspruch mit der Nachbarfarm: Bei denen geht's einwandfrei. Liegt also an unserer Technik.

Lucas installiert die Betriebssoftware neu und holt am Ende sogar einen neuen Router. Er ist total verzweifelt: »Ohne Internet können wir hier auf Dauer den Betrieb nicht aufrechterhalten!« Ein letzter Versuch: die Satellitenschüssel. Lucas klettert aufs Dach, während ich unten am Laptop den Datenempfang überwache. Ein überraschtes Keuchen von oben: In der Empfangsröhre der Schüssel hat es sich eine Vogelspinne bequem gemacht. Auch eine dieser Ausreden, die einem am Ende keiner glaubt: »Entschuldigung, ich konnte Ihnen den Förderantrag nicht rechtzeitig zusenden, eine Tarantel hat das Internet blockiert.«

Kaum hat Lucas die Spinne da rausgeräumt, ist das Internet schnell wie nie. Wir vermuten, dass sie dort schon seit Längerem wohnte. Solange sie nur an der Seite saß, ging alles noch einigermaßen, sobald sie sich dann aber in der Mitte breitgemacht hatte: Internetabsturz. Irgendwie eine nette Vorstellung – eine Spinne mit der Macht über eine ganze Farm. Vielleicht ist sie ja ein intrigantes Luder und war sich dessen sogar bewusst: »Was? Lydia muss ihren Förderantrag hochladen? HAHAHAA, dann mach ich mich doch mal so richtig groß und streck die Beine gaaaaaanz lang über den Empfänger, hihihi!«

High Noon im Pantanal: Fernando Eastwood

Die Kameras sind alle im Feld, die Kratzbäume vermessen, der Spendenantrag ist vertagt, ich kann endlich mal wieder einfach so ins Feld gehen. Gut, eigentlich warten Berge von Ameisenbären auf meinem Computer darauf, sortiert zu werden, und eine Tasche mit Zweigen der Kratzbäume will bestimmt werden, aber scheiß drauf. Heute gehe ich mal gemütlich reiten. Nur so zum Spaß, schön in den Sonnenaufgang rein. An der Scheune hampeln massenweise Cowboys durcheinander, Pferde werden eingefangen und mit den für das Pantanal typischen Schaffellsätteln aufgesattelt. Ich vergaß – heute beginnt die große Impfaktion, für die alle 1800 Kühe von Lucas nach und nach aufs Farmgelände getrieben werden müssen, geimpft und anschließend wieder dahin zurückgescheucht, wo sie herkamen. Heute sollen es wohl so um die 200 sein. Hm. Kühe treiben. Nicht unbedingt das, was man sich unter einem gemütlichen Morgenspazierritt vorstellt, aber vielleicht ja auch ganz lustig? Okay, Jungs, ich reite mit euch. Ich binde Lisboa, eine zappelige, schnelle, weiße Stute, vor der Küche an, um noch schnell zu frühstücken. Bald klingen von draußen schon trappelnde Hufe: Die Cowboys ziehen los. Schnell den letzten Schluck Kaffee runterstürzen, das Brot nehm ich mit. Rauf aufs Pferd und mit Honigbrot in der einen und den Zügeln in der anderen Hand hinter den Cowboys herfetzen und aufschließen. Ich muss aufs Klo. Na prima, gerade mal 100 Meter geritten. Gut, dass wir am Forscherhaus vorbeireiten – ich trabe voraus, Pferd an der Tür anbinden, schnell aufs Klo und hinter den Jungs hergaloppieren, die schon beim nächsten Tor angekommen sind. Da herrscht großes, aber schüchternes Amüsement über meinen erleichterten Gesichtsausdruck, als ich um die Ecke biege. Turbopinkeln. Puh ...

An einem meiner Lieblingsorte der Farm biegen wir nach Westen ab. Hier wächst das Gras hüfthoch in leuchtendem Grün, Sonneninseln da, wo das Licht durch die Bäume fällt, dazwischen vereinzelt Palmen. Ich werde nie den Moment vergessen, als ich auf einer dieser Palmen vor fast zwei Jahren meinen ersten Nasenbären gesehen habe. Es wird ein wenig gescherzt, alles sehr leise, entspannt und zurückhaltend. Ich lasse mich zurückfallen, um Fotos zu machen – vor mir Pferdehintern, Strohhüte und bunte T-Shirts im warmen Licht. Einige der Cowboys haben sich Zigaretten angezündet und paffen gemütlich vor sich hin. Lisboa zappelt heiter unter mir herum, was jegliche Versuche für ein unverwackeltes Foto sabotiert. Na, dann eben nicht.

Wir reiten über die Nachbarfarm, weil das kürzer ist. Hier war ich noch nie. Als würde in einem Computerspiel ein neues Level aufklappen. Oben in der offenen Landschaft aus Grassavanne und Seen mit den langen Reihen von hoch aufgewachsenen Carandá-Palmen sollen die Kühe eingesammelt werden. Unsere Strohhüte werden übrigens aus den getrockneten Blättern dieser Palmen gemacht.

Eine große Runde reiten wir hier, die Cowboys teilen sich immer wieder auf, verschwinden hinter Wäldern, und dann brechen plötzlich unter johlendem Schreien, dumpfem Muhen und Hufgetrommel einige Kühe aus den Zweigen, ein Cowboy mit hochgerissenem Arm hinterher. Langsam ziehen sich auf diese Weise die Einzeltiere zu einer Herde zusammen. Ich reite mit dem dicken Nachbar-Cowboy einige Seen und Wälder ab. Wegducken zwischen Palmwedeln. Sein breiter Rücken auf dem weißen Maultier vor mir, ein langes, gewundenes Rinderhorn hängt über seiner Schulter. Dieses Instrument bläst er zur Verständigung unter den Cowboys und auch zum Kühejagen.

Irgendwann ist es so weit: Alle Kühe sind in einer Nische des Geheges zusammengetrieben, wir blockieren die Fluchtwege. Fernando bekommt einen wiehernden Lachkrampf wegen meiner Reitkünste, als ich gerade mit meinem Pferd, beim Versuch zu fotografieren, diagonal von der geplanten Reitrichtung davonzappele. »Oi Lí-di-a.«

»Oi Fer-nan-do.« Ich weiß gar nicht, wohin die Kühe gleich laufen sollen, wähne mich in einer guten Position, nicht mitten im Getümmel zu landen, dann geht es schon los – irgendwie hab ich den Startschuss verpasst. Die Kühe rauschen an mir vorbei, Cowboys schwingen Ketten und Peitschen, sie schreien,

Kühe blöken, und dann brechen welche aus, die Cowboys hinterher und ich, immer noch überrascht, und dann doch auf einmal mittendrin im Durcheinander. Ich bewege mein dankbares Pferd zu einem Hechtsprung in Richtung Zaun. Jetzt jagen Cowboys irgendwo weit drüben in der großen Ebene ausgebrochenen Kühen hinterher. Wir stehen um den Rest der Herde rum, um weiteres Durcheinander zu verhindern. Hm, das war vermutlich irgendwie anders geplant. Sie schleifen die Kühe und Kälber einzeln an Lassos zurück zur Herde. Dauert ziemlich lang. Kann ich, die ich ja doof war und ausgerechnet heute meine Sonnencreme vergessen habe, mich ja mal ein wenig in den Schatten stellen und mir das Spektakel in Ruhe anschauen. Zappel, zappel macht es dabei unter meinem Hintern. Still stehen ist nicht so nach Lisboas Geschmack.

Die Jungs, mit denen ich jeden Tag zu Mittag esse und rumscherze, jagen jetzt in kompletter Cowboymontur über die Ebene und erscheinen mir ziemlich fremd. Schöne Oberarme, muss man ihnen lassen. Ich bin ja dem Cowboycharme gegenüber Gott sei Dank vollkommen immun, im Gegensatz zu einigen europäischen Damen, die hier als Gäste auf der Farm waren. Aber jetzt sieht das schon ansprechend aus. Muss ich zugeben. Beeindruckend, was die können – der drahtige, alte, kleine Paulo reitet wie ein Teufel hinter den Ausbrechern her. Aber auch Fernando überrascht mich mit seinen Reitkünsten und sieht irgendwie fremd aus – so richtig Cowboy halt. Die Schreie, das Knallen der Peitschen und Lassos, die weißen Kühe mit den großen schwarzen Augen, das goldene Gras, die hohen Palmen, das gelbe Licht und die bunten Schaffellsättel – Wilder Westen par exellence. Irgendwann dann sind endlich alle Kühe zusammen und in geordneter Formation; ganz langsam setzen sich Hunderte Tiere, kontrolliert von vielleicht fünfzehn Menschen, in Bewegung. Wirklich beeindruckend, jetzt bleiben sie wie von Geisterhand zusammen. Orientierung bekommen die Kühe vor allem durch die regelmäßigen, monotonen Rufe der Cowboys. Ha, Lärm machen kann ich auch. Hier und da stippt mal eine Kuh aus der Formation, dann ist schon ein Cowboy da und sorgt dafür, dass sie sich zurück in die Herde drängelt. Macht total Spaß, wie ein Geduldspiel. Auch ich galoppiere einige Male hinter einem Ausbrecherkalb her und mache mich nützlich. Hihi ...

Ganz konzentriert bin ich in der Kuhscheucherei, totaler Flow. Ein Cowboy kommt an mir vorbeigaloppiert, ebenso vertieft, da schauen wir uns an, ein Moment des Erkennens, wir halten kurz die Pferde an: »Oi Lí-di-a.«

»Oi Fer-nan-do!« Und jeder trabt wieder in unterschiedliche Richtungen davon, er verschwindet im Staub. Den gibt es jetzt zur Genüge, denn alle Kühe müssen durch einen von Palmen überdachten, schmalen, sandigen Korridor getrieben werden. Alle Geräusche klingen gedämpft – das Kettenrasseln, unsere Schreie, das Muhen der Kühe. Nur noch schemenhaft kann man die Cowboys und die einzelnen Tiere im aufgewirbelten Staub erkennen. Ein Königreich für eine Nasenreinigung – würde sich mal so richtig lohnen. Als sich der Staub lichtet, reiten wir gerade auf einen großen See zu. Da müssen wir durch, die Kühe sind größtenteils schon drin, mit langsamen Bewegungen durchpflügen sie das Wasser. Das ist ganz schön tief, ich stelle meine Füße vor mich auf den Sattel. Für die Cowboys ist das wohl zu uncool, lassen alle ihre Beine hängen, bis zum Oberschenkel im Wasser. Na ja. Bin ich halt uncool. Habe da als Mädchen wohl Narrenfreiheit. Alle lachen und Daumen hoch, als ich so vorbeigeritten komme. Ist auch ganz angenehm, die Beine mal zu schließen. Jetzt sitze ich schon seit Stunden im Sattel – kein Problem, bin ja mittlerweile trainiert, ein bisschen Beinsperre bekomm ich aber trotzdem immer noch. Ich schaue mir die Cowboys an, wie sie so breitbeinig auf ihren komischen Fellsätteln sitzen, und frage mich, ob die Physiologie Männer für den Cowboyberuf bevorteilt. Über uns ziehen witzige Wolken, aus denen es regnet, aber weil es ganz heiß ist und die Sonne scheint, verdunstet das Wasser direkt wieder in der Luft und kommt nie unten an.

Nach sieben Stunden kommen wir durch das Tor zurück auf die Fazenda Barranco Alto, und ich entscheide vorauszureiten – das sind jetzt noch 10 Minuten maximal, die Fazenda ist quasi um die Ecke. Die Kühe müssen nur noch fix durch so einen Korridor wie vorhin getrieben werden. Ich geh schon mal mein Pferd abduschen, bevor alle den Wasserschlauch benutzen wollen, und mache mir Mittagessen in der Mikrowelle warm, bevor sich alle vor der Mikrowelle drängen. Dann esse ich schon mal, bevor es zu wenig Stühle für all die Cowboys gibt.

Hm ... also ICH bin ja jetzt schon eine Stunde wieder zu Hause. Sollten die anderen nicht zehn Minuten nach mir kommen? Wo bleiben die denn??? Im Wald hinter unseren Häusern hört man jetzt schon eine halbe Ewigkeit Muhen, Johlen und Peitschenknallen, und ich sehe eine Staubwolke, aber weder Kühe noch zugehörige Pantaneiros. Rico, der Volontär aus der Schweiz, der (sehr zur Freude der Küchenmädels) mit komplett zerrissenem Hemd nach Hause gekommen ist, berichtet, dass der letzte Waldabschnitt wohl ein Albtraum war. Die Kühe haben alle versucht, sich durchs Gebüsch zum Wasser durchzuquetschen und sind, wenn sie Erfolg hatten, orientierungslos im See herumgepaddelt.

Gut, dass ich früher gegangen bin. Not my job. Ich bin so schon müde. Nönööö, das war ja mein entspannter Vormittag. Nachmittags fahre ich ausnahmsweise mal nicht mit den Touristen ins Feld zum Ameisenbärensuchen. Lieber bleibe ich mit meinen Bestimmungsbüchern und der Tasche mit noch zu bestimmenden Kratzbaumzweigen in der Hängematte. Haaach, ein eiskaltes Guaraná, sozusagen die Cola Brasiliens. Chiquinho, die Farmkatze, kuschelt sich wie jeden Mittag auf meinen Bauch, schnurrt und schwitzt sich da mit der Zeit schön fest. Da kommt das Touristenauto inklusive Lucas und stellt sich direkt vor meiner Hängematte auf, um die tierische Nachbarschaft zu fotografieren: die Buntfalken, die Nandaysittiche, das Gürteltier, die Wasserschweine und was eben sonst auch immer um meine Hängematte rumhampelt. Gut, dass ich hier liegen geblieben bin, ich scheine ja ganz offensichtlich nichts zu verpassen.

Irgendwann kommt Ana, die hier die Riesenotterstudie macht, vom Fluss zurück. Sie geht immer vor Sonnenaufgang los und kommt dann abends so gegen 6 Uhr zurück. Den ganzen Tag bleibt sie auf dem Fluss. Jetzt sitzen wir im Forscherhaus zusammen, hören Musik und entwerfen Tiere und Bilder, die wir im Forscherhaus an die Wand malen wollen. Zur Abendessenszeit packen wir Scheinwerfer, Nachtsichtgerät, Tonrekorder zusammen, denn wir wollen noch ein paar Stunden auf den Fluss, um Riesenotter und möglicherweise den Jaguar zu beobachten. Ana hat nämlich immer riesiges Jaguar-Glück: Während hier im Pantanal Berge von Touristen hoffen und suchen und am Ende ohne Katzensichtung, aber mit einem T-Shirt, auf dem steht »Ich war im Pantanal, und der Jaguar hat mich gesehen« nach Hause fahren, sieht Ana ständig Jaguare. Quasi an jeder Ecke. So häufig, dass sie immer eine Karnevalströte dabeihat, um sie zu verscheuchen. DAS sind mal Luxusprobleme ...

Auf dem Weg zum Essen finde ich einen riiiiiesigen Käfer. Wirklich ganz schön groß. Oh, guck mal, Ana, wie schön. Ich hebe ihn natürlich auf und lasse ihn auf meiner Hand laufen. Süß. Wie er da meinen Arm hochklettert. »Na gut, ich setz dich wieder auf ein Blatt ... he, lass los!« Wir lernen: Große Käfer haben große Füße mit großen Krallen, mit denen sie sich SEHR gut festhalten können. Habe ich jetzt also ein neues Armband ... Der Käfer reitet mit mir rüber in die Pousada zum

Essen, große Aufregung bei den Touristen: »Are you okay?« Klar, irgendwann wird er wohl wieder loslassen, der Gute. Eine halbe Stunde später und mit Hilfe eines Stocks ist es dann auch vollbracht. Arm total zerkratzt. Na prima. Jetzt kann es dann aber immerhin zum Fluss gehen. Eigentlich sind Riesenotter als ausschließlich tagaktiv bekannt, Ana hat jetzt aber mithilfe von Kamerafallen zeigen können, dass sie ab und an auch nachts jagen gehen. Also versuchen wir Riesenotter bei Nacht zu sehen. Und Sterne. Nicolas und Guillaume, zwei Astrophysiker von einer Sternwarte in Chile, sind gerade Gäste auf der Farm und kommen mit. Da die Riesenotter auf sich warten lassen, erklärt mir Guillaume leise flüsternd die Sternenbilder. Mit dem Fernglas kann man Galaxien und Sternenhaufen und die Magellansche Wolke erkennen. Ab und an hört man einen Otter im Bau in der Uferböschung piepen, aber raus kommen sie nicht. Egal. Fantastisch, unter diesem großen Sternenhimmel im Boot zu treiben. Manchmal plätschert es, weil ein Fisch mit dem Schwanz aufs Wasser schlägt, oder ein Kaiman lässt ein kurzes, raues Grollen hören. Um 22 Uhr ist die zuständige Otterforscherin bereits eingenickt, die nichtzuständige Ameisenbärenforscherin ebenfalls, und wir entscheiden, nach Hause zu fahren.

So. Mal wieder ein halber Roman an einem Tag.

Ein buntes Forscherhaus

Endlich sind die Farben aus der Stadt gekommen, um das Forscherhaus bunt anzumalen. Eine Auftragsarbeit, für die ich einen Teil meiner Miete, die ich hier auf der Farm zahle, gutgeschrieben bekomme. Geht aber erst mal schleppend los mit meiner Malerei – keine Töpfe zum Farbeanrühren, keine Rührstäbe, keine Malerfolie ... Ich fahr mal flott zum Baumarkt, höhö. Am Ende hilft mir die halbe Farm, das nötige Equipment zusammenzutragen. Ich improvisiere aus alten Waschmittelflaschen, Pappbechern, Mülltüten, was ich so brauche. Stöcke zum Umrühren schneide ich mit der Machete vom nächstgelegenen Baum. Den Zimmermannsbleistift zum Anzeichnen spitze ich ebenfalls mit der überdimensionierten Machete. Merke: Ein großes Messer ersetzt in der Wildnis den Baumarkt.

Laute Musik, meine vollkommen zerrissene Hose, die ich schon wegschmeißen wollte, noch mal so richtig einsauen. Ich überrasche mich selbst, wie schnell ich einen Ameisenbären neben die Tür gemalt habe. Ist einfach so aus dem Pinsel gelaufen. Die Cowboys kommen vom Kuhtreiben am Haus vorbeigeritten. Lachen und Daumen hoch – oh cool, ein Ameisenbär! Fünfzehn Pantaneiros sollten heute 700 Kühe einholen. Man weiß ja nicht, was passiert ist, aber jetzt kommen sie mit exakt einer am Forscherhaus vorbeigeritten. Die restlichen 699 scheinen auf dem Weg irgendwie verloren gegangen zu sein … hm … kann ja nicht jeder so effizient sein wie ich gerade …

Tapir Chantal zu malen ist dann schon schwieriger. Sie möchte in Relation zum Ameisenbären irgendwie nicht die richtigen Größenverhältnisse annehmen. Am Ende lass ich ihr ihren Willen – ist sie halt klein. Ramona kommt vom Nachbarhaus rüber, lehnt sich gemütlich an einen Pfosten und guckt zu. Ein kleiner Plausch, von drüben hört man das Muhen und das Gepolter der Kuhimpfaktion und das Johlen der Cowboys beim Viehtreiben, dazu läuft BAP auf meinem Laptop. Mindestens vier verschiedene Universen auf einer Terrasse. Ich male einen See und einen Baum am Ufer. Edson kommt auf dem Nachhauseweg vom Küheimpfen am Forscherhaus vorbei. Schaut kritisch die neuesten Entwicklungen der Malaktion an. »Ganz schön trocken dein Baum, dafür dass er am See steht.«

Jahaaaa, da sollen morgen doch noch Blätter dran. Ich habe

Emilia und Leticia, Lucas' Kinder, zum Malen eingeladen. Dachte erst, die könnten ja dann die nervige Aufgabe des Blättermalens übernehmen. Ist aber ein Denkfehler, denn Kinder sind klein und Bäume hoch. Muss ich das wohl doch selbst machen … Die beiden Mädels kommen trotzdem zum Malen nach dem Frühstück zum Forscherhaus, sie sind nicht besonders ausgeschlafen, denn die Nacht war ereignisreich: Emilia hatte den Elfen des Pantanals einen Brief geschrieben, in dem sie sie um ein Treffen gebeten hatte. DASS die Elfen existieren, steht nicht zur Debatte, nur gesehen hat man sie noch nie, das soll jetzt also mal erledigt werden. Der gefaltete rote Zettel in Herzform lag auf der Terrasse zur Abholung für die Elfen bereit. Bis zum Abend lag er aber immer noch da, und obwohl Emilia bis spät auf Antwort wartet, kommt keine Reaktion. Nachts findet Marina das weinende Kind im Hausflur und muss trösten. Morgens dann endlich ein Palmblatt vor der Tür und darunter die Antwort: So gerne sich die Elfen mit Emilia treffen würden, es geht leider nicht, denn wenn ein Mensch eine Elfe sieht, stirbt diese sofort. Das ist natürlich einleuchtend. Immerhin versprechen sie, irgendwo ein geheimes Zeichen für die Mädchen zu hinterlassen. Als die beiden jetzt zum Forscherhaus kommen, muss ich ihnen gleich die Sensation zeigen: Irgendjemand hat über Nacht eine kleine Elfe an die Hauswand gemalt! Wer das wohl war??? »Edson, hast du da die kleine Elfe mit dem hellblauen Kleid und den pinken Flügeln auf die Wand gemalt?« Edson steht vor dem Nachbarhaus und flechtet ein neues Lasso. Mehr als einen grimmigen, verständnislosen Blick hat er nicht für uns übrig. Die Mädels gucken mich entgeistert an: Edson? Pfff, vollkommen abwegig. Ist doch klar, wer das war: die Elfen des Pantanals! Das ist das versprochene Zeichen! Sie müssen über Nacht mit ganz kleinen Pinseln gekommen sein. Na gut, dann wäre das ja auch geklärt.

Also kann jetzt dann auch mit der Malerei begonnen werden. Zu dritt geht alles ganz schnell, ruck, zuck steht ein Jabirustorch im See und ein Tucan auf dem Baum. Nach dem Mittagessen kann ich leider nicht wie geplant noch Augen und Details hinzufügen, denn mitten im Essen rennt ein Ameisenbär im gestreckten Galopp am Gästehaus vorbei. Wer ist es??? Lasse den Pudding links liegen und renne in Rock und Flip-Flops hinterher. Er ist leider in der Minute, die ich gebraucht habe, um meine Kamera zu schnappen, so schnell verschwunden, wie er vorher aufgetaucht ist. Dabei kommt nur ein winziges Waldfleckchen als Versteck infrage. Ich glaube ja, dass Ameisenbären sich hin und wieder dematerialisieren und/oder sich zwischen verschiedenen Universen bewegen können.

Für mich bitte etwas weniger Fallhöhe!

Aufgeregt parke ich das Auto im Schatten, die gerade gesammelten Kamerafallen habe ich wie ein Biberjäger seine Beute in einem großen Bündel in der Hand. Diese Fallen hatte ich in den letzten Tagen vor zehn der neu entdeckten Ameisenbärenkratzbäume installiert, und jetzt wird sich zeigen, ob sie einen Bären beim Markieren aufgenommen haben. Ich bin soooo aufgeregt!!! Das wäre eine wissenschaftliche Sensation! Den Laptop habe ich mitgenommen, um jetzt SOFORT die Speicherkarten mit den Fotoaufnahmen checken zu können. Sonst würde ich platzen vor Spannung und Neugier.

Mal sehen, ich klicke mich mit zitternden Fingern durch die Fotos der ersten Kamerafalle. Da läuft ständig ein Puma vorbei, weit und breit kein Ameisenbär, und ich bekomme Angst: Sind es am Ende »nur« Pumakratzbäume? Das wäre zwar auch interessant, aber ich mache hier nun mal eine Ameisenbärenstudie, und langsam nerven mich die Pumas mit ihrem Geltungsbedürfnis. An jeder Ecke sind die. Dann die Fotos der nächsten Kratzbäume und tatsächlich!!! An vier von zehn Bäumen klettern Ameisenbären hoch und markieren, an dreien stellen sie sich aufrecht und kratzen, und an den restlichen wird geschnüffelt. Ich glaube, das ist das erste Mal, dass ich im Feld vor Freude schreie. Das sind die aller-, allerersten guten Fotos, die es von einem baumbekratzenden Ameisenbären überhaupt gibt. Weltpremiere!!! Vom Ast über mir pöbelt eine Blaustirnamazone wegen meines Rumgejohles, und ein dünnhäutiges Wasserschwein bellt einmal anklagend und unmotiviert im nächsten See.

Noch vollkommen außer mir fahre ich weiter, die Kamerafallen gleich wieder aufstellen, diesmal schön brav an den vorgegebenen Positionspunkten zur standardisierten Biodiversitätsstudie. Die Positionen sind in einem sehr abgelegenen Teil der Farm. Das komplizierte, schwergängige Drahttor dorthin zu öffnen ist schon ein Kampf an sich, das Schließen noch viel schlimmer, und am Ende bleibt ein gutes Stück meines Daumens zwischen Draht und Holz hängen, und ich blute mich ein wenig voll. Prima. Dann geht es offroad in hohe Pflanzen, Matsch und Baumstümpfe. Meine irrationale Panik, das Auto kaputt zu machen oder stecken zu bleiben, schraubt sich höher und höher, um dann, als die Reifen auf einmal durchdrehen, in einer riesigen Angstwelle zu gipfeln. Ich weiß auch nicht – in meinem Leben habe ich nie solche Panik gehabt wie hier, mit Lucas' Autos. Vollkommen übertrieben, aber nicht regulierbar. Bescheuert. Da hample ich weitestgehend angstfrei in irgendwelchen Wäldern zwischen Jaguaren und Nabelschweinen rum, und wenn ein Ast leicht am Auto entlangschabt (was im pantanesischen Nirgendwo unvermeidbar ist), bleibt mir das Herz stehen.

Mittlerweile bin ich ja auch kein offroad Fahranfänger mehr und komme auch jetzt selber wieder raus. Im Prinzip ist die ganze Aufregung umsonst, trotzdem klopft mir das Herz bis zum Hals, unter meiner Kopfhaut prickelt es, und meine Finger zittern so sehr, dass ich die Settings bei der Kamerafalle überhaupt nicht mehr eingestellt bekomme. Im Zuge meines Ärgers streift mein Blick die Tankanzeige ... oh ... Zehn Kilometer von der Farm entfernt, und der Zeiger ist ja bereits quasi unterm Roten. Ja gut, äh, dann fahr ich doch mal heim ...

Gerade habe ich die schwierige Gegend hinter mich gebracht, jetzt nur noch ein paar Meter den Zaun entlang, da bleib ich an ebendiesem hängen. Fahre rückwärts, um freizukommen (ich Tapir), und reiße prompt den Kotflügel ab. Och manno. Das ist doch echt scheiße! Ich kann mich und mein Herz erst wieder beruhigen, als ich mit dem letzten Tropfen Benzin niedergeschlagen in die Scheune getuckert komme. Melde bei Fernando die Benzinknappheit an, und jetzt kommt noch die Kotflügelbeichte an Lucas ...

Nachmittags eine Mädchentour mit dem (jetzt kotflügellosen) Jeep: Guide Carol, ich und eine Touristin. Die heißt Claudia, ist supernett, klein, blond und drahtig und vom Temperament her eine explosive kulturelle Mischung: Der Vater ist Brasilianer, die Mutter Deutsche, und leben tut sie in Italien. Carol fährt, Claudia auf dem Beifahrersitz, ich habe mir sehr schlau einen Klappstuhl hinten auf die Ladefläche gestellt. Da thront man dann in erhöhter Sitzposition und kommt sich papstig vor. Muss die ganze Zeit den klerikalen Winkreflex unterdrücken. Vorbei an den Cowboys, die immer noch mit viel Bohei die Kühe impfen und sich köstlich über meine Klappstuhlkonstruktion amüsieren. Okay, jetzt halt ich's nicht mehr aus und muss doch mal kurz den Miss-America-Wave einsetzen.

Die Chancen für den Puma stehen nicht schlecht: Claudia ist zwar erst den dritten Tag da, hat aber schon Riesenotter,

Flussotter, eine Anakonda, Ameisenbären, Nasenbären sowie ein Gürteltier gesehen. Ist also kein Kaltfuß. Kaltfüße nennen wir Leute, die einfach Pech mit der Sichtung von Tieren haben. Mit denen fährt man manchmal tagelang durch die Landschaft, sucht und sucht und sieht einfach nichts, während die Gäste im anderen Safariauto massenweise tolle Tiere vor die Linse kriegen. Claudia ist ganz offensichtlich eher ein Heiß- als ein Kaltfuß, und ihr fehlen jetzt noch Pumas und Tapire im Repertoire. Na gut, dann suchen wir die mal, ist aber trotz heißen Füßen eine ziemliche Herausforderung: Pumas sind generell schwer zu sehen, Tapire wurden in anderen Jahren recht häufig gesichtet, in diesem Jahr aber kaum. Hach, würde ich gerne mal wieder einen sehen. Mit ihrer freundlichen, gemütlichen Melancholie sind das neben Ameisenbären die einzigen Tiere, die ich nach einiger Zeit wirklich anfange zu vermissen. Also wenn ich zwischen Tapir- und Pumasichtung wählen müsste, würde ich mich heute für eine Tapirsichtung entscheiden.

»NIEMALS!«, insistiert Carol. »Nichts geht über die Magie einer Großkatzensichtung!«. So biegen wir immer noch diskutierend um die Ecke, und ich kralle mich in Carols Schulter – ein Tapir! Wir steigen vom Auto und nähern uns zu Fuß. Er läuft ganz enspannt im Abendlicht an uns vorbei, watet in den See, kackt mal ordentlich, spaziert wieder raus und gemütlich am Waldrand entlang. Hach, toll. Am Nachbarsee brechen die Wasserschweine auf einmal in helle Panik aus und bellen, als würde es um ihr Leben gehen. Geht es um ihr Leben? Ein Puma? Fahren ein Stück und schleichen die letzten Meter durchs Gebüsch. Die Wasserschweine stehen im See und starren auf einen Punkt am Ufer. Wir starren da jetzt auch mit unseren Ferngläsern hin, können aber nichts erkennen.

Im Gras vor uns sitzt ein Fuchs mit gespitzten Ohren und schaut uns aufmerksam an. Sehr spitze Ohren. Irgendwie sieht der komisch aus. Ich nehme das Fernglas runter und schaue genauer hin ... hups ... äh, Carol, zehn Meter vor uns sitzt der Puma!

»Wo?«, flüstert sie, sucht weiter mit dem Fernglas.

»Zehn Meter, Carol!!! Direkt vor uns! Du brauchst kein Fernglas!!!«

Dann entdeckt sie ihn auch: »Ach du Scheiße!«

Der Puma, ein Jungtier mit blasser Zeichnung im Gesicht, duckt sich und beginnt auf uns zuzugehen, vermutlich eher aus Neugier als aus Angriffslust. Trotzdem, sicher ist sicher. Wir gehen rückwärts zum Jeep, steigen ein, und der Puma läuft direkt vor unserem Auto vorbei, ganz entspannt und langsam mit neugierigen Seitenblicken. Wir beobachten ihn noch eine ganze Weile, bevor er im weiten Grasland verschwindet. Okay, Carol, ich gebe zu, DAS war jetzt wirklich magisch.

Als ich abends nach Hause komme, muss ich erst mal die ganze Geschichte Lucas und Marina erzählen. Lucas läuft im Haus rum, kommt irgendwann zurück – »Erzählst du etwa immer noch die Pumageschichte???«

»Ja, Lucas, das tu ich, war ja auch spektakulär.«

»Ja, ach Mann, ich bin ja nur neidisch ...«

Ha! Das kann er wohl sein.

Ach ja: Meine Heimreise ist geritzt, und ich bin sogar noch zum Festa Junina hier. Das Festa Junina ist ein großes Winterfest hier auf der Farm mit Feuer, Grill, Theater und komischen Frisuren. Ich fürchtete schon, ich würde aus organisatorischen Gründen vorher abreisen müssen. Das wäre echt eine Katastrophe gewesen! Ich bin doch schon für das Theaterstück eingeteilt! Und es gibt wieder gegrillten Büffel! Und man tanzt komisch mit fragwürdigen Tanzpartnern im Kreis! Ein großes Vergnügen! Aber das Fest ist nur zwei Tage, bevor mein Deutschland-Flug in Salvador abfliegt. Knapp, um aus dem Niemandsland dort hinzukommen. Einzige Chance: eine GARANTIERTE Mitfahrgelegenheit am frühen Morgen nach dem Fest. Garantiert – im Pantanal ... hahahahahahahahahaaaaa!

Marina findet, dass es ja mal ÜBERHAUPT nicht infrage kommt, dass ich nicht beim Fest da bin. Ihre Lösung: Ich kann mit dem Lieferwagen, der die Musiker am nächsten Morgen zurück in die Stadt bringt, nach Aquidauana fahren (ich habe irgendwie das Bild eines Pick-ups mit einer spielenden Band auf der Ladefläche im Kopf, der durch das Pantanal rumpelt ...). Und SOLLTEN die nicht fahren, würde sie mich PERSÖNLICH in die Stadt kutschieren. Juchhuuuuu! Lucas hat schon gesagt, er gibt mir Rindfleisch für meinen NEUEN PINKEN Kugelgrill mit nach Deutschland. Ich pack noch Limetten von Fernandos Baum ein und dann gibt es zwei Möglichkeiten:

A: Wir machen auf meinem Balkon in Köln nach meiner Rückkehr sauleckeres original Fazenda Barranco Alto-Rindfleisch und trinken dazu original Fazenda Barranco Alto-Caipirinha oder

B: ich ende nach einer Zollkontrolle wegen des Zeugs im brasilianischen Knast, wo es laut einem Bekannten aber auch Grillfleisch und Nutten in rauhen Mengen gibt. Nehm ich das Fleisch, die Nutten kann wer anders haben. Bin ich ja großzügig.

Stichtag

Die letzten Tage im Pantanal – heute muss ich alle Kamerafallen einsammeln, damit noch genügend Zeit bleibt, die Akkus zu laden. Werde die Fallen nämlich, während ich in Deutschland bin, hier vor den Kratzbäumen hängen lassen. Auf die Speicherkarten passen 14000 Bilder, und die Akkus sollten trotz der tausend neugierigen Kühe, die nichts lieber tun, als quer über meine Geräte zu sabbern, hoffentlich mehrere Monate durchhalten.

Heute ist also Stichtag. Wie sich zeigt: Leider nicht nur, was das Einsammeln der Kamerafallen betrifft, es scheint auch ein Dartturnier der Arthropodengemeinschaften auf dem gesamten Farmgelände stattzufinden: Den Startschuss machen die Ameisen, die, vermutlich ob ihrer geringen Größe, als Mannschaft antreten. Ich fahre unter einem Palmblatt durch und lade mir erst mal eine ordentliche Portion davon in den BH.

Herzlich Willkommen, die Damen und Herren, jeder mal so fest beißen, stechen und Säure rumspritzen, wie geht. Drei hätten bei einem wirklichen Dartspiel mit ihrer Treffsicherheit volle Punktzahl. Ihr wisst, was ich meine ... Schön. Bei einer Falle im Wald tritt der nächste Pokalanwärter an – eine riesige Zecke schraubt sich in die Wade. Weniger zielsicher, dafür durchaus effektvoll. Nächste Runde, wieder mit höherer Trefferquote, beißt mich eine Spinne. Diesmal im anderen BH-Körbchen. Premiere! Spinnenbisse hatte ich bisher noch nicht. Später sticht mich was ordentlich in die Hand, da der Stachel noch steckt und pumpt, kann man wohl auf Biene tippen. Also leg ich mal einen kurzen Sprint ein, bevor ihre Freunde auch mitspielen wollen.

Meiner Hand war wohl langweilig in der Mittagshitze, kommt ihr so ein Stich gerade recht, einfach mal lustig anschwellen. Die drei Kilometer zu Fuß zur Falle und wieder zurück drohten gerade öde zu werden, jetzt kann ich meiner Hand beim Dickwerden zugucken, da vergeht die Zeit viel schneller. Werde nachher mit Marina eine Selbsthilfegruppe gründen, die wurde gestern von einer Wespe gestochen und hat jetzt eine Hand wie eine Putte. Aber da fällt meiner Hand wohl auf, dass die Show doch etwas übertrieben ist, und sie schwillt ruck, zuck wieder ab. Dafür ein Zeckennest auf dem Hosenbein. Noch ein paar Mosquitostiche im Nacken, und später beim Absammeln finde ich dann noch eine Zecke, die sich aber so was von zielsicher festgebissen hat. Ich überreiche ihr den Pokal, bevor ich sie halbiere und im Klo runterspüle. Ob der Massen an Insekten, Spinnen, getrockneten Blättern, Blüten, Ästen, Rinde usw., die vor dem Duschen aus meinem Ausschnitt fallen, überlege ich, das PhD-Thema zu wechseln oder gleich eine zweite Doktorarbeit zu initiieren: »Biodiversität und Abundanz der Arthropodengemeinschaften im südlichen Pantanal.« *Material und Methoden: Zur zufälligen Beprobung der hiesigen Arthropodengemeinschaften wurde ein handelsüblicher Büstenhalter benutzt. Dieser diente im großräumigen Dekolleté einer mitteleuropäischen Promotionsstudentin als Fangvorrichtung für Insekten und Spinnen, die mit einer mittleren Geschwindigkeit von 20 km/h aus ihren Habitanten dort hineinfielen.*

Wie auch immer. Ich habe überlebt, und die Fallen sind eingesammelt, das Auto ist noch am Stück, und ich bin NICHT stecken geblieben.

Die Ruhe vor dem Sturm

Der vorletzte Morgen, bevor ich zurück nach Deutschland fliege. Honigbrot, Kaffee, und vor der Terrasse dampft der See in den ersten Sonnenstrahlen. Im Papayabaum kämpfen die Krähen um eine angebissene Papaya, und auf meinem Schoß schnurrt Chiquinho nach einer kalten Winternacht. Carol singt mir ein Kinderlied vor, und die Köchinnen kichern über den letzten, nicht ganz jugendfreien Tratsch. Und über mich. Ich habe nämlich gerade noch Wäsche in die Maschine gesteckt. Auf den letzten Drücker, klar ... War alles dreckig, ich hätte sonst nackt fliegen müssen. Wir stellen uns vor, wie in den brasilianischen Nachrichten die Meldung kommt: »Skandal! Deutsche Biologin nackt im Flugzeug!« Hihi ... erst mal noch einen

Kaffee, man sollte ja nicht meinen, dass ich gerade schwer in Hektik bin. Heute müssen nämlich alle Kamerafallen vor die Kratzbäume gehängt werden. Habe mir von überall auf der Farm Ladegeräte für die ganzen Akkus zusammengeliehen, Kameras sind gesäubert, Karten formatiert. Einige Akkus sind aber immer noch nicht voll geladen. Bis die fertig sind, muss ich hier rumtrödeln.

Bleibt Zeit, mir von Sandra, die in der Küche gerade aus fünf Litern Milch und zehn Tassen Zucker »Doce de Leite« kocht, die Traditionen des brasilianischen Winterfestes erläutern zu lassen, das heute Abend stattfindet. Beim sogenannten »Festa Junina« werden der heilige João (Johannes, denk ich mal), der heilige Antonius und noch irgendein Heiliger gefeiert. Bisher weiß ich über diese Festivität, dass Kinder in bescheuerte Kleider gesteckt werden und es ein großes Feuer gibt. Die Cowboys haben vor Tagen schon einen gigantischen Turm aus Holz dafür aufgeschichtet.

Das Haus wurde von Marina, den Kindern und mir komplett mit Stolperschnüren eingewickelt, an denen wir aus Seidenpapier selbst ausgeschnittene Fähnchen für die Dekoration geklebt haben. Wenn Lucas jetzt abends die Tagesschau gucken möchte, muss er sich erst mal durch einen Fahnenwald zum Fernseher kämpfen. Sandra erzählt, dass es neben Tanz und Musik ein Theaterstück geben wird. Die grundlegende Handlung ist dabei auf allen Festa Juninas brasilienweit die gleiche: Bräutigam will eine schöne Braut heiraten, und aufgrund verschiedenster Irrungen und Wirrungen wird am Ende eine hässliche Braut seine Frau. Wie es dazu kommt, und wer da heiraten möchte, variiert von Jahr zu Jahr; hier schreibt Marina immer in der Nacht vor dem Fest das »Drehbuch«. Letztes Jahr war Mauricio, das gutmütige Schmusepferd, die hässliche Braut inklusive Schleier. Was Sandra nicht wissen darf: Marina hat mich schon in die Theatertradition eingeführt, und ich werde sogar als Braut mitspielen. Die SCHÖNE Braut. Ganz klar. Das wird aber eine Überraschung, also tu ich mal so, als wüsste ich von nix.

Ich hatte ja mega rumgeeiert, ob ich für das Fest noch auf der Farm bleibe. Und trotz Lucas' und Marinas großzügigem Angebot, mich im Notfall eigenhändig in die Stadt zu bringen, habe ich schon noch etwas Muffensausen, dass ich meinen Flieger verpasse. Der viele Regen und die schlechte Straße machen es nicht besser. Die Nacht habe ich unruhig geschlafen – die ganze Zeit geträumt, ich hätte vergessen, meine Koffer zu packen, zu verschlafen, noch im Feld zu sein, alles mit dem Ergebnis, dass der Lastwagen, und mit ihm meine einzige Mitfahrgelegenheit in die Stadt, ohne mich abfährt.

Leider kein Traum: Ich gieße mir gerade noch einen Kaffee ein, und beobachte dabei kritisch den Ladevorgang der Akkus, da kommt die Tochter der Köchin mit Handy und Hiobsbotschaft: Der Rio Aquidauana ist nach Regenfällen über die Ufer getreten, hat alles überschwemmt. Das ist normal, aber nicht jetzt, sondern im Februar, also in der Regenzeit! Es war ein Auto unterwegs, das Verwandte für das Fest herbringen sollte. Der Wagen ist auf der katastrophalen Straße stecken geblieben, nach acht Stunden im Schlamm konnte mitten in der Nacht ein Traktor organisiert werden, um sie rauszuziehen. Leider hat der Traktor das alte Auto in zwei Teile gerissen, anstatt es aus dem Dreck zu holen. Gesamte Motorhaube fährt mit dem Traktor von dannen, während das Hinterteil inklusive der Leute drin immer noch im Matschloch steht, in dem das Wasser immer höher steigt. Zu diesem Zeitpunkt ist es schon so tief reingerutscht, dass sich die Türen nicht mehr öffnen lassen. Alle müssen im dunklen, kaimanverseuchten Wasser aus den Fenstern klettern, die Schwester der Köchin kann nicht schwimmen und ertrinkt beinahe. Drama. Lieber Wettergott, ich weiß nicht, ob du's schon wusstest, aber wir haben Trockenzeit!!!

Verspricht ja morgen, spannend zu werden. Klassiker, ich reg mich jetzt einfach mal nicht auf. Verabrede mich stattdessen mit den Mädels zum Haaremachen vor dem Fest. So. Akkus fertig, los ...

Günther, die schwangere Ameisenbärin

Alle Kamerafallen sind im Feld! Heute Nachmittag finales Ameisenbärensuchen. Letzte Chance, meinen Jungs und Mädels tschüss zu sagen! Als ich bei der Scheune das Auto hole, installieren die Cowboys gerade unter lautem Gelächter Wände aus Palmzweigen für das Fest, und die Frauen hängen wild diskutierend die gebastelten Fähnchengirlanden auf. Fernando steht mit einem Girlandenende in der Hand auf einer wackeligen Leiter und versucht es seiner Frau recht zu machen, die eine sehr genaue Vorstellung hat, wo die Fahnen hängen müssen. Ich erschrecke etwas wegen eines rechteckigen Lochs, das ausgehoben wurde und mit 0,5 m x 2 m ziemlich genau den Maßen eines Grabs entspricht. Der Grill, wie mir erläutert wird. Aha.

Aus einem bestimmten feuerresistenten Holz werden lange Stangen zurechtgeschnitzt, auf die dann ein zerstückelter Wasserbüffel gespießt wird. Der wurde heute Morgen frisch geschlachtet. Man munkelt, die restliche Wasserbüffelherde wäre seitdem noch krawalliger unterwegs als sowieso schon. Irgendwie kann man es ihnen nicht verdenken, es war der einzige Mann.

Die Kinder haben im Schuppen ein Gefängnis errichtet. Der Partyspaß »Gefängnis« funktioniert nach gesamtbrasilianischer Tradition so, dass man jemandem Geld dafür bezahlt, jemand anderen »festzunehmen« und ins Partygefängnis zu stecken. Dann muss ein anderer bezahlen, damit der Gefangene wieder freikommt. Falls das mit dem Ameisenbärenzeugs nicht klappt, tingle ich mit einem Partygefängnis durch Brasilien und vielleicht sogar durch die ganze Welt. Erscheint mir lukrativ. Da im Pantanal aber kein Mensch Geld mit sich rumträgt, wurden die Regeln abgewandelt – gefangen werden die Leute nach Zufallsprinzip, dann muss sich jemand finden, der den Gefangenen mit einem Kuss befreit. Im Vorfeld wird bereits gescherzt, von wem man dann wohl in einigen Wochen nur noch ein Skelett im Gefängnis vorfindet, weil sich keiner für einen Kuss gefunden hat …

Heute begleitet mich Ingride, eine der Köchinnen, auf meiner nachmittäglichen Ameisenbärensuche. Seltenes Vergnügen – die Mädels aus der Küche gehen fast nie mal raus ins wunderschöne Pantanal. Pendeln meistens zwischen Küche und Haus, manchmal gehen sie noch baden und angeln im Fluss. Vielleicht wie wir Deutschen, die noch nie in der Sächsischen Schweiz waren … Ich bringe also den Jeep und Ferngläser mit, Ingride eine große, schwere Porzellanschüssel mit noch warmem Milchreis. Nicht unbedingt der naheliegendste Ausrüstungsgegenstand für eine Safari, aber na ja … Wir sehen einen Kaiman, der einen Aal frisst, einen Sumpfhirsch, dann Ameisenbärin Günther, die so dermaßen schwanger ist, dass sie kaum noch laufen kann. Praktisch – die tapst da so langsam rum, dass bei der Verhaltensaufnahme noch Zeit bleibt, ein wenig Milchreis zu löffeln, während die Sonne langsam hinter dem Wald versinkt. Tschüss meine geliebten, lahmarschigen Fellknäule!

Schnell zurück, wir wollen uns ja noch für die Party stylen! Eine halbe Stunde vor Festanpfiff wimmelt eine ziemlich große, unübersichtliche Zahl an Mädchen durch Lucas' und Marinas Haus, flechtet Zöpfe und malt sich gegenseitig die Lippen rot. Lucas steht etwas überfordert in der Mitte und fragt sich mal wieder, ob er eigentlich Rinder oder Frauen auf seiner Farm züchtet. Ich lerne: Nicht nur Kinder werden in bescheuerte Kleider gesteckt. Marina hat mir auch eines dieser Emily-Erdbeer-Rüschen-Plastikkleider aus der Stadt mitgebracht (juchhu!) und trägt selbst ebenfalls ein prachtvolles Exemplar. Wir malen uns Sommersprossen ins Gesicht, bei mir zugegebenermaßen ein wenig redundant. In diesen Outfits amüsiert man sich traditionell über die Landbevölkerung, hier auf der Farm macht man sich also irgendwie über sich selbst lustig. Gut zu erkennen am Outfit der Jungs: Beim Festa Junina verkleiden sich die Männer brasilienweit in Jeans, Karohemden und Strohhüten. Wenn man mal ganz ehrlich ist, sehen die Cowboys also aus wie immer. Bei mir gibt's noch eine Kostümprobe mit Brautkleid – weithin bekannt für meine Eloquenz in der portugiesischen Sprache werde ich ja die Rolle der schönen Braut im Theaterstück übernehmen. Immerhin, da muss man nur gut aussehen ...

Brasilianisches Wintermärchen

Was für ein Glück, dass ich für das Fest noch geblieben bin! Es war so schön, fremd, lustig und familiär. Die Leute der gesamten Nachbarfarmen sind zusammengekommen, in farbenfrohen Plastikkleidern wurden Fleischberge gegrillt. Anfangs sitzen und stehen alle scheu um die Tanzfläche herum und gucken sich gegenseitig an. Es herrscht eine gewisse *Confusão* (Verwirrung), was jetzt zu tun ist und wo eigentlich das Bier steht. Keine brasilianische Party ohne diese »Autoscooter-Initiation«, die ich so getauft habe, weil alle ungefähr so bestellt und nicht abgeholt wirken, wie 14-jährige Teenies aufm Jahrmarkt. Nachdem dieses wichtige Ritual hinreichend in die Länge gezogen wurde, wird binnen weniger Minuten der gesamte Biervorrat vernichtet. Auf dem überdimensionierten Grill stapelt sich bereits das Fleisch. Neben dem Wasserbüffel steckt noch ein Wildschwein auf den Holzstangen. Lucas schenkt aus einem gusseisernen Topf superleckeren Quentão aus. Das ist wie Glühwein, nur mit Zuckerrohrschnaps anstelle von Wein, in den Gewürze geschüttet werden. Man steht also mit einem Heißgetränk neben einem riesigen Feuer, das eine lauschige Wärme verbreitet. Na ja, es ist ja auch Winter. Hat zwar auch ohne Feuer immer noch knapp 30 °C, aber da geht's wohl ums Prinzip. Dann das Theaterstück – der überaus stolze Sohn einer Köchin geleitet mich als seine Braut zum Altar. Ich spiele eine Deutsche, die nichts versteht und in gebrochenem Portugiesisch rumstottert – nicht, dass mir diese Rolle auf den Leib geschneidert wurde. Der dicke Nachbarcowboy mit Spitznamen Bujio (Brüllaffe) spielt extrem souverän den Pfarrer. In der Mitte der Hochzeitszeremonie kommt Lucas als Polizist verkleidet und nimmt mich wegen einer verpennten Visumsverlängerung fest. Das Publikum johlt, ich schreie und fluche auf Deutsch, die hässliche Braut kommt dazu (mit schwarz gemalten Zähnen) und wird der Tradition folgend am Ende geheiratet. Ich bin hinterher ein wenig erleichtert, dass Lucas zu den Handschellen, die er mir angelegt hat, auch tatsächlich einen Schlüssel hat …

Die Handschellen kamen auf dem Festa Junina vor drei Jahren ernsthaft mal zum Einsatz, als es ein Eifersuchtsdrama gab, im Zuge dessen eine Frau auf ihren Mann einstach, der sie daraufhin verprügeln wollte. Lucas hat ihn an einen Pfeiler der Scheune gekettet. Wir befinden uns hier immerhin im Wilden Westen, darf man nicht vergessen. »Später haben wir damals noch bis in die frühen Morgenstunden alle zusammen Liebeslieder gesungen …«, erzählt Marina verträumt. Ich hake noch mal nach – ja, der angestochene Mann war derweil immer noch an den Pfeiler gekettet und musste zuhören, wie alle anderen romantische Lieder sangen. Haha …

Jetzt legt die Band los. Typische Musik vom Pantanal mit

Quetschkommode und Gitarren. Die Musikanten sind schon hinreichend angebrütet hier angekommen. Auf der Fahrt aus der Stadt sind wohl so einige Flaschen Cognac übern Tisch gegangen. Der Gitarrist und Sänger hat bereits Probleme beim Laufen und singt entsprechend seines Pegels Liebeslieder mit besonderer Inbrunst. Bujio, der dicke Nachbarcowboy, hat in der Zwischenzeit seine Pfarrerkutte ausgezogen, bis eben noch in der Band Gitarre gespielt, und jetzt verteilt er das Fleisch vom Büffel. Das ist übrigens göttlich. Wie sehr, sehr zartes Rindfleisch, die Kruste hat aber was von Spanferkel. Hat sich wenigstens gelohnt, dass die Büffelherde jetzt *Ready to Kill* hinter der nächsten Ecke lauert.

Neben dem großen Feuer bauen wir uns zur Quadrilha auf – ein Paartanz: jetzt die Frauen zur Mitte, die Männer nach außen ... Ich soll mit Lauro tanzen, dem etwas wahnsinnig wirkenden Fahrer, der einige Tage zuvor meinen Cachaça leergetrunken hat. Carol guckt mich nur grinsend und mitleidig an und meint, Lauro wäre brandgefährlich. Na dann ... Die Musik setzt ein, und natürlich ist es Bujio, der jetzt in der Mitte steht und die Anweisungen gibt, was getanzt werden muss. Wir tanzen alle nebeneinander im Kreis und winken, wir tanzen den Reißverschluss, Frauen im Innenkreis nach rechts, Männer im Außenkreis nach links, alle machen mit den Armen einen Tunnel, und dann muss jeder gebückt darunter durchlaufen. (An dieser Stelle legt Lauro seinen Kopf auf meinen Hintern. Schön.) Gegenüber tanzt eine Schweizerin, die hier gerade Urlaub macht, mit einem Cowboy, der sie im Kreis zieht und ohne Unterlass auf sie einredet. Dabei hat sie den typischen Gesichtsausdruck eines brasilianischen Kulturschocks: verstörtes Grinsen, eine Kombination aus Amüsement, Glück, Unverständnis und Angst davor, was sich dieses verrückte Volk als Nächstes einfallen lässt. Den kenne ich nur zu gut. Irgendwo weiter vorne tanzt Ana, die Riesenotter-

Forscherin, mit dem *National Geografic*-Fotografen. Auch eine nette Kombi. Nachdem er Theater und Gitarre gespielt hat, Fleisch verteilt und die Quadrilha kommandiert, eröffnet der dicke Nachbarcowboy jetzt wild tanzend die Tanzfläche – voll das Partyluder.

Lucas zündet eine Feuerwerkbox an, die einseitig abbrennt, weshalb alle Raketen ins Publikum fliegen. Trotzdem sind alle ganz angetan. Die Kinder werfen Knallfrösche zwischen die Beine der tanzenden Paare. Als ich um 0 Uhr müde, satt, angetüdelt und zufrieden Richtung Forscherhaus wanke (morgen muss ich ja nach Rio, von da aus nach Salvador und von dort nach Deutschland reisen), sitzt Lucas mit ganz kleinen Augen da, Emilia schlafend auf seinem Arm, und will eigentlich auch nur ins Bett.

Holprige Abreise …

Huch, in Campo Grande fast den Flug nach Rio verpasst, weil ich so in mein Kakuro-Rätsel vertieft war. Last call, und irgendjemand wird auf die weiße Frau aufmerksam, die verlassen vor dem Gate mit ihrem Rätselheft sitzt, während alle anderen schon im Flugzeug warten. Da musste ich dann ziemlich rennen, knapp noch rein ins Flugzeug – Chaoskönigin.

In Rio dann totales Chaos am Flughafen. Die Drucker für Bordkarten und Kofferzettel sind kaputt, jetzt schreiben die allen Ernstes alles per Hand. Ich stehe drei Stunden in der Schlange vorm Check-in. Vor einer Stunde hätte mein Flug nach Salvador da Bahia gehen sollen, da aber mit mir die gesamten anderen Passagiere hier rumhängen, vermute ich mal, das Flugzeug steht noch brav irgendwo und wartet. Fliege dieses Jahr über Salvador und bleibe da eine Nacht, weil der Flug so günstiger war. Nett! Kann ich mir das morgen Vormittag noch ein bisschen angucken, falls wir da überhaupt jemals ankommen ... Ich hatte mir so ein schönes Einzelzimmer in einem netten Hostel reserviert – hoffentlich lassen die mich mitten in der Nacht noch rein!

Irgendwie habe ich einen Lauf. Die gesamte Reise gestaltete sich bisher nicht nur straßen-, sondern auch organisationstechnisch ziemlich holprig ... Dabei sah alles mächtig souverän organisiert aus, heute Morgen dann die erste Panikattacke: Koffer fertig gepackt und zur Scheune transportiert, um ihn dort in die Klapperkiste der Musiker zu laden, mit der ich ja nach Aquidauana fahren soll. Der Wagen scheint aber leider schon abgefahren zu sein, er ist weit und breit nicht zu sehen. Mir rutscht der Magen in die Kniekehlen – meine einzige Möglichkeit, in die Stadt zu kommen! Marina aus dem Bett getrommelt. Die Arme tapert mir im Schlafanzug entgegen, noch völlig erschöpft vom Fest. Okay, sollten alle Stricke reißen, fährt mich Fernando. Ich renne zum Haus von Sandra und Paulo, wo noch andere mitfahren sollen, und Sandra beruhigt mich – alles gut, der Fahrer (und Quetschkommodenspieler) lädt nur noch bei den anderen Häusern Gedöns ein. Puh!

Ich wundere mich seit Tagen schon, wie das alles passen soll: geschätzte 50 Leute werden heute diese einzige Mitfahrgelegenheit in die Stadt nutzen, und dazu kommt noch unzählbares Transportgut und Gepäck und, und, und. Da muss man einfach dem brasilianischen Improvisationstalent trauen. Die Brasilianer sind ja eh in vielem wie die Kölner. Gut, wenn man schon das Grundgesetz »Et hät no immer joot jejange« verinnerlicht hat.

Bis die alles und alle aufgeladen haben, kann ich noch meine Abschiedsrunde machen. Während ich bei den Häusern vorbeilaufe, kriecht langsam die Trauer in mir hoch, diese lieben Menschen und mein schönes Pantanal wieder hinter mir lassen zu müssen. Ramona, die mürrische Frühstückskochin mit dem goldenen Herzen, läuft mir entgegen: »Geh doch einfach nicht. Bleib da!« Ganz ehrlich – gerade würd ich es am liebsten tun. Fernando muss erst noch Fleisch waschen, bevor wir tschüss sagen können, genügend Zeit, in seinem Garten den traditionellen Limettenklau zu begehen. Mit den Limetten mache ich dann zu Hause in Deutschland Caipirinha auf dem Balkon. Seit Tagen zieht Fernando eine traurige Schnute, wenn er mich sieht »Ai Lídia – não vai, que Drisse.« Eine Riesenabschiedsumarmung – er ist mir wirklich so lieb. Aber es hilft ja alles nichts, ab auf den Leiterwagen, auf dem sich schon bergeweise Menschen zwischen Stapeln von Gedöns drängen. Ich werde schick vorne in die Fahrerkabine verfrachtet. Komme mir doch etwas großgrundbesitzermäßig vor – die ganzen braunen Leute dahinten auf der Ladefläche und die Deutsche vorne vornehm auf dem gepolsterten Sitz. Okay, hab ich nicht so entschieden, und ist mir recht – sitz ich nicht im totalen Staub, vor allem nicht in der totalen Kälte. Das ist es nämlich: eiskalt. Temperatursturz, Wolken. Die Armen dahinten zittern ganz ordentlich, als wir über die katastrophale Straße holpern. Staub ist dann auch weniger das Problem als die Wassermassen ...

Wir pflügen uns durch Seen, irgendwo darunter verbirgt sich die Straße. Wasser schwappt über die Windschutzscheibe und auf die Leute hinten drauf. Gut, dass das da oben Brasilianer sind, die in allem noch irgendwas Spaßiges finden. Am dritten Tor wird der Cognac klargemacht, am fünften die Gitarre ausgepackt, und spätestens ab dem siebten Tor hört man lautes Singen von hinten. Geht das Festa Junina ja auf unserer Ladefläche weiter. Die Lautstärke und vor allem das Curaçao (Herz) des Gesangs steigern sich sowie sich die Flaschen leeren, ab und an kurz unterbrochen, wenn die Palmwedel doch zu dicht über die Straße hängen und alle in Deckung gehen müssen. Ein paarmal wären wir um ein Haar stecken geblieben. Mehrmals steigen wir alle ab und schieben uns wieder aus dem Matsch. Schöne, gleichmäßige Schlammpackung. Fremde Cowboys treiben Kuhherden durch die staubigen Straßen, die Musik, das Gerüttel der Straße und der klapprige Toyota. Tschüss, geliebtes Pantanal.

Ich schlafe ja auf der Holperstraße wie ein Baby. Vier Stunden später kurz vor Aquidauana weckt mich eine kleine Sensation: die erste SMS seit vielen Monaten!!!! Nur die brasilianische Netzinfo, schade. Die Betonwüste in der Stadt ist nach so langer Zeit Natur und Schönheit krass. Ich kapere einen Bus nach Campo Grande zum Flughafen – die Brasilianer bekommen es trotz eisiger Witterung hin, den Busbahnhof ebenso wie den Reisebus mithilfe der intensiven Nutzung von Klimaanlagen unterhalb der Außentemperatur zu halten. Hut ab. Eine Flasche Cognac bitte.

Salvador und ich haben Streit! Maunz!

Salvador da Bahia

Am Ende natürlich doch noch voll das Gerenne, nachdem man in Rio am Check-in endlich die liebevoll handbeschrifteten Bordkarten feierlich überreicht bekam. Mittlerweile vier Stunden Verspätung, ich immerhin auf meinem Sitz im Flugzeug, und noch immer tröpfeln in aller Seelenruhe gut gelaunte Brasilianer durch den Eingang ins Flugzeug.

Am Ende landen wir megaverspätet in Salvador. Als wir über die Stadt fliegen, ist es dunkel, die Straßen erleuchtet, und man sieht aus der Luft gleich: Salvador ist anders als alle brasilianischen Städte (außer vielleicht Rios Altstadt), in denen ich bisher war: Die Straßen sind verschlungen und kurvig, nicht wie in den üblichen Planstädten in regelmäßigen Quadraten angeordnet. Dann die Überraschung: Die Taxifahrt zum Hostel, wo ich reserviert habe, kostet, Achtung: 100 R$s. Da es mitten in der Nacht ist, habe ich keine anderen Optionen, Driss. Ich hab nur noch 150 R$s für den letzten Tag aufbewahrt!

Na ja, egal. Der Taxifahrer fährt mich in die Altstadt. Ich hab mir ein Einzelzimmer in einem schönen Hostel reserviert, mal was gönnen. Im Viertel war ein Fest, jetzt, um ein Uhr nachts geistern aber nur noch vereinzelte, besoffene und/oder ansonsten hinreichend kaputte Existenzen zwischen den bröckelnden Schnörkelhäusern der Kolonialarchitektur über das Kopfsteinpflaster. Das Taxi kann mich nicht bis vors Hostel bringen, denn dort ist Fußgängerzone. Na, vielen Dank. Ist mir gar nicht recht, jetzt mit meinem ganzen Gepäck und allein die windige Straße entlangzuholpern. Der Taxifahrer kommt auch nicht mit, hat wohl um sein Auto Angst. Schon als wir den Koffer aus dem Kofferraum heben, werde ich angebettelt von einer Horde Kinder. Ich laufe los. Augen zu und durch, so schnell wie möglich. Ein Drogenheini läuft neben mir her, redet auf mich ein, will die ganze Zeit den Koffer aus meiner Hand reißen und ihn für 5 R$s unnötigerweise tragen. Ich versuche ihn abzuwimmeln, er klingelt für mich an der Hosteltür, klopft, brüllt rum, dass jemand aufmachen soll. Niemand macht auf, vermutlich weil sie oben seine verstrahlte Stimme hören und den nicht reinlassen wollen. Oder sie haben so spät einfach nicht mehr mit mir gerechnet – ich war ja für 20 Uhr angemeldet. Jedenfalls komme ich nicht rein und stehe allein auf der Straße mit dem ekelhaften Typen und einem Rudel anderer kaputter Gestalten mit zerrissenen Kleidern, staubigen Haaren und verrückten Augen, die an meinen Kleidern reißen und mein Gepäck tragen oder klauen wollen. Es riecht nach Cachaça, Knoblauch und Muff aus den verfallenden Gebäuden, und alles ist in orangefarbenes Licht von den Straßenlaternen getaucht. Ich hab Angst. Sehr.

Der Chefdrogentyp trägt jetzt meinen Koffer die Straße runter, ich hinterher, an der nächstbesten Herberge klingele ich Sturm, immerhin bleibt der Typ mit meinem Koffer neben mir stehen. Niemand macht auf, ich bekomme Panik. Weiter, zum hoffentlich nahen nächsten Hostel, und an dieser Stelle nimmt das Desaster schon fast weihnachtsgeschichtliche Züge an. Als wir schon ein Stück den Berg runtergelaufen sind, kommt eine alte Frau aus der letzten Herberge. Diesmal bin ich es, die an dem Typen zerrt, der meinen Koffer trägt. Nur rein da, nur in Sicherheit, in diesem Moment hätten sie jeden Preis nehmen können. Die »Herberge« ist eine Betonkonstruktion, die zwischen die verbrannten Balken und rohen Lehmwände eines abgebrannten Hauses geklemmt wurde. Die »Zimmer« sind Sperrholzverschläge mit dreistöckigen Betten, die aus Holzlatten wackelig zusammengenagelt wurden. Die Rückwand ist loser Lehm und Stein. Alles ist mit Neongraffiti besprüht, es ist schrecklich, aber mir bleibt nichts anderes übrig. Ich lege Schichten aus Kleidern auf mein Bett, um nicht direkt auf der ekeligen Matratze zu schlafen. Im Holzverschlag nebenan weint ein Kind. Als ich den Koffer auspacke, kullert eine von Fernandos Limetten heraus. Ich fühle mich furchtbar allein und unglücklich. Gestern noch das Fest zwischen all den Freunden und der schönen Natur und jetzt hier allein auf dem Betonboden im Dunkeln an diesem unheimlichen Ort. Kann mich kaum erinnern, wann ich mich das letzte Mal so einsam gefühlt habe. Oh Salvador, wie willst du das je wieder gutmachen???

Geliebtes Land des Plastiks

Okay, im Nachhinein haben wir uns doch noch ein bisschen angefreundet, Salvador und ich. Bevor jetzt gleich mein Flieger geht, unter Neonröhren auf dem Markt ein letztes Mal

Fleischspieße mit Süßkartoffeln, Reis und Vinaigrette essen. Menschen in Plastikshirts und Plastik-Hello-Kitty-Schuhen (!!!) sitzen auf Plastikstühlen um Plastiktische mit Plastikdecken und essen von Plastiktellern ihr Essen mit Plastikbesteck. Bedient werden sie von asiatisch angehauchten Damen mit Plastikschürzen und Plastikhaarbedeckungen. In Sachen stimmungsvoller Inneneinrichtung waren die Brasos schon immer gaaanz groß. Wer das Essen mitnehmen möchte, bekommt verschiedenste Plastikschüsseln in Plastiktüten in die Hand gedrückt. Mein neuerstandenes Plastikshirt trocknet nach dem Regenguss wider Erwarten nur langsam.

Tschüss, geliebtes Land des Plastiks, der schlechtsitzenden Hosen und der leicht wahnsinnigen Menschen mit dem großen Herzen. Im Moment freue ich mich SEHR auf zu Hause, aber eins ist sicher: In spätestens einem halben Jahr werde ich dich wieder furchtbar vermissen!

Parallelwelten

Köln

Zurück in Köln angekommen – auch wenn mein Herz noch nicht ganz von Brasilien abgereist ist. Mit jeder Klammer, die auf der Reise geschlossen wurde, rutschen das Pantanal und die Farm ein Stückchen weiter weg.) Aquidauana,) Campo Grande,) São Paulo,) Frankfurt,) und letztendlich) Köln, wo sich die letzte Klammer schließt, als ich die Wohnungstür aufschließe. Das (((((((Pantanal))))))) wirkt hinter den ganzen Klammern weit weg, ein wenig surreal, und doch würde ich mich nicht wundern, käme ich aus der Haustür und stünde vor der Scheune, wo Fernando und Edson gerade Tereré trinken und Picapãu am Traktor rumschraubt. Lucas mailt, dass sie nach meiner Abreise sieben Ameisenbären an einem Tag gesehen haben, und ich habe große Lust, vom Forscherhaus über die Holzbrücke und den Sandweg zu seinem Haus rüberzulaufen und ein wenig rumzumaulen, dass das nur passiert, wenn ich nicht da bin. Woraufhin er mir ein Bier gibt und ich die Stirnlampe nicht mehr finde, als ich wieder gehen möchte.

Aber leider liegen zwischen seinem und meinem Haus jetzt, abgesehen von Sandweg und Brücke, ein Ozean und eine halbe Welt. Also muss ich mich stattdessen in Köln beim Annettchen beschweren, das im Abendlicht neben mir auf dem Bänkchen auf meinem Balkon sitzt. Also darüber, dass die Ameisenbären sich über meine Abreise zu freuen scheinen. Sie kommen alle angelaufen, jetzt wo ich weg bin. Annettchen kann mich aber mit einer ameisenbärenpsychologisch viel nahe liegenderen Erklärung befriedigen: Die Erbsenhirne haben das Datum verrafft, und erst jetzt ist ihnen siedend heiß eingefallen, dass ich ja abreise, und alle sind zur Abschiedsperformance aus dem Wald gerannt, nur um in tiefer Trauer festzustellen, dass es bereits zu spät ist. Ja, so ist es mit Sicherheit.

Mein rosa Grill läuft auf dem Balkon in Köln auf Hochtouren. Die Lichterkette mit den bunten Birnen, mein Bänkchen – ja, mein Kölner Balkon gehört schon auch zu den schönsten Plätzen der Welt. Auf meiner Kamera finde ich das letzte Bild von Brasilien (ein vollgematschter Pick-up mit betrunkenen Musikern auf der Brücke über den Rio Negro), direkt neben dem Foto von meinem Grill hier in Deutschland, das ich gerade gemacht habe. Schade, dass diese beiden Welten jenseits meiner Kamera alles andere als nebeneinanderliegen. Warum kann sich das Pantanal nicht hinter dem Herkulesberg gegenüber befinden? Warum kann man nicht alles haben???

So sitze ich also an meinem ersten Tag in Köln hier auf meinem Balkon und trinke mit Freunden Caipirinha. Nicht irgendeinen, sondern mit dem Cachaça, den ich von der Farm mitgebracht habe, und den Limetten, die ich gegen die Tränen kämpfend unter dem Baum in Fernandos Garten gesammelt habe. Prost, Fernando. Das Stück Rindfleisch von Lucas habe ich leider im Pantanal vergessen, so muss mein Grill mit den dick marinierten Schweinesteaks bestückt werden, über die Lucas so geschimpft hat. Prost, Lucas. Ich erzähle noch von meinem Gastauftritt im Theaterstück vor wenigen Tagen auf der Festa Junina in Brasilien. Prost, Marina. Und dass ich Carol die Fotos vom Fernando-Caipi schicke, Prost, Carol. Alle sind zumindest bei mir in Kopf und Herz dabei. Als die Sterne zu sehen sind, packe ich liebe Grüße an Brasilien in den Großen Wagen, so wie ich es in den letzten Monaten Abend für Abend für meine Leute in Deutschland gemacht habe.

2013

KRATZBÄUME, KRAWALLIGE BÜFFEL UND IGNORANTE FORSCHUNGSOBJEKTE

Vergnügliche Massenveranstaltung in meinem Bett

Rio de Janeiro

Um gleich zu Beginn der neuen Forschungsreise den Lehrauftrag erfüllt zu haben, beginne ich mit dieser wichtigen Information: »Bettwanzen werden nur selten und bei gezielter Suche entdeckt; jedoch herrscht in von Wanzen befallenen Zimmern meist ein charakteristischer, süßlicher Geruch.« (Wikipedia)

»Wir haben nur noch ein Zimmer frei, und darin ist das Licht kaputt«, bedauert der Rezeptionist im Hostel in Rio. Egal. Alles egal. Die Reise aus Deutschland war lang und nervig, ich will einfach schnell schlafen.

Als ich die Tür zum finsteren Zimmer aufschließe, fängt alles in mir an, sich zu sträuben. Hier stimmt was nicht. Farbe blättert von den Wänden, etwas unheimlich, aber das Bett ist frisch bezogen. Bett – das Wichtigste … Erstmal in die Dusche, warmes Wasser funktioniert auch nicht, egal. Mal wieder kritische Blicke vom partyhungrigen Backpackervolk, das sich gerade in der Lobby mit Bier die Lampen anknipst, als ich im

Nachthemd vom Badezimmer Richtung Bett tapere. Als total lahme Spaßbremse abgestempelt – das kennen wir ja nun schon. Ist mir egal, ich reise eh mit Rollkoffer statt Backpack und das mit voller Überzeugung. Pöh.

Immerhin funktioniert der ehrgeizige Ventilator im Zimmer SEHR GUT. Mit sturmgepeitschtem Haar und tellergroßen Augen liege ich im Bett und frage mich, ob er wohl bei den anderen Ventilatoren des Hostels unbeliebt und als Streber verschrien ist.

Puh, trotz Dusche und Ventilatororkan: Es stinkt. Komischer Geruch, den man annimmt, wenn man so lange reist. Ich rieche an meinen Händen, Haaren, riecht aber alles gut. Was müffelt hier denn so? Ich immer mit meinen Schlafneurosen. Bin so kaputt, kann aber einfach nicht einschlafen, habe so ein komisches Gefühl im Bauch ... Dann auch noch prompt der erste Mückenstich. Der ganze Rücken juckt. Mit der Taschenlampe die Wände absuchen – kann keine Mücke finden. Am Arm auch noch ein Stich. Komisch, eigentlich jucken die Mückenstiche hier doch gar nicht mehr, bin normalerweise total desensibilisiert. Das sind aber auch Riesenstiche!

Als irgendwann der ganze Körper juckt, befällt mich eine böse Vorahnung, und statt die Wände abzuleuchten, leuchte ich jetzt im Bett. Tatsächlich: Ein kleiner Käfer flieht vor dem Licht. Uäääh, Bettwanzen! DAS war der komische Geruch! Das ist mir ja noch nie passiert!

Zimmerwechsel morgens um 2 Uhr, mein Nachthemd schmeiße ich in den Müll. Den Rest der Nacht mach ich kein Auge mehr zu, im Minutentakt bilde ich mir ein, mich hätte irgendwas gestochen. Taschenlampe an, Bett durchsuchen, Taschenlampe aus.

Immerhin, die Nacht war kostenlos. Wär ja auch noch schöner ...

Das Auffangbecken der Bingotrommel

Campo Grande

Marina holt mich mit ihren beiden Töchtern am Flughafen in Campo Grande ab. Große Wiedersehensfreude, Bowling und Sushi. Die drei wohnen jetzt in einem Apartment in der Stadt, damit Emilia und Leticia das Gymnasium besuchen können, und es geht ihnen gut! Ich hatte mir im Vorfeld schon ein wenig Sorgen gemacht, ob die wilden Dschungelkinder in der Betonwüste zurechtkommen.

Jetzt übernachte ich bei ihnen, bevor wir frühmorgens alle zusammen zur Farm fliegen. Die Mädels wollen das Wochenende dort verbringen. Auf meinem Kissen im Gästezimmer liegt ein Zettel mit gemalten Herzen und in Kinderschrift »Schlaf gut!« Zu viel für mein angegriffenes Nervenkostüm, ich breche gerührt in Tränen aus.

Unter der Cessna ziehen die Hänge vorbei, die den Beginn des Pantanals markieren. Diese Regenzeit war trocken, das Land ist kaum überschwemmt. Wenn ich mich erinnere, wie ich letztes Jahr hier drüberflog, als alles ein einziger großer See war! Alle fürchten jetzt eine große Dürre, wenn die Trockenzeit erst mal so richtig losgeht.

»Wie lang warst du weg?«, fragt Lucas, als ich aus dem Flugzeug steige.

»Sechs Monate.« Wir schauen uns überrascht an. Oder war es doch nur eine Woche? Ein Tag? Eigentlich fühlt es sich an, als wäre ich nie weg gewesen.

Endlich zurück auf dieser geliebten Farm im Nirgendwo. Nachdem mein Leben in Deutschland in den letzten Wochen in jeder Hinsicht ein Desaster war, fühle ich mich wie eine Kugel, die aus der rotierenden Bingotrommel zwischen wild durcheinanderpurzelnden Kugeln endlich unten in die Auffangschale geplumpst ist: Ruhe und Sicherheit. Schlechte Nachrichten aus Deutschland legen nah, dass es dort weiterrotiert, jetzt kann ich mir die Sache aus einer gewissen Entfernung anschauen. Bestimmt nicht aufgehoben, aber vorerst aufgeschoben. Erst mal Sterne, Ameisenbären, Natur, Freunde, Wärme, und die langsam keimende Zuversicht, dass irgendwann alles wieder gut wird.

Neurosen können Leben kosten

Fazenda Barranco Alto

»Ich fahr wieder zurück nach Deutschland. Das ist mir echt zu heiß hier.«

Fernando wäscht vor der Scheune das Auto und spritzt mich etwas nass: »Vergiss es. So schnell geben wir dich nicht mehr her. Bist ja gerade erst gelandet.«

Vollkommen durchgeschwitzt wanke ich zu meiner ersten Nachmittagssafari. Bei der Hitze sind die anderen Tiere schlauer und bleiben im Wald. Es ist ruhig, nur die Wasserschweine planschen im See, ein Tukan am Nest. Im Farbinferno geht eine pralle, große Sonne hinter den Palmen der weiten Ebene unter. Endlich zu Hause.

Nachts wird es nicht besser mit der Hitze. Im Forscherhaus ist die Hölle los – Geologen mit Equipmentbergen, Volontäre, Guides ... Der Ventilator versucht verzweifelt, allen im stickigen Schlafzimmer gerecht zu werden. Die Luft, die er schickt, ist schon wieder heiß, wenn sie bei einem ankommt. Ich wälze mich in den schwitzigen Laken, Haare kleben nass an der Stirn, und freu mich auf morgen: Dann kann ich endlich die Kamerafallen einsammeln, die ich im letzten Jahr vor die besagten Ameisenbärenkratzbäume gestellt habe!

Ohrenbetäubender Lärm lässt mich um 4 Uhr hochfahren – die Zimmertür kracht auf und zu. Windböen heulen ums Haus, durchs Mosquitonetz rein und machen mir die Füße kalt. Ich vollkommen desorientiert. Vorm Fenster galoppiert eine Wasserschweinherde im Zucken der Blitze Richtung Seeufer. Richtig, bin im Pantanal. Nach dem heißen, wolkenlosen Tag jetzt Wetterumschwung par excellence. Während ich mich noch über den kühlen Luftzug freue, fällt mir auf: Meine Bettwanzendekontaminationsinstallation auf der Wäscheleine wird wegfliegen, und damit alle Kleider, die nicht gerade nass in der Waschmaschine liegen (zu dieser Idiotie meinerseits später mehr). Die Haustür bekomm ich kaum aufgestemmt, so fest hält der Sturm dagegen. Ich stürze mich in Schlafklamotten in die wilde Nacht hinaus. Während ich in heulenden Böen und Finsternis die Wäsche rette, öffnen sich die Schleusen des Himmels, dicke Tropfen prasseln auf mich und meine (bis dahin) letzten trockenen Kleider. Jetzt bin ich auch abgesehen vom Schweiß klatschnass. Fällt aber im ohnehin durchgeweichten Bett kaum auf. Hellwach. In kompletter Aufruhr, weil ich es kaum erwarten kann, meine Kamerafallen einzusammeln. Eine dreimonatige Dokumentation des Lebens der Tiere rund um die Kratzbäume! Das wird so spannend!

Um 5 Uhr klingelt der Wecker. Draußen regnet's immer noch Bindfäden, grau in grau, der See vorm Fenster in Regenschleiern kaum zu erkennen. Ich tapere ein wenig auf der Terrasse hin und her, frierend – ganz schön kalt. Ganz schön nass. Wird wohl eher schwierig, im offenen Auto ohne Frontscheibe 40 Minuten durch den Regensturm zu den Kamerafallen zu fahren. Auf der gegenüberliegenden Flussseite schlägt unter großem Getöse ein Blitz ein. Verdammt. Ich bin SO gespannt, was auf meinen Kameras ist. Ich MUSS heute raus.

Als ich mich anziehen möchte, zeigt sich aufs Neue: Neurosen können einem das Leben ganz schön schwer machen.

Habe ja in meiner mittlerweile nahezu pathologischen Bettwanzenparanoia alle meine Kleider in einen großen Beutel gepackt und zur Waschmaschine gebracht. ALLE. Etwas doofe Idee, da man sich gemeinhin ja auch bekleiden muss. Fällt mir gestern Abend bereits auf, als ich mir mein Nachthemd anziehen möchte. Nachthemd? In der Waschmaschine. Na gut, dann halt ein T-Shirt. T-Shirt? Auch in der Wäsche. Hm. Jetzt: Feldklamotten? Nass und, klar, ebenfalls in der Wäsche. Grrr. Die Kleider von gestern sind vom nächtlichen Regenorkan durchnässt. Wie blöd kann man sein?!

Aus irgendeiner meiner Kisten im Regal, in der ich Sachen einlagere, die ich nicht mit nach Deutschland nehmen möchte, krame ich eine löchrige Hose und ein stinkiges Hemd. Die fristen dort seit circa neun Monaten ein kryptisches Leben zwischen Fröschen. Lecker. Ganz toll gemacht, Frau Möbelstoff. Auch immer etwas aufregend, in dieser Kiste zu wühlen: Seit Längerem wohnt eine handtellergroße Jagdspinne darin, die eher mal zubeißt als eine friedfertige Vogelspinne. Ich gönne ihr aber diese gemütliche Residenz, ist dann immer ein wohliger Grusel, seinen Kram da rauszusuchen.

Als die Wolken kurzfristig eine mittelgraue statt dunkelgraue Farbe annehmen und somit Anlass zur Hoffnung auf weniger Regen geben, halte ich es nicht mehr aus: Im offenen Jeep düse ich los Richtung Kamerafallen – nur um letztendlich im totalen Platzregen zu stranden. Es regnet so stark, dass ich beim Fahren die Augen nicht mehr aufhalten kann. War irgendwie absehbar, ich wollt's nur nicht wahrhaben. Wenige Kilometer von der Farm entfernt sitze ich jetzt klitschnass unter einer Plane und hoffe, dass es weniger wird. Dass es ganz aufhört, ist utopisch.

Sind diese Kleider jetzt also auch nass. Vermutlich sterbe ich wegen meiner Neurosen im glutheißen Brasilien an Unterkühlung. Na prima ...

Ich war immer der Meinung, alt wird man, wenn man anfängt, vernünftig zu sein. Kam mir deshalb mächtig jung und verrückt vor. Immer ohne Schirm rausgehen und so. Umso herber die Erkenntnis: Im Alter wird man entweder vernünftig ODER kompliziert. Und mit einem Mal fühle ich mich ur-, uralt.

Gibt's in Grönland Wasserbüffel?

Nachdem sich das Wetter beruhigt hat, konnte ich dann doch noch meine Kamerafallen einsammeln. Habe die ganze letzte Nacht die Fotoberge durchwühlt, die sich auf den Speicherkarten angesammelt haben. Das Leben rund um die Kratzbäume lässt sich jetzt über Monate verfolgen. Spektakuläre Neuigkeiten: Die Hauptproduzenten der Kratzspuren sind zwar wie gehabt die Großen Ameisenbären, außer ihnen markieren aber pinkelnd, kratzend und reibend noch sechs andere Tierarten die Rinde. Waschbär, Ozelot, Puma, Fuchs usw. Alle an denselben Bäumen, die wie eine Art Schwarzes Brett anhand von Duftmarkierungen der allgemeinen Information zu dienen scheinen. Was es dem Puma bringt, dem Fuchs mitzuteilen, dass er gerade im Viertel unterwegs ist, bleibt mir bislang allerdings ein Rätsel ...

Jetzt bringe ich die Fallen wieder wie in den letzten Jahren zu meinen Standardpositionen für die Biodiversitätsstudie. Die Kratzbäume werden mich aber dennoch beschäftigen: Ich will möglichst viele der Bäume ausmessen, um festzustellen, ob die Ameisenbären hier im Pantanal ähnliche Wuchsformen beim Kratzen bevorzugen wie damals in Boa Vista. Außerdem möchte ich rausfinden, wie und wo diese Bäume auf der Farm verteilt sind.

Dafür habe ich den Computer insgesamt 100 Quadrate

nach dem Zufallsprinzip über die Farm und alle Landschaftsformen, die es hier gibt, streuen lassen. Jedes ist 20 x 20 Meter groß, und auf dieser Fläche suche ich nach Kratzbäumen, die ich dann vermesse. So der Plan, zumindest auf dem Papier. Man weiß ja nie, was am Ende in der Praxis dabei rauskommt …

Die Software, mit der ich die Versuchsquadrate gebastelt habe, tut wie gewohnt nicht, was ich will, und meine Forschungsflächen erscheinen auf meinem GPS-Gerät statt in Brasilien in Grönland. Warum? Weiß der Henker. Ich könnte in die Tischkante beißen. Immer derselbe Scheiß. Eine Nachtschicht später darf ich dann endlich meine Daten hier im Pantanal begrüßen. Herzlich willkommen.

Jetzt kann die diesjährige Datenaufnahme also beginnen. Immer ein irgendwie feierlicher Moment. Da hat man seit Monaten Literatur gesucht und gelesen, sich im Büro vorm Computer überlegt, wie das Ganze im Pantanal gut funktionieren könnte, wie man die Kratzbäume am besten und haltbarsten markiert. Hat in diversen Bastelläden nach den richtigen Materialien gesucht, sich auf brasilianischen Märkten zum Horst gemacht, weil man die Wörter für Hammer und Nägel nicht weiß und sie zur Freude des umstehenden Volkes pantomimisch erfragen musste. Unmengen neonfarbener Maßbänder gekauft, die man gut wiederfindet, wenn man sie im Dornengestrüpp verschusselt hat.

Und jetzt – jetzt geht's los. Feierlich entrolle ich das Maßband, lege es um den Stamm des allerersten zu vermessenden Baumes und werde von Wespen attackiert: zwei Stiche in die Wade. Ich renne aus dem Wald. Auf der offenen Ebene stürzt sofort aggressiv trötend mit erhobenen Häuptern (und Hörnern) die Wasserbüffelherde auf mich zu (immer noch ohne Mann). Zwischen den Büffeln und dem Wald steht auf halbem Weg mein Maultier. Ich renne – die Büffel rennen – keiner weiß, wer zuerst beim Maultier ankommt. ICH! Schnell die

Schnur losbinden, draufspringen, weggaloppieren. Mein Hut fliegt vom Kopf, egal, keine Zeit zum Einsammeln, und dann habe ich sie endlich abgehängt. Sowohl Wespen als auch Büffel. Erst mal verschnaufen, puh. Dat han isch mir irjendwie anders vorjestellt.

Dann mach ich eben erst mal ein anderes Plot jenseits des Zauns, wo keine Wasserbüffel rumhampeln. Da funktioniert dann auch alles ganz prima. Ist ja nie so sicher, ob die Methodik, die man sich im kuscheligen Büro überlegt hat, auch auf »freier Wildbahn« klappt.

Zwischendrin ein kleiner Schreckenshüpfer, als neben mir ein Kaiman aus dem Wasser des Sees springt und einen Vogel verschlingt. Da ist man gerade in meditativer Stimmung, und dann das … Zwei Plots schaffe ich, dann reite ich zum missglückten vom Morgen zurück, und keine Wasserbüffel in Sicht. Ich finde meinen Hut wieder und vermesse sogar noch alle Bäume bis auf den mit dem Wespennest. Also alles in allem zwar holprig, aber doch recht erfolgreich.

Kann da mal einer die Tiere aus dem Wald räumen?

Die Kamerafallen kommen jetzt also wieder an die Positionen für die Biodiversitätsstudie. Nach dem überstandenen Bettwanzenwahnsinn jetzt absurde und ehrliche Wiedersehensfreude mit meinen Erzfeinden, den Zecken, als ich im Uferwald herumhample. Ist doch alles relativ. Wenn ich mir einen Feind aussuchen muss, dann lieber Zecken – man kennt sich mittlerweile und weiß sich aus dem Weg zu gehen. Erst ein neuer Feind lässt einen den altbekannten schätzen lernen. Exemplarisch für andere Lebenssituationen.

Im Feld hab ich zum ersten Mal nicht genügend Wasser dabei. Um 9:30 Uhr ist die Flasche leer. Ich schlage mich mit trockenem Mund durch den dichten Dornenwald und denke über die Diskrepanz meiner Aktivitäten am Vor- und Nachmittag nach. Es ist ja so: Am Nachmittag guckt man sich vom Auto aus ganz doll die Augen aus dem Kopf nach irgendwelchen Tieren. Hofft immer, was Tolles zu sehen – Puma oder so. Vor allem Ameisenbären, klar. Im Gegensatz dazu lege ich morgens allein im Wald absolut keinen gesteigerten Wert auf Begegnungen mit was auch immer. Vor allem vor Schweinen aller Art habe ich großen Respekt. Das sind natürlich auch gleichzeitig die Tiere, die die prima Pfade in den Wald trampeln, auf denen ich gern laufe, die Gefahr eines unerwünschten Treffens besteht also immer. Aber auch sonst kommt man beim Bäumemessen und Wegeschlagen in so eine meditative Dämmerstimmung, da kann auch der plötzliche Schrei eines Aras einen an die Decke springen lassen. Morgens wünsche ich mir daher also die tierlose Natur, nachmittags soll dann alles vom Himmel fallen und gut sichtbar herumlaufen. Denke ich so und stolpere über einen fauchenden Stein.

Selbst WENN es im Pantanal Steine GÄBE, würden sie aller Wahrscheinlichkeit nach nicht fauchen. Guten Morgen, Frau Schildkröte. Wie zum Trotz gegen meine tierlose Naturbestellung liegt sie mitten im Weg und guckt mich entrüstet an. Jaja, gut, Schildkröten sind auch morgens okay. Es raschelt im Gebüsch weiter vorn, ich ducke mich unter einer Palme weg, und da läuft ein Agouti, ein kleines Nagetier. Allerliebst mit einer Frucht im Mund. Okay, ihr seid auch in Ordnung. Aber sonst bitte keine Tiere. ROMMMS!!! Das Agouti hat einen Tapir aufgescheucht, der hinter einem Busch geschlafen hat. Er galoppiert einige Schritte und bleibt dann stehen und stampft, so fest er kann, mit seinen Hufen auf den Boden. Machen die immer, als wollten sie sagen: Nicht weitergehen, denn ich bin mindestens 2365923743656 7924-mal größer als du. Hör mal!

Sooooo groß bin ich nämlich! Und dann verlässt sie der Mut, und sie rennen ästekrachend ins Gebüsch.

So auch dieses Exemplar, natürlich genau in die Richtung, in der meine Kamerafallenposition liegt. Hat zur Folge, dass sich der Tapir und ich in alternierender Reihenfolge erschrecken – erst ich ihn mit meiner Ästehackerei, dann er mich mit seinem Gestampfe. Blödes Vieh. Tapire bitte nicht mehr am Morgen. Gerne häufiger am Nachmittag.

Kein Inferno im Inverno

Bei der Kaltfront im letzten Jahr war es so erniedrigend, die Socken überm Gasherd zu wärmen, dass ich mir dieses Jahr meine Hüttenschuhe aus Deutschland mitgebracht habe. Bei fast 40 °C kam ich mir deshalb bis vor wenigen Tagen albern vor.

Jetzt ein Temperatursturz, und ich bin in 150 km Umkreis vermutlich die Einzige mit wirklich warmen Füßen. Unter 10 °C, ARSCHKALT. Mal wieder wird das Klischee Brasiliens als Land von Caipis, Stränden und knapp bekleideten Frauen in mikroskopisch kleinen Bikinis unter gleißender Sonne fies unterwandert. Die Küchenmädels wanken wie eine Horde Marshmallow-Männer mit geschätzten hundert Kleiderschichten, Mützen und Handschuhen zwischen den Häusern herum. Sieht wegen der beliebten Daunenjacken in militärischen Tarnfarben eher nach einer Gang aus der New Yorker Bronx aus. Einzig der dick aufgetragene Lippenstift stellt die letzte Bastion brasilianischer Weiblichkeit dar.

Ums Forscherhaus herum heult der Wind, im Haus drin ebenso, obwohl wir die Fenster ohne Scheiben schon mit Wolldecken vernagelt haben, sehr zum Amüsement der Nachbarn: »Haha! Bastelt ihr euch eine Favela?«

Und genau jetzt liefert die Dusche kein heißes Wasser

mehr, dabei steht der Temperaturregler laut dem entrüsteten holländischen Forscher bereits auf »Inferno«. Hitzeinferno seiner Meinung nach. Die Stufe heißt eigentlich »Inverno«, also Winter. Na ja, in jedem Fall liefert sie kein Inferno für den kalten Inverno. Besonders schön, wenn man nach Rauch und Dieselöl stinkt, weil man Feuer im Ofen gemacht hat, und voller Katzenhaare ist, weil der Farmkater als Wärmflaschenersatz herhalten muss. Stinkt und haart man so vor sich hin.

Die brasilianischen Gäste, die momentan zu Besuch sind, bleiben immerhin trotz allem bester Laune. In Sturmhauben, Mützen und Wolldecken verpackt, lassen sie während der Nachmittagssafari eine Flasche Rotwein kreisen. Der Geräuschpegel steigt zunehmend. Immerhin sehen wir trotzdem zwei Tapire ungerührt durch die Kälte stapfen, auch ein Ameisenbär hat sich unter seinem wärmenden Schwanz hervorgetraut. Wir kurven unter grauen, schweren Wolken durch die finstere Landschaft. Ich warte hinterm Steuer im türlosen Fahrerhäuschen des Leiterwagens darauf, dass meine steifgefrorenen Finger abfallen. Gerne würde ich es den Nabelschweinen gleichtun – die liegen alle auf einem Haufen und wärmen sich gegenseitig. Zwei Wasserschweine sitzen am See und drücken ihre dicken Hinterteile aneinander. Ein kleiner Vogel wärmt sich die Füße auf ihrem Rücken, falls Vogelfüße überhaupt frieren. Die Seriemas laufen dick aufgeplustert auf ihren hohen, dünnen Beinen herum und sehen wie Zuckerwattebollen aus. Ein Schaf hat ausgerechnet in dieser kalten Nacht ein Lamm geboren. Es ist noch voller Fruchtwasser, die Mutter leckt es liebevoll trocken und warm. Kein gutes Timing. Hoffentlich übersteht es diese unwirtliche erste Nacht.

Ich glaub, mein Puma pfeift

Heute Abend muss ich mal bei Fernando zu Hause vorbeigehen. Der macht für mich fleißig Fotos von allen Ameisenbären, die er sichtet. Mittlerweile ist er schon Profi darin, so zu fotografieren, dass ich das jeweilige Tier anhand der Fellzeichnung individuell erkennen kann. Die Karte von Google Earth ist mittlerweile total detailliert, man kann dort sogar einzelne Bäume erkennen. Deshalb kann mir Fernando am Computer exakt zeigen, wo er das jeweilige Tier gesehen hat. Ameisenbärenfoto plus Positionspunkt ergibt einen kompletten Datensatz, der in meine Arbeit einfließen kann. Fernando hilft mir damit enorm.

Ich hab mich zugegebenermaßen die letzten Tage davor gedrückt, nach dem Abendessen zu ihm rüberzugehen. Nicht, weil ich Fernando nicht gerne mag, im Gegenteil. Ich versuche aber solche Situationen, sprich, zu einem der Cowboys nach Hause zu gehen, wenn die Frau gerade im Gästehaus arbeitet, zu vermeiden. Hier auf der Farm herrscht nämlich a.) rasende Eifersucht und b.) wird getratscht, dass es nur so kracht, inklusive der Verbreitung absurder Gerüchte. Es sind halt nur ein paar Leute, die ständig mit wenig sozialem Input von außen aufeinandersitzen. Da muss man sich seine ganz private Soap Opera basteln. Ich bin, soweit ich weiß, die einzige Gringa, der noch nicht irgendwelche abstrusen Affären mit verheirateten Cowboys angedichtet wurden. Bisher keine Rolle in der Telenovela *Barranco Alto*. Das soll auch so bleiben. Gut, aber jetzt hilft alles nichts, ich geh rüber, sonst kann er sich bald nicht mehr erinnern, wo er die ganzen Bären-Fotos aufgenommen hat, und die Daten sind verloren.

Und dann wird es richtig nett. Wir sitzen in Fernandos kleinem, weißem Häuschen am Küchentisch, Luis, sein Sohn guckt nebenan fern. Es macht Spaß, die Fotos zu sortieren, zu analysieren und in Google Earth zu rekonstruieren, wo die einzelnen Sichtungen waren. Zwangsweise schwelgt man dazu in Erinnerungen: »Diesen Bären haben wir an dem See gesehen, wo du dich damals über das halbtote Schwein so erschreckt hast.«

»Ah, da wo meine Kamerafalle die Waldhunde fotografiert hat?«

»Genau da. Ach, und dieser war am Ufer des Sees, wo wir letztes Jahr den Puma mit Baby gesehen haben.«

»Hey, da fällt mir ein, Fernando – Carol hat mir erzählt, du kannst jetzt den Pumaruf imitieren?«

Tatsächlich: Fernando hatte vor einigen Wochen auf einer Safari eine Pumamama mit fast erwachsenem Jungtier gesehen. Die beiden Katzen rufen sich gegenseitig mit hohen Pfiffen. Cool! Bisher hat keiner von uns gewusst, was der Puma für Geräusche macht. Fernando, König der Tierimitation, macht den Pfiff nach. Das Jungtier antwortet und beginnt aufs Auto zuzulaufen. Es setzt sich etwas ratlos direkt daneben und kann sich kaum vorstellen, dass sich seine Mama in dieser Blechdose befindet.

Fernando erzählt mir, untermalt von vielen Pumapfiffen, die ganze Geschichte. Da kommt seine Frau Rosa aufgeregt von der Arbeit nach Hause. Sie hat auf dem Pfad, auf dem wir alle zwischen Gästehaus und Wohnhäusern hin und her laufen, eine Giftschlange gesehen. Das ist natürlich suboptimal und ganz schön gefährlich, ruck, zuck tritt jemand drauf. Während Fernando also immer noch mit mir am Küchentisch mit Spitzendeckchen sitzt und pfeifend Pumas imitiert, gehen seine Frau und sein Sohn mit langen Stöcken und Taschenlampen in die dunkle Nacht hinaus, um die giftigste Schlange im Pantanal zu töten. Typisch – dieser Kontrast zwischen Zivilisation und Wildnis, so nah nebeneinander. Oder vielleicht nicht Kontrast, sondern eher Vermischung bis Durcheinander. Egal. Wie auch immer. Alle haben überlebt, außer vielleicht die arme Schlange, und ich übe seitdem vollkommen erfolglos den Pumapfiff. Unmöglich, weil kein Mensch so hoch wie Fernando pfeifen kann. Bin neidisch.

Mein erster Jaguar

Eine schreckliche Nacht in nass geschwitzten Laken, stehender Hitze, mit furchtbaren Träumen, die mich im Nachhinein nicht loslassen wollen. Auf dem MP3-Player läuft *One* von U2, als auf dem Weg zum Frühstück eine blasse Sonne hinter der Landebahn auftaucht. *One* ist ein gutes Lied für einen melancholischen Morgen – denn neben der oberflächlichen Verzweiflung und Sehnsucht, die (fast) alle Musiker in dieses Lied gelegt haben, gibt es eine Metaebene: die gut gelaunte und entspannte Jack-Johnson-mäßige Akustikgitarre. Man muss ganz schön laut aufdrehen, aber wenn man sie einmal gehört hat, ist es offensichtlich: Der Mann mit der Gitarre hatte einen total duften Vormittag, und dieses ganze finstere »alle Verzweiflung in das Instrument transferieren« geht ihm mal schön am Allerwertesten vorbei. Wenn man also schlechte Laune hat, kann man sich am Anfang zusammen mit dem blöden Bono in alles Elend dieser Welt reinsteigern: »You gave me nothing, now it's all I got« ist z. B. eine prima Zeile für wutentbrannte Briefe von enttäuschter Freundschaft, um dann im Lauf des Liedes auf die fröhliche Metaebene zu wechseln, um die Stimmung zu heben. Heute schaff ich den Sprung leider nicht.

Auf den 110 km^2 Farmland sind heute Morgen exakt zwei Personen unterwegs: Edson und ich. Genügend Platz, sich zu verteilen, sollte man meinen ... Ich sortiere gerade äußert meditativ Datenblätter, da bricht erst eine panische Kuh und dann Edson inklusive Pferd vor mir aus den Zweigen. Ich altere binnen Sekunden um Jahre. Ein kleiner absurder Smalltalk zum Wetter irgendwo im Nirgendwo, und dann geht jeder seiner Wege. Ja, tschö, ich sammele dann mal die Papiere ein, die ich vor Schreck weiträumig von mir geschmissen habe ...

Und es IST aber auch heiß. Ich finde ja immer kein Ende im Feld. Noch dies, noch jenes, ach, doch noch schnell hier den Baum vermessen, und dann ist man auf einmal so kaputt, dass man sich am liebsten am Wegesrand zum Sterben darniederlegen würde. Daher habe ich jetzt neue Regeln aufgestellt. Die vom letzten Jahr (»§1: Ich gehe nach Hause, wenn ich so kaputt bin, dass ich anfange, Zahlen spiegelverkehrt aufzuschreiben«) wurde um die Regeln »§2: Ich gehe nach Hause, wenn ich anfange zu torkeln und dies nicht auf übermäßigen Alkoholkonsum zurückzuführen ist«, und »§3: Ich gehe nach Hause, wenn ich anfange zu schielen und die Tabellenfelder daher schwer auszufüllen sind« erweitert. Heute greifen §2 und §3, also fahre ich etwas früher zurück.

Ein Hauch von Anarchie umweht mich, als ich entscheide, verbotenerweise den Jeep erst NACH der Dusche im Forscherhaus zurück zur Scheune zu bringen. Die werden den ja wohl nicht ausgerechnet JETZT für irgendwas brauchen. Oder?

In der Ferne sehe ich Fernando, wie er vor der Scheune auf- und abspringend, mit wild rudernden Armen, meine Aufmerksamkeit erregen möchte. Ich soll kommen! Och nö. Was ist denn jetzt? Ich mag nicht, ich will meine Ruhe, wenn das jetzt nicht wichtig ist ... Als ich mit dem Jeep bei ihm ankomme, springt er aufs Auto. Runter zum Fluss! Runter zum Fluss! Ein Jaguar ist dort! Er liegt seit Stunden schlafend am Ufer, und alle haben mich gesucht und angefunkt, weil ich ja bis heute noch keinen gesehen habe und deshalb immer schwer am Maulen war. Ab ins Boot, mir schlägt das Herz bis zum Hals – haben wir zu lange gebraucht? Ist er vielleicht schon weg? Fernando drückt mir fest die Hand. Vor der letzten

Flussbiegung kauert Lucas mit den Touristen am Ufer im Wald. Daumen hoch, er ist noch da. Weiter mit dem fast lautlosen Elektromotor. Fernando deutet auf einen Busch am Ufer, ich seh nix. Und dann doch: Tupfen zwischen den Zweigen. Zwei bernsteinfarbene Augen schauen uns aus circa 4 Metern Entfernung interessiert, aber unaufgeregt an, während wir im Boot vor der Böschung treiben. Eine große, schnüffelnde Katzennase. Wunderschön liegt das Jaguarweibchen auf den Uferklippen zwischen den Zweigen. Fernando und ich umarmen uns. Wie toll!

Neue Geschäftsidee: Prekariatssafari in Köln

Der ausgetrocknete Teil des Salzsees im hohen Norden der Farm ist groß, flach und leer. »Hier könnte ein Flugzeug landen«, meint Lucas, mit dem ich im Jeep unterwegs bin, und um es zu beweisen, fährt er schnell über die große Ebene auf die untergehende Sonne zu. Ich mache die Augen zu, der Wind fährt mir durch die Haare, es wird gerade kühl, und alles riecht nach feuchtem Sand und Kampfer. Schon toll, wie Lucas und seine Familie einfach mal 11 000 Hektar zu besitzen. Und dann nicht irgendwelche 11 000 Hektar windige Ruderalfläche in Impekhoven, sondern hier, an einem der zwei schönsten Orte der Welt. Am anderen schönsten Ort der Erde steht eine dicke Kirche, und die Miete pro Quadratmeter kostet, soweit ich weiß, um die 11 €. Da würde man für 11 000 Hektar eine Monatsmiete von 1 210 000 000 Euro bezahlen. Eine Zahl, bei der ich nicht mal weiß, wie man sie richtig schreibt. Allerdings kommt mir da direkt eine Geschäftsidee, die so genial ist, dass man einen Gründungszuschuss in Höhe von 5 Monatsmieten sicher problemlos zugesprochen bekommt: Prekariatssafari in Köln Bilderstöckchen + Samstagabend die Nachtsafari »Ringe

Spezial«. Anstelle von Ameisenbären und Hyazintharas wird das RTL2-Prekariat beim Alltagsgeschehen beobachtet, z.B. wie es abends auf Coyote-ugly-Partys im Kuhstall zum Komasaufen geht oder tagsüber auf den blau-pink gemusterten Sofas sitzt, die Füße auf dem gekachelten Couchtisch und *We are Family* guckt. Diese Safaris sollten mir eine stabile Existenzgrundlage bieten, die am Ende den Kauf einer Finka in Malle neben der von Jürgen Drews erlaubt. Ein Traum wird wahr.

Aber zurück zu Lucas und seiner Farm. Auf dem Heimweg halten wir am Mangababaum. Mangaba ist grün, rund und etwas matschig und hat einen sehr fremdartigen Geschmack. Das Fruchtfleisch klebt sich an den Gaumen, und dann hängen die Kerne beim Ausspucken in langen, schleimigen Fäden aus dem Mund, gehen nicht ab und sehen megaekelig aus. Neben dem guten Geschmack überzeugt die Frucht also ebenfalls mit hohem Spaßfaktor.

Mittlerweile ist es später Abend. Im Forscherhaus blubbert eine ganze Armada Wassertanks mit Kaulquappen der brasilianischen Froschforscher vor sich hin. DAS sind mal Nerds! Im und ums Forscherhaus herum wurde bereits jede Ritze und Ecke mit Stirn- und Taschenlampen, Leitern, Stühlen und Besen nach Fröschen durchsucht. Das Ganze unter allgemeinem, merkwürdig dauerhaftem Jubelgeschrei. Eigentlich sollte man doch erwarten, dass bei jedem Fund gejubelt wird, man dann weitersucht und dann wieder jubelt. Nein, die gröhlen durch. Ich amüsiere mich köstlich und denke bei dem Lärm leicht mitleidig an Ramona, Nachbarin und Frühstücksküchenfrau, die immer um 4 Uhr aufstehen muss.

Jetzt hallen begeisterte Schreie vom Fluss herauf, wo die Froschleute gerade mit Keschern und Gläsern herumrennen. Ich bin derweil allein mit meiner Musik und meinen Gedanken. Draußen die Grillen und das allabendliche Froschkonzert – wie können Froschforscher hier bloß schlafen? Muss man nicht die ganze Nacht mit tellergroßen Augen im Bett liegen und hören, welche Arten man differenzieren kann? Ich für meinen Teil bin frisch geduscht. Es war heiß heute, jetzt endlich erträglich. Ich höre zum dritten Mal *Mr. Curiosity*, zwischendrin muss ich die Kopfhörer aus den Ohren nehmen, weil ein Maultier vor der Tür schreit und ich die ganze Zeit denke, mich würde jemand rufen. Die Menscheninsel im Land der Tiere. So hat es mein Freund Matthes in Köln mal genannt, und es stimmt. Die einzigen Viecher hier drin sind Mücken, die mir in die Beine stechen, Frösche und die blöde Spinne, die mich letzte Woche in den Bauch gebissen hat.

Awesome-/-fulness

Fallhöhe. Das hatten wir schon. Nachdem ich vorgestern auf einer Welle der Überheblichkeit durch den Abend geritten bin, kann ich mich jetzt kaum noch erinnern, was noch mal so großartig war.

»Sometimes I'm just amazed, how awesome I am«, Will, der holländische Forscher, pflichtet mir vorbildlich bei (»You definitely are!«), ohne zu wissen, worum es gerade geht. Er hat einen Nistkasten repariert, in dem jetzt Papageien brüten, und ist daher sowieso der Meinung, besser als Gott zu sein (»Only giving, never taking«), und wir überlegen, das Forscherhaus in »The House of Awesomeness« umzubenennen.

Heute Abend, gleiche Zeit, gleicher Ort, fühle ich mich furchtbar. Verheult und müde – what a difference a day makes … Das Ganze ging morgens schon los: Die erste Kamerafalle gleich im MEGA-Zeckenwald aufzustellen war strategisch vielleicht nicht ganz günstig. In diesem Wald kommen die Zecken von allen Seiten, anstatt, wie sonst, von unten nach oben zu krabbeln. Keine Ahnung warum, aber man hat sie hier im Gesicht, den Ohren und überall. Das war schon immer so. Ist aber nicht so schlimm, nervt nur, denn ab jetzt kann man sich bei den schwülen Temperaturen die ganze Zeit fragen, ob das jetzt eine Zecke oder eine Schweißperle ist, die da juckt. Setzt den Wellnessfaktor der morgendlichen Kamerafallenaufstellaktion deutlich herab. Ungünstig auch, dass ich mir gleich mal an einem dämlichen Bambus die Hand aufreiße. Tut nicht wirklich weh, blutet aber wie Sau, sodass die Machete jetzt in der Hand abwechselnd flutscht und dann klebt, wenn das Blut trocknet.

Auf meinem Fußmarsch zur Kamerafallenposition komme ich an einem Baum mit einer kleinen Höhle drin vorbei. Finde ich ja immer spannend – was wohl darin wohnt? Eine schöne Spinne? Ein Vogel? Fledermäuse? Oder vielleicht doch die stachellosen Bienen, die immer komplett mit Honig eingeklebt sind, sich kamikazeartig auf einen stürzen und sich in den Haaren und überall verbeißen und verkleben, wenn man ihrem Nest zu nahekommt. Ist nicht wirklich schlimm, nervt aber, denn jetzt summt es panisch in den Haaren, im BH, und man bekommt die Viecher da nicht wirklich wieder raus. Kann mir dann auch später deren Beißwerkzeuge aus der Haut prukeln. Jetzt also mit Honig eingeklebt. Interessant: Es scheint ein Locksignal oder Ähnliches in diesem Honig eingebunden zu sein, denn ich werde an dem Tag noch drei Mal von den doofen Viechern an verschiedenen Orten auf der Farm attackiert.

Gerade fahre ich also am hinterletzten Ende der Farm, müde und erschöpft, eingeklebt mit Honig, Blut, Schweiß und voller Zecken, und muss immer noch fünf Fallen aufstellen, da fängt der Jeepinho auf einmal an, ein komisches, metallisches, sehr lautes Geräusch zu machen. Erst letzte Woche ist das Differential kaputtgegangen, und ich mit meiner Autokaputtmachpanik bekomme also echt Angst. Wie so oft taucht natürlich Edson, der Cowboy, aus dem Nichts hier im Nirgendwo auf. Wir robben ein wenig unter dem Auto herum, schön, bleibt der Sand also am Schweiß und am Honig kleben: Die Pantanal-Version von geteert und gefedert.

Ich kann nix am Auto finden, Edson auch nicht, und er meint, ich müsste jetzt eben mit dem Geräusch nach Hause fahren. Ein Stück fahre ich, zumindest bis ich Funkverbindung habe, dann verlässt mich der Mut, und ich bitte um jemanden, der mich abholt. Nicht, dass ich jetzt durch die Fahrerei erst recht was kaputtmache. Zu Fuß nach Hause gehen kann ich nicht mehr, infernalische Mittagshitze, da würde ich auf der Hälfte des Weges zusammenklappen, und mein Wasser ist auch leer. Mendonça funkt, dass er mich abholen kommt, ist aber noch auf der Nachbarfarm, es wird also noch dauern. Als ich zurückfunke, dass er doch bitte was zu trinken mitbringen soll, breche ich ausgerechnet am Funkgerät, wo es die ganze Farm hört, aus Erschöpfung in Tränen aus. Waren vielleicht ein bisschen viele »Ist nicht schlimm, aber ...« am heutigen Morgen.

Rumheulen versuche ich hier sonst zu vermeiden, nicht nur, weil ich mir jetzt dabei auch noch den ganzen Dreck und Sand von den Händen in die Augen reibe. So nah am Wasser gebaut, wie ich bin, genieße ich in Deutschland ab und an ganz gerne mal die regulativ, beruhigende Wirkung einer kleinen Runde Heulerei. Hier auf der Farm sind immer überall Leute, und man muss einigermaßen funktionstüchtig sein, also erlaube ich mir das eigentlich nicht. Kein Platz für so neurotischen Mist. Wenn es dann aber doch mal, so wie jetzt, nicht aufzuhalten ist, entwickelt sich so eine kleine gemütliche Heulerei gern mal zu einem ausgewachsenen Tränensturz. Vollkommen unbremsbar, alles, was aufgestaut ist, kommt raus. Also heule ich einfach mal durch, als mich Mendonça und Fernando abholen. Fernando stellt fest, dass es nur eine kleine Metallmuffe war, die am Rohr geklingelt hat, also nix Ernstes.

Ich heule weiter, als wir nach Hause fahren und ich das kalte Wasser von Mendonça trinke, das aus seiner Kühltruhe zu Hause kommt und irgendwie nach rohem Fleisch schmeckt. Ich heule, als ich mittags was esse, als sich Carol über meinen Gesichtswasserfall amüsiert, als ich nach Hause laufe, und die komplette Mittagspause durch. Am Ende ist man eben doch einfach ein Mädchen. Umso schlimmer: ein DEUTSCHES Mädchen, dessen strikter Zeitplan zu allem Elend jetzt auch noch über die Wupper ist.

Also muss ich nachmittags, vollkommen zerstört vom bescheuerten Morgen, noch mal rausfahren, um die restlichen Kamerafallen aufzustellen. Es wird schnell dunkel, und bei den letzten Fallen ist es schon Nacht. Ätzend. Einziger Lichtblick: ein Tapir mit goldenem Vlies, der mit mir stampfend im Wald rumhampelt. Jetzt also ein kleines Häuflein Elend. 19:30 Uhr, und ich glaub, ich gehe ins Bett. Sollten wir den Schriftzug am Haus in »House of Awesomeness« umändern, könnte man ein Schild vorbereiten, das man im Zweifelsfall über »esomeness« hängen kann: »House of Awfulness« stünde da dann an Tagen wie diesen.

Großkatzenberge und missachtete Ameisenbären

Manchmal hat man Tage, an denen so viel passiert, dass man schon gar keinen Bock hat, alles aufzuschreiben. Ich roll das Ganze mal von hinten auf und fange mit diesen ganzen Großkatzen an, die eben um unser Auto gehampelt sind. Passend dazu genehmige ich mir ein paar von meinen streng kontingentierten Lakritzkatzenpfötchen.

Die Safari ist heute eine »Pink-Tour«, wie Carol es nennt, weil ausschließlich Mädels mitfahren. Drei laute Amerikane-

Der Versuch, mit dem Auto durch die überschwemmte Landschaft zu fahren, endet gerne mal in einer festgefahrenen Situation.

Für das Wasserschweinkind ist sein Papa der liebste Spielplatz.

Eine Ameisenbärenmama trinkt aus einem seichten See.

Kinder in der Wildnis: Im Fluss, in dem die anderen baden, angelt Emilia mit Fernando einen Piranha.

Ertappt: Dieser kleine Buntfalke kackt jede Nacht auf die Terrasse des Forscherhauses.

Arroz, das Sechsbinden-Gürteltier, hat seinen Bau neben dem Forscherhaus und lässt sich für ein wenig Katzenfutter gerne streicheln.

Die Hälfte der Ausrüstung in Deutschland vergessen, aber Hauptsache die Kölschwimpel als Forscherhausdeko sind dabei.

Bei einem Frühlingssturm ist der schöne, alte Baum auf das Dach der Scheune gekracht.

Gerüchteküche: In der Scheune halten die Cowboys jeden Mittag ihre traditionelle Tereré-Runde ab, bei der ein Kuhhorn mit Eistee herumgereicht wird.

Ein Cowboy in Brasiliens Wildem Westen setzt ein modisches Statement mit internationalem Flair.

Mendonça, der alte Pantaneiro, hat „die Höhen und Tiefen des Lebens gesehen und entschieden, dass es gut ist“.

Die Rinderrasse „Nelore" ist „wasserfest" genug, um im Feuchtgebiet überleben zu können.

Einmal im Jahr werden die Rinder zusammengetrieben, um geimpft zu werden

Cowboykultur und Rinderzucht haben im Pantanal eine jahrhundertealte Tradition.

Eine Köhlerschildkröte mit Projekt: „Bis Weihnachten bin ich dann bei den Palmen."

Wenn Homo sapiens den Kürzeren zieht: Gürteltier mit männlichem Geschlechtsorgan beeindruckender Größe.

Köhlerschildkröten sind Landbewohner, man findet sie nur in den südamerikanischen Tropen.

Bei den Nandus brütet der Vater den Nachwuchs aus.

Just another day at the office: Mal wieder unterwegs zu meinen Kamerafallen. © Marc Schmitt

Sensation: Die weltweit erste Aufnahme vom vormals unbekannten Kratzverhalten Großer Ameisenbären durch eine meiner Kamerafallen! Kamerafallen lösen automatisch aus, wenn sie Bewegung und Körperwärme registrieren. So kann das Leben der Tiere beobachtet werden, ohne es zu stören. Foto: CO.BRA

Die Aufnahmen der Kamerafallen zeigen: An bestimmten Bäumen kratzen nicht nur Ameisenbären, sondern auch Pumas und andere Tierarten. Foto: CO.BRA

Ein Mönchsittich knabbert an Cecropien-Samen.

Ein Rot-Grün-Ara im Landeanflug auf seine Nisthöhle.

Gelbbrustaras streiten sich spielerisch um Acurí-Palmfrüchte.

Fernab der Stadt leuchten die Sterne der Milchstraße.

rinnen, eine stille Japanerin, die ständig einschläft, und Carol und ich hinterm Steuer. Alles sehr nett und friedlich. Alle quietschen vor Ekel bei den Vampirfledermäusen im Spukhaus und stoßen bei den niedlichen Füchsen spitze Schreie des Entzückens aus, wie es zur Mädchentour dazugehört. Kaum hält das Auto an, rennen alle zum Pinkeln in die Büsche. Ich mag es ja gern, wenn Klischees erfüllt werden. Das macht die Welt manchmal übersichtlicher.

Nach dem Sonnenuntergangssnack machen wir uns zum Nachtspotten bereit. »So, jetzt finden wir einen Jaguar«, meint Carol. Am nächsten See erst mal ein Fuchspärchen. Denke ich, als ich die zwei leuchtenden Augenpaare im Scheinwerferlicht sehe, dann kommt noch ein drittes dazu. Und ein viertes. Ungewöhnlich, vier Füchse zusammen. Diese Füchse sind auch irgendwie recht groß ... Oder sind das Kühe? Carol klopft aufgeregt aufs Autodach. Motor aus, bedeutet das.

Nix da, Fuchs: Ein großer, prächtiger Jaguar läuft über die Ebene. Wahnsinn. Und was war jetzt mit den anderen Augen, die wir gesehen haben? Carol leuchtet, und da liegen noch mal drei Jaguare herum. Unfassbar. Es ist die Mutter mit den drei schon fast erwachsenen Jungtieren, die Carol und Lucas schon in den letzten Wochen mehrfach gesehen haben. Die vier trollen sich, und übrig bleibt ihre Beute, ein kleines, totes Schwein. Vielleicht kommen sie noch mal zurück, um das Schwein zu holen? Wir bleiben einige Meter daneben am Waldrand stehen, stellen das Auto ab und machen die Lichter aus. Dunkel. Mückenorkan. Zwischen Zikaden und Fröschen hört man in der Nähe die Kibitze schimpfen. Wegen der Jaguare? Nach einigen Minuten schaltet Carol den Scheinwerfer wieder ein, da kommt gerade das männliche Jungtier aus den Büschen und schnappt sich das Schwein. Zieht es stolz und bemüht mit hochgerecktem Kopf rückwärts in die Büsche. Seine Schwester sitzt derweil daneben und beobachtet den

Bruder und uns aufmerksam. Verrückt: Jetzt habe ich in vier Jahren Pantanal vier Jaguare gesehen. Bis heute. Heute noch mal vier erhöht meine Statistik um hundert Prozent. Als ob dem nicht genug wäre, begegnen uns später auf der Heimfahrt noch zwei Pumas: Farmrekord. Sechs Katzen an einem Nachmittag gab's noch nie. Die Japanerin hat sie übrigens alle verschlafen. Genau wie den Jaguar am Fluss am Tag zuvor. Ließ sich auch nicht wecken. Findet das irgendwie aber auch nicht schlimm, ist gar nicht so wild auf Katzen. Pech, massenweise Touristen kommen nur wegen des Jaguars her und sehen keinen, und ausgerechnet bei der desinteressierten Japanerin kommen alle aus den Büschen.

Heute Morgen hat sich außerdem ein mehrfach markierender Ameisenbär in meinem Studiengebiet ausgetobt, der mit seinem Kratzverhalten mehrere sensationelle Neuentdeckungen liefert. Wirklich sehr, sehr toll! Der arme Ameisenbär – hat sich so bemüht, heute Wissenschaftsgeschichte zu schreiben, und jetzt vertagt sich seine internationale Berühmtheit wegen eines Haufens Großkatzen.

Leeven Nandu

Nachmittags fahre ich alleine raus, meditatives Seenabklappern und Ameisenbärenfinden. Einer läuft im hohen Norden rum, und die mal wieder sterbende Kamerabatterie hält knapp für ein Foto durch, dann verschwindet der Bär auch schon wieder im Wald. Ich bin auf dem Heimweg, die Sonne tief und golden über den rapide austrocknenden Seen, da seh ich in der Ferne einen Nanduvater mit seinen vielen Babys. Sehr, sehr niedlich. Bei den Nandus bereitet das Männchen das Nest vor, paart sich dann mit mehreren Weibchen, die alle ihre Eier in dasselbe Nest legen, um anschließend in Mailand Schuhe kaufen zu gehen oder was Nanduweibchen sonst gerne machen. Nägel lackieren und *In Touch* lesen vielleicht. Auf jeden Fall bleibt das arme Männchen auf dem ganzen Eierhaufen sitzen und hat danach das Vergnügen, den Sack Flöhe von kleinen, wuseligen Laufvogelküken allein unter Kontrolle zu halten. Nicht gerade beneidenswert.

Der Nandu, der bei uns um die Farmhäuser wohnt, heißt Wallküre, etwas unpassend, ist ja ein Männchen. Wallküre hat auf jeden Fall gerade eine Bagage von 24 Küken an der Backe. Na ja, 24 waren's letzte Woche, jetzt sind's schon nur noch 20. Tendenz fallend. Festschmaus für Füchse, Kaimane und auch sonst so ziemlich jeden. Wäre ich abgrundtief gemein, würd ich's ihm fast gönnen – immerhin hat dieser blöde Vogel vor zwei Jahren mein Nachthemd von der Wäscheleine geklaut. Kathrin hat es erst zwei Monate später in irgendeiner Wiese hinterm Haus wiedergefunden.

Hier, jenseits des Sees, also noch so ein gestresster alleinerziehender Vater. Ich schaue ihnen ein wenig mit dem Fernglas zu. Auf meiner Seeseite, knapp neben der Straße, bewegt sich eine Sandwolke. Komisch. Ich steige aus und gehe gucken. Oh nein! Ein Nandüküken mit kaputtem Bein! Verzweifelt versucht es, hinter den anderen herzukommen, die sind aber schon über alle Berge. Fuchsabendessen. Es sei denn ... Anlauf, drauf und schon halte ich ein kleines, piependes Nanduküken im Arm und fühle mich surreal. Ich stecke es in die Mittelkonsole, da ist es dunkel und weich. Als ich losfahre, pfeift es noch aufgeregt, dann wird es still. Ich schaue vorsichtig durch den Luftschlitz – vor lauter Aufregung eingeschlafen. Andere kommen mit der Aktentasche unterm Arm nach Hause, ich mit einem überdimensionierten Vogelbaby.

Jetzt wird es von den Nachbarn großgezogen, die hatten gerade Kapazitäten und waren sowieso in Trauer, weil eine Schweineherde des Nachts ihr kleines Lamm aufgefressen hatte, das sie mit der Flasche großzogen. Jetzt also die hoffentlich erfolgreichere Aufzucht des Nandus. Wurde von dem Kind der Köchin total kreativ »Baby« getauft. In ein paar Jahren rennen also möglicherweise die beiden zwei Meter großen Nandumänner Wallküre und Baby hier ums Haus. Gut, dass die nicht unsere Sprache sprechen ...

Die singende Katze

Leticia und Emilia haben im Garten einen Kaufladen errichtet. Direkt neben einem Komposthaufen, auf dem eine grüne, giftige Schlange sitzt. So sollen und wollen sie den Umgang mit Geld lernen, jetzt, wo sie unter der Woche in der Stadt wohnen, um dort die höhere Schule zu besuchen. Eigentlich war ich gerade mitten in der Datenauswertung am Computer, Lucas auch megabeschäftigt, jetzt also eine halbstündige Unterbrechung, in der wir bei den Kindern kaufen und handeln. Etwas unfokussiertes Warenangebot im Tante-Emma-Laden des Pantanals, von Obst bis zu magischen Gegenständen (Preis mit Magie-Aufschlag) ist alles am Start. Als Erstes kaufe ich eine magische Frisbeescheibe, die Raum und Zeit überbrücken kann. Damit kann ich jetzt von Brasilien aus mit euch in Deutschland Frisbee spielen. Realtime. Gut, ne? Außerdem im Shoppingwahn erstanden: Tischschmuck aus verrosteter Stahlwolle, zwei Papayas und ein Jabirustorch, der, wenn er aus der Luft Ameisenbären sieht, ein rotes Banner am Himmel ausrollt (Highlight für Ameisenbärenforscher. Schnäppchen: vier Pantanal Dollar + eine Papaya gratis). Lucas hat mir leider das magische Gewürzset vor der Nase weggekauft, da kann man sich jeweils wünschen, welches Gewürz rauskommt.

Harte Preisverhandlungen mit Emilia um die singende

Katze: Die wurde als magisches Objekt und daher teurer angepriesen. Lug und Trug, kann man sich ja relativ einfach selbst basteln (Farmkatze einfach mal einen Tag nicht füttern). Konnte den Preis mit diesem Totschlagargument um 50 % drücken.

Manchmal frage ich mich schon, wie der Alltag bei anderen Tropenforschern so aussieht …

November Rain

Dunkel hatte ich mir die Regenzeit vorgestellt. Regen den ganzen Tag, heiß und haufenweise Mücken. Vollkommen daneben. Der Sommer im Pantanal ist schön. Ja, es ist heiß, sehr heiß sogar. Wenn man den Ventilator anstellt, wird alles nur schlimmer, denn der bläst einem nur warmen Wind ins Gesicht. Dann wird es Tag für Tag unerträglicher mit der Hitze, man hält es kaum noch aus, und die Luft ist schwer vor Feuchtigkeit. Die Sonne brennt, alle warten auf Regen und hoffen und spekulieren vor der Küche mit einem Kaffeebecher in der Hand. Irgendwo am Himmel eine riesige Wolke, aus der eine Regensäule fällt. Leider nicht auf uns. Dann am Horizont eine Wolkenbank, der Wind verdichtet sich zum Sturm, dann fliegt mein Mülleimer von der Terrasse, und die Hängematte bläht sich im Wind, und alle freuen sich – endlich kommt der Regen??! Und dann, nachdem uns die Wolken solche Hoffnung gemacht haben, zieht er vorbei, und die Hitze legt sich wieder über alles. Wir fahren mit den Gästen auf Safari. Ein paar Wölkchen am Himmel, aus Witz strecke ich die Hand aus dem Fenster der Fahrerkabine und rufe laut: »RAIN!!!« und – was soll ich sagen – es beginnt wie aus Kübeln zu regnen. Ich sitze hinterm Steuer ja im Trockenen, an den tapfer lächelnden Gästen oben auf dem offenen Auto nehmen die riesigen Tropfen aber eine Hochdruckreinigung vor. An Regenjacken hat natürlich keiner gedacht. Ein Ameisenbär kämpft sich nass und triefend Richtung Wald. Dann ist es wieder vorbei, und ein, zwei Tage wird es kühl und frisch sein. Die Sonne wird wieder scheinen. Dann wird es wieder heiß, und irgendwann kommt dann aufs Neue Regen. Grün explodiert, dass man denkt, jetzt könne es wirklich nicht mehr leuchtender werden, und doch wird alles immer noch saftiger. Alle Grüntöne dieser Erde vereinigt im pantanesischen Wald. Um die Seen herum bemüht sich ein Ring aus Gras um die Neonfarbe indonesischer Reisfelder und schrammt nur knapp daran vorbei.

Landschaftlich vielleicht die schönste Zeit des Jahres. Die großen, dicken Wolken lassen den Himmel riesig aussehen, Regenbogen an jeder Ecke und fast minütlich eine andere Lichtstimmung. Die Sonnenuntergänge überbieten alles bisher im Winter Dagewesene, und DAS war schon kitschig bis zum Anschlag. Vorne die Sonne im roten Wolkennest, hinter mir ein Regenbogen nebst rosa Regenschleier. Ich weiß gar nicht, wo ich hingucken soll.

Nur Tiere sieht man weniger. Mit meinen Ameisenbären habe ich meine liebe Not, und auch sonst zeigen sich weniger Säugetiere. Ist nicht so, dass man sie gar nicht sieht, aber etwas mehr Geduld braucht man schon. Der Wald ist voller Früchte, da müssen sie zur Futtersuche nicht so viel in der Savanne rumlaufen, wo es ohnehin in der Sonne zu heiß ist. Falls ich an dieser Stelle meine ganz persönliche Reiseempfehlung fürs südliche Pantanal aussprechen darf: Hat man wenig Zeit, also zwei, drei Tage, und will möglichst viele Viecher sehen, kommt man am besten im Winter (Mai/Juni/Juli). Hat man mehr Zeit, lohnt es, sich im November oder auch April tiermäßig in Geduld zu üben und dafür die schönere Landschaft um sich zu haben.

Ich stehe um 11 Uhr im zikadenzirpenden Wald, der Schweiß tropft mir vom Kinn, beim Pinkeln hab ich meinen Hammer für die Kratzbaumschilder verloren, die Finger zittern, und auf einmal weiß ich nicht mehr, wie rum verdammt noch mal die 6 geschrieben wird. Stehe wie der letzte Idiot in der Pampa und überlege. Mein Tabellenblatt füllt sich mit Sechsern in verschiedenen Richtungen, immer wieder durchgestrichen. Sieht man mal, was die Sonne aus einem machen kann. Es greift heute also wieder §1: »Ich gehe nach Hause, wenn ich so kaputt bin, dass ich anfange, Zahlen spiegelverkehrt aufzuschreiben.« Nachmittags kühle ich zusammen mit Lucas und seiner Familie den überhitzten Kopf im Fluss. Bötchen fahren, baden, Biertrinken, Popcorn essen und Tiere gucken. Zu Hause fühlen. Toter Mann spielen (aber nicht zu lang, ich möchte ungern die Piranhas von der Echtheit meiner Performance überzeugen). Toter Mann hat den Vorteil, dass die Ohren unter Wasser sind, denn die Mädels packen ihre hochfrequenten Glaszerstörerschreie aus, als sie Fischotter spielen. Ein leuchtend türkiser Motmot fliegt auf der anderen Flussseite auf.

Emilia hat Geburtstag. Einer der Cowboys bringt ihr einen triefenden Spieß mit einem riesigen Brocken frisch gegrilltem Rindfleisch als Geburtstagsgeschenk – für ein achtjähriges Mädchen. Die kleine Pantaneira zerteilt das Stück mit der überdimensionierten Machete in mundgerechte Stückchen. Mit der gleichen Machete zerschneiden wir später Leuchtstäbe, diese Stäbe, die man knickt, damit sie leuchten. Wir lernen: Schneidet man die auf und spritzt die Leuchtfarbe in die finstere Pantanal-Nacht, ergibt das eine unvergleichliche Zauberdisko. Sieht aus wie ein Sternenhimmel auf dem Boden, und keiner ist mehr zu bremsen. Lucas' Hinweise, dass die Leuchtfarbe möglicherweise giftig sein könnte, gehen im allgemeinen Durcheinander unter. Besonders toll: durch die Farbe laufen, dann leuchten die nackten Füße, und man kann eine Spur quer durchs Wohnzimmer ziehen! Eine pippi-langstrumpfhafte, Konsequenzen ignorierende Ausgelassenheit macht sich breit. Zwischen den bunterleuchteten Spritzern sieht man leuchtende Fußsohlen tanzen. Läuft man drüber, ist es, wie auf Sternen zu laufen. Unglaublich schön. Emilia rutscht aus, fällt hin, steht wütend und komplett leuchtend eingeschmiert wieder auf und entschwindet mit einem entrüsteten »Gar nicht cool« wie ein ärgerliches Glühwürmchen. Nachdem alle relativ flächendeckend mit Leuchtfarbe eingekleistert sind, schaut Lucas dann doch noch auf die Produktverpackung und entwarnt – ist nicht giftig. Man braucht es ja nicht gleich zu essen. Selbst wenn, dieses unbeschreiblich schöne Erlebnis wäre jeden Leberschaden und jedes ausgefallene Haar wert gewesen. Manchmal muss man Prioritäten setzen.

Die MacGyverin

Ein Tag voller Abenteuer endet mit der Erkenntnis: Ich bin die neue MacGyverin. Habe gerade mit einem Nagel und einer alten Jeans das Problem am Schließmechanismus meiner neuen Haustür behoben. Sehr stolz auf mich. Dabei bin ich mal wieder todmüde. Der letzte freie Tag, oder zumindest freie Vormittag, ist jetzt fast zwei Wochen her, und so akkumuliert sich langsam das frühe Aufstehen zu einem ausgewachsenen Schlafdefizit. Draußen und bei uns auf dem Klo regnet es durch ein Loch im Dach. Kühl. Tolles Schlafwetter ohne Rumwälzen in verschwitzten Laken.

Schön frisch steigen Lucas und ich daher morgens auf die Pferde, um meine Kamerafallen auf der anderen Flussseite aufzustellen. Seit der großen Flut kommt man dort nur noch mit den Pferden hin, das Wasser geht bis zum Sattel. Die Landschaft ist wechselhaft und ganz verzaubert. Ein See voller Jabiru-Störche. Es ist immer etwas Besonderes, in Gegenden zu reiten, wo sonst nur selten jemand ist. Ein Gefühl von Abenteuer hängt dort zwischen den Bäumen. Lucas bietet auf seinem großen, schönen Pferd verschiedene Motive für das Monatsblatt eines Pferdekalenders, der in deutschen Reiterstübchen oder Mädchenzimmern hängt.

Wieder zurück und schnell Pferde absatteln, duschen, Mittagessen und dann nix wie in die Hängematte. So der Plan. Während der wenigen Minuten, in denen ich dusche, schafft es Lucas, mit einigen Gästen auf dem Fluss zu verschwinden. Alle anderen müssen mit dem Essen warten, ich fress vor Hunger gleich die Tapete von der Wand. Irgendwann kommen sie mit strahlenden Gesichtern zurück: zwei Jaguare unten am Fluss. Sie sind ganz überstürzt losgerannt und mit dem Boot weggefahren. Sehr überstürzt: Ein Schweizer wurde von seiner Ehefrau eiskalt zurückgelassen, weil er zu lange unter der Dusche brauchte.

Nach dem Essen wollen alle nachschauen, ob sie noch da sind, ich renne zur Scheune, um den Jeep zu holen. Als ich in die Garage komme, liegt eine circa 1,5 Meter große Schlange über der Motorhaube und schaut mir ertappt entgegen. Wir starren uns einige Zeit etwas ratlos an. Allzu giftig ist sie nicht, aber ich kann ja jetzt wohl kaum mit der Schlange auf dem Auto die Gäste holen. Anfassen will ich sie auch nicht, denn diese Parrot-Snakes haben ein gewisses Aggressionspotential. Wir gucken uns immer noch verlegen an. Ich drehe mich um, um mir einen Besen zu nehmen, mit dem ich sie runterkehren kann. Als ich mich wieder zurückdrehe, ist sie weg. Wie vom Erdboden verschluckt. Ich gucke im Auto. Auf dem Auto. Unterm Auto. In der restlichen Garage. Hab ich das eben geträumt? Im Nachhinein fühlt sich dieser Moment des gegenseitigen Anstarrens irgendwie surreal an. Aber da WAR eben eine Schlange. Oder? Verdammt. Fange ich an durchzudrehen? Schlangen zu sehen, wo keine sind, ist definitiv kein gutes Zeichen.

Letzter Versuch, ein Blick unters Armaturenbrett. Hinter den Kabeln rechts neben dem Blinker schaut mich ein glasiges Auge an. Aha. Da wohnst du also. Gut, da krieg ich die jetzt eh nicht rausgefriemelt, fährt sie halt mit. Ich sammle alle ein, sechs Leute auf den kleinen Jeep gestapelt, und just als wir am Fluss ankommen, fängt es an zu schütten wie aus Kübeln. Alle erst mal wieder in die Scheune. Gucken uns die Schlange an, die sich jetzt hinter dem Handschuhfach eingerollt hat.

Fernando kriegt die Krise. Carol meint, sie hätte die vor einigen Monaten schon mal auf dem Auto gesehen, vermutlich wohnt sie da also seit einer Ewigkeit. Ich freue mich riesig – wie süß! Ein Mitbewohner, der allem Anschein nach seit Monaten mit uns durchs Pantanal fährt. Fernando verdreht die Augen. »Die kann da doch jetzt nicht wohnen bleiben – überleg mal, die kommt da raus, wenn wir gerade mit Gästen unterwegs sind!«

Ich find's toll. Ein unsichtbarer Kumpane, der alle Abenteuer mitbestreitet. Bisher konnte ich ihr Bleiberecht verteidigen.

Nach dem Regenguss runter zum Fluss ins Boot, und hinter zwei Flussbiegungen sind sie tatsächlich noch zu sehen – die beiden schon fast erwachsenen Jaguargeschwister. Liegen zusammengekuschelt unter einer Palme und schauen uns neugierig entgegen. Keine Spur von Angst. Der eine leckt dem anderen liebevoll über den Kopf, steht auf, und anstatt in den Wald zu gehen, legt er sich dick und breit in den strahlenden Sonnenschein an der Uferböschung. Beobachtet über unsere Köpfe hinweg verträumt ein Wasserschwein auf der anderen Flussseite. Leckt sich die dicke Pranke. Legt den Kopf ab und träumt ein wenig. Kuschelt sich noch mal zum anderen. Eine halbe Stunde treiben wir vor ihnen und können unser Glück kaum fassen. So entspannt! Im Gegensatz zu mir – Hängemattenzeit für Jaguar geopfert, und bei der Nachmittagssafari fallen mir hinterm Steuer fast die Augen zu. Oben auf der Ladefläche werden mir die Gäste nassgeregnet. Und wieder kein Ameisenbär. Jetzt hab ich in den letzten drei Wochen so viele Jaguare wie Ameisenbären gesehen. Absurd ...

Das Fest der festgesteckten Kuh

Heute Abend wurde das Fest »der festgesteckten Kuh« gefeiert. Bei dieser unfreiwilligen Feierlichkeit trafen sich weite Teile der Farmmitarbeiter sowie alle Gäste an einem Salzsee und fuhren rund um zwei Kühe im bunten Reigen Fahrzeuge im Schlamm fest. Den Anfang machten Fernando und Carol beim Versuch, mit dem Safaritruck zwei Kühe zu befreien, die in einem austrocknenden See im Matsch stecken geblieben waren. Abschleppseil um die Hörner geschlungen, angefahren ... und selbst stecken geblieben. Also kommt Hugo mit den anderen Gästen und dem Pick-up: Abschleppseil an den Safaritruck gebunden, angefahren ... und selbst stecken geblieben. Also kommen Edson und Luis mit dem Traktor: Abschlepptseil an den Pick-up, angefahren ... und ebenfalls stecken geblieben. Dann machen sich Lucas und ich mit dem zweiten Traktor auf, um den ersten Traktor, den Pick-up, den Touritruck und die Kühe rauszuziehen. Auf der Fahrt dahin überfällt mich oben auf dem Kotflügel des Traktors mit einem Bier in der Hand eine absurde Glücksausschüttung. Tore auf- und zumachen, im funzeligen Scheinwerferlicht flieht ein Tapir. Rund um den Salzsee hampeln ja mittlerweile alle Gäste,

Cowboys und Guides rum, und eine volksfestartige Stimmung macht sich breit.

Auf der Heimfahrt im Konvoi dann die zwei obligatorischen Pumas, den dritten habe ich heute Morgen beim Bäumevermessen in den Wald springen sehen. Grrr. Also langsam regen mich diese Katzen auf. Ich weiß, Luxusprobleme. Und trotzdem:

Heute: 3 Pumas – 0 Ameisenbären

Gestern: 1 Puma – 0 Ameisenbären (+ vermutlich zwei Pumababys)

Vorgestern: 1 Puma – 0 Ameisenbären

Wo stecken diese verdammten Ameisenbären?

Pleiten, Pech und Pannen

Man sollte hier im Pantanal des Nachts nicht aufs Klo gehen. Vorgestern bin ich barfuß auf dem Weg ins Bad auf einer Fledermausleiche ausgerutscht. Gestern Nacht dann wieder totales Unwetter. Ich liege im Bett und sehe die Palme vor meinem Fenster schemenhaft hinter dichten Regenschleiern im Sturm schwanken. Ohrenbetäubendes Dröhnen des Regens auf dem Dach und Donnergrollen. Es blitzt unaufhörlich, als hätte jemand ein Stroboskob angeschaltet. Ohne Übertreibung. Genervt fällt mir plötzlich Lucas' Kamerafalle am Fluss ein. Shit! Die Falle versucht auf einem Ast, knapp über der Wasseroberfläche, rauszubekommen, welches Tier da komisch hingekackt hat. Der Fluss dürfte bei den Regenmassen aber rapide ansteigen, womit sich die Kamerafalle evtl. nicht mehr knapp über, sondern knapp unter der Wasseroberfläche befinden könnte ... Lucas ist in der Stadt und hat mich gebeten, die Falle einzusammeln, falls es regnen sollte. Bei aller Liebe, jetzt geh ich da nicht raus.

Vor dem Frühstück renne ich schon Richtung Fluss, um die Kamerafalle zu bergen, bevor vom Oberlauf noch mehr Wasser in den Fluss drückt. Irgendwas kratzt mich dabei im Nacken. Das Schild vom Shirt, denke ich, fasse hin – was Großes, das sich komisch anfühlt, ein Ast? Ich nehm es, es kneift irgendwie, und ich schmeiß es auf den Boden. Beiläufig schaue ich noch mal, was das jetzt war: eine riesige Vogelspinne. Die suchte angesichts des Wetters möglicherweise ein warmes Plätzchen unter meinem T-Shirt. Also ... ich mag die ja eigentlich, aber UÄÄÄÄÄH. Auf mir drauf müssen die nicht unbedingt rumsteigen. Habe wenig Zeit, mich darüber aufzuregen – schnell ins Kanu. Glück gehabt. Die Kamerafalle ist noch knapp über dem Wasser.

Später sehe ich ENDLICH, nach vielen ameisenbärenlosen Tagen, einen am See oben im Norden rumwackeln. Ich stelle das Auto ab und pirsche mich ran. Jetzt gaaanz leise, ich muss nahe herankommen, um ein gescheites Registerkartenfoto zu bekommen. Vorsichtig um die Äste und Blätter rumschleichen, nicht rascheln ... bin schon ganz nah ... bloß kein Geräusch machen ... »MÖÖÖH!« Auf hohen Hufen bricht ein Kalb aus den Ästen, trampelt mit Mordsgetöse einmal quer über alle Blätter auf mich zu. »MÖÖÖÖH!!!!« Ich habe dooferweise ein weißes T-Shirt an, und das dämliche Vieh sucht seine Mama. Die ist auch weiß, das war's dann aber auch hoffentlich mit der Ähnlichkeit. Versuche, es leise zischend mit ausladenden Armbewegungen wegzuscheuchen, aber das hilft nicht. »MÖÖÖÖH!«

Jetzt dämmert auch dem Ameisenbären langsam, dass da was los ist. Huch?! Eben war noch alles so schön friedlich?! Sein wehender Schweif entschwindet zwischen den Bäumen. Scheiße. Nachdem ich das Kalb überzeugen konnte, dass ich NICHT seine Mama bin, neuerliche Schleich- und Suchaktion. Irgendwo muss der doch jetzt noch sein ... Ah, da vorne, huch, jetzt ist er weiter gerannt … Ich laufe frohen Mutes hinterher. Ein erstes, noch recht weit entferntes Foto, da raschelt was im Gebüsch neben mir. Och nö, jetzt nicht wieder das dämliche Kalb. Eine schmale, graue Schnauze mit misstrauischem Auge schiebt sich aus den Blättern und mustert interessiert eine Sache, die sich einen Meter neben mir in einem mir unsichtbaren Paralleluniversum befindet. Äh … Ameisenbär! Hä, der war doch da vorne?? Ist er auch immer noch. Es sind tatsächlich zwei! Was ein Glück. Am Ende bekomme ich registertaugliche Fotos von beiden und filme sogar, wie einer an einem Baum markiert. Juchhu!

Mangos und ein Maultier mit Klebeschnurrbart

Karnevalsanfang. Auf Facebook posten Menschen Fotos in Kostümen, und mich überschwemmt der kalte Neid. Ich arbeite am Computer, höre dabei Karnevalsmusik und wünsche mir das Beamen herbei. Menno! Nur mal kurz auf zwei, drei Kölsch in einer stickigen Kneipe schunkeln, die Schulter am Schunkelnachbarn festgeschwitzt. Der Boden klebt, und es riecht nach einer Mischung aus Bier, Schminke, Perücken und Fellkostümen, die monatelang im Keller lagerten. Sich kurz mal aufregen, wenn *Drink noch ene met* mit einem schnöden, laut gegröltem »Zick Zick Zick eröm« entheiligt wird.

Ich sitze vor dem Gästehaus unterm Dach. Vor mir der Mangobaum, die Ebene, die Palmen, der Fluss, Nandus und Pferde. Heute ist Computertag. Datenbögen eintippen, bevor hier das vollkommene Chaos ausbricht. Die Position unter dem Vordach anstatt wie sonst direkt unter dem Mangobaum ist übrigens eine Präventivmaßnahme: Seit Beginn der Mangosaison ist der direkte Aufenthalt unter dem Baum lebensgefährlicher als jede Farvela während einer Polizeirazzia. Im Minuten-, wenn nicht Sekundentakt platschen die Mangos mit Wucht und Getöse auf den Boden. Ein Windstoß, und sie prasseln runter. Man duckt sich nur noch so schnell wie möglich mit erhobenen Armen unter den Zweigen durch. Reginaldo, der Gärtner, läuft gerade vor meinem Arbeitsplatz im Zickzackkurs unterm Baum rum und versucht Mangos in eine Schubkarre zu sammeln, während rechts und links von ihm die dicken Früchte einschlagen. Stressige Angelegenheit, allein beim Zugucken, ein wenig wie im Jump'n'Run-Computerspiel. Zum Essen gibt es Mango in allen Varianten: Mango pur, Mango-Pudding, Mango im Salat, Hühnchen gefüllt mit Mango, Mangosaft usw. ... Die Ersten haben sich schon übergegessen, und die anfängliche Begeisterung ist einer gewissen Katerstimmung gewichen. Ich feiere nach wie vor frenetisch, mal sehen, wie lange das noch anhält.

Aber nicht nur wir essen uns dumm und dämlich an den Mangos: In den Ästen vor mir sitzen lärmend die Papageien, und auch bei den domestizierten Tieren wurde ein gewisser subversiver Ehrgeiz geweckt, an die Mangos hinter dem niedrigen Zaun zu kommen, der das Gästehaus umgibt. Einmal am Tag setzen die Schafe auf den Überraschungseffekt kombiniert mit Geschwindigkeit: Die ganze Herde stürzt sich unter dem Zaun durch ins verbotene Territorium, jeder schnappt sich, so schnell er kann, so viele Mangos wie möglich, und dann galoppieren alle wieder davon, stellen sich möglichst unauffällig auf die Weide und tun so, als wäre nix gewesen. Mein gerissenes Maultier Papola ist die Einzige aus der Pferdeherde, die eine erfolgreiche Strategie zum Mangoklau ausgeklügelt hat: Rechts hinter der Palme schleicht sie sich unauffällig an den Zaun heran. (Im Rahmen ihrer Möglichkeiten. Super getarnt so ein dickes, rotes Maultier auf grüner Wiese mit schweren Hufen ...) Verstohlener Blick aus dem Augenwinkel rüber zu mir. Ich tue unbeteiligt, und das Klebeschnurrbartmaultier auf geheimer Mission ist beruhigt: »Ah, sie hat mich nicht entdeckt.« Ebenso dezent wie behände springt sie über den Zaun und beißt ohne Umschweife in die erstbeste Mango, dass der Saft nur so aus dem Maul spritzt. Triumphierender Blick zu den anderen Pferden jenseits des Zauns, denen es für so eine Aktion entweder an Intelligenz oder Beharrlichkeit fehlt. Lucas ist genervt. »Lydia, räum mal dein Maultier da weg!«

Schlafstörung

Manchmal sehnt man sich hier die anonyme Lärmbelästigung der vierspurigen Straße, neben der ich in Köln wohne, als Alternative zum schlafraubenden Tiertheater im Pantanal herbei. Frösche und Nabelschweine nimmt man nachts ja kaum noch wahr. Ständiges Quaken, Brummen und Zähneklappern vor dem Fenster. Genau wie das Rascheln, Fiepsen und Klopfen der Fledermauskolonie in der Zwischendecke über meinem Schlafzimmer. Morgens Brüllaffen und schnatternde Guans, davon wacht man nicht mehr auf. Irgendwas findet sich aber dennoch immer wieder, um einem den Schlaf zu rauben.

Vorgestern war Fernandos Geburtstag: Grillen, Lagerfeuer, nach einigen versauten Witzen und Caipirinhas wird Fernando philosophisch. »Nach dem Tod sind alle gleich. Wen interessiert dann noch dein schönes Auto und dein tolles Haus?«

»Aha, wo sind bitte das schöne Auto und das tolle Haus? Ich wäre da schon dran interessiert …«, schießt seine Frau zurück.

Von dicken Fleischklumpen werden saftige Stücke mit knuspriger Kruste geschnitten, am Ende gehen alle um 23 Uhr ins Bett. Für Pantanalverhältnisse eine wilde Partynacht.

Am nächsten Tag bin ich entsprechend müde und freue

mich auf die Mittagspause. Leider oder Gott sei Dank möchten die Gäste gerne was über meine Arbeit erfahren. Anstatt in der Hängematte zu liegen, stehe ich jetzt also vor der Power-Point-Präsentation und erzähle über Ameisenbären. Danach schnell nach Hause – 20 Minuten bleiben noch für ein kleines Schläfchen, bevor ich wieder los muss. Da läuft ein Tapir am Haus vorbei, und ich sitze, wiederum anstatt in der Hängematte zu liegen, geduckt im hohen Gras unseres Gartens und mache Fotos. Mittagspause vorbei, entsprechend müde gehe ich also abends nach der Safari extra früh ins Bett. Um Mitternacht wache ich zum ersten Mal auf, weil die Wasserschweine im See hinterm Haus Alarm schlagen. Bellen, Wasserplatschen, alles ohrenbetäubend. Grrr ... Irgendwann schlafe ich wieder ein, um 2 Uhr geht's wieder los. Und um 3 Uhr. Jedes Mal mit tellergroßen Augen im Bett. Am nächsten Tag sehen alle in der Nachbarschaft wegen des nächtlichen Theaters leicht gerädert aus. Edson findet Jaguarspuren hinter den Häusern. Deswegen haben sich die Wasserschweine so aufgeregt ...

Also HEUTE dann aber echt Mittagspause. Schöööön in die Hängematte. Hach! Gerade zurechtgeräkelt, da baut sich DIREKT neben mir der hier residente Seriema, ein bodenlebender Vogel, auf und setzt mit seinem ohrenbetäubenden Reviergesang ein. Nicht umsonst wird denen eine Verwandtschaft zu den extinkten Terrorvögeln angedichtet. Ein zweiter kommt dazu, infernalisches Gebrüll rund um meine Hängematte, und das war's dann also auch mit dieser Mittagspause. Bin ja mal gespannt, was mich als Nächstes vom Schlaf abhalten wird. Grrrr ...

Abgesehen davon: Höre gerade *She came on* von Super Delux. Sicherlich kein musikalisches Highlight der Neunziger aber eines dieser Lieder, wegen denen ich vor 17 Jahren tagelang mit dem Finger überm Aufnahmeknopf vor der Stereoanlage saß, um es aus dem Radio aufzunehmen. Klassiker: Wenn es dann endlich kam, hab ich vor lauter Aufregung zu spät gedrückt, und dann gab es nach einer Minute eine Verkehrsmeldung, der Rest des Liedes wurde abgebrochen. Jetzt fiel mir das Lied wieder ein, zwei Klicks am Computer, und schon spielt es auf meinem MP3-Player. Schöne neue Welt.

Stacy, der Seriema mit dem Röntgenblick

Seriemas sind Vögel, die hauptberuflich auf hohen, roten Beinen sinnbefreit auf der Straße vor Autos herrennen. Auf die Idee, abzubiegen oder wegzufliegen, kommen sie nicht. Und neugierig sind sie. Meine Kamerafallen sind grundsätzlich voll mit endlosen Bilderserien narzistischer Vogel-Selfies mit roten Schnäbeln und starrem Hypnoseblick aus blauen Augen. Seriemas fressen Schlangen und große Insekten, weswegen die Leute sie gerne in der Nähe der Häuser haben (ich auch, solange ihre Unterhaltungen nicht 150 Dezibel überschreiten). Unsere Haus- und Hof-Seriemas sind mittlerweile so zahm, dass der Nachbarjunge mit ihnen spielt und einer der Vögel sogar aus der Hand frisst. Jeden Nachmittag kommen sie an meiner Hängematte vorbei und grüßen mit einem Knurren. Oder brüllen mir halt wie vor ein paar Tagen die Ohren weg. Das Gezeter neben meiner Hängematte zielte übrigens auf den erwachsen gewordenen Nachwuchs ab. Das Küken, das seine Kindheit neben unseren Häusern verbrachte, ist mittlerweile groß und wird jetzt gerade in dezenter Lautstärke von den Eltern aus ihrem Revier hinauskomplementiert. Drei Seriemas rennen deshalb tagelang zeternd um unser Haus, das Küken vorweg, die Eltern hinterher, ich missgelaunt in der Hängematte daneben.

Mittlerweile ist das Küken tatsächlich von der Forscherhausterrasse auf die Terrasse der Küche umgezogen. Wenn wir zu Mittag essen, steht es jetzt so nah vor dem Fenster des Essensraums, dass der Schnabel fast die Scheibe berührt, und starrt uns bewegungslos und erwartungsfroh aus aufgerissenen blauen Augen an. Hat fast schon einen Gruseleffekt wie im Zombiefilm. Ich muss an das großartige Entenphobie-Comic von Gary Larson denken, *The Far Side*. »Seriemaphobie – die Angst irgendwann, irgendwo von einem Seriema beobachtet zu werden.«

Es zieht mal wieder eine Kaltfront durch, und bei den heutigen 5 °C steht das Vieh aufgeplustert wie ein Bollen Zuckerwatte vor der Küche. Schönes Motiv für meine Fotostudie: »Kältebedingter Eleganzverlust bei Vögeln«, still in progress …

Zur Schnauzenniedlichkeit des Ameisenbären

Um noch mal an dieser Stelle den Lehrauftrag zu erfüllen, ein kleiner Einschub zur Schnauze des Ameisenbären. SCHNAUZE. NICHT Rüssel. Ständig wird dem Ameisenbären ja fälschlicherweise ein Rüssel unterstellt. Rüssel sind lange Nasen, auch bekannt durch Perlen der deutschen Unterhaltungsfilmindustrie der Achtzigerjahre.

»Ursprünglich bedeutet Rüssel laut Wikipedia (griech. Proboscis) bei Tieren eine verlängerte, fleischige Nase mit den Nasenlöchern am unteren, freien Ende.« (Tapire haben zum Beispiel Rüssel und Nasenbären auch, wobei deren Rüssel so kurz sind, dass sie auch als lange Nasen durchgehen könnten. Wo da die Nasen-/Rüsselgrenzlinie liegt, ist vermutlich subjektive Wahrnehmungssache, eine zugegebenermaßen eher oberflächlich gehaltene Literaturrecherche lieferte keine wissenschaftlichen Erkenntnisse zu diesem Thema.

Der Ameisenbär an sich verfügt aber über eine Schnauze. Vorne auf der Spitze der Schnauze befinden sich Nase UND

Mund, während beim Rüssel nur die Nasenlöcher vorne sitzen. Die Schnauze des Ameisenbären ist fest, also nicht fleischig, flexibel oder beweglich wie ein Rüssel, da sie aus den verlängerten Wangen- und Kieferknochen gebildet ist. Die intensiv ausgeprägte Schnauzenniedlichkeit (ESN = Extreme Schnauzenniedlichkeit auf einer Skala von 1 bis 10) des Großen Ameisenbären lässt sich insbesondere aus zwei grundlegenden Faktoren herleiten:

1) Die Schnauzenspitze ist mit einer ledrig glatten, schwarzen Haut überzogen, die vor allem bei Aufregung, oder wenn der Bär schwitzt, feucht wird. Beim Schlafen ruht sie gemütlich in der Kralle, einige mutige Ameisen sammeln haudegenhaft die Schweißperlen ein.
2) Der Große Ameisenbär trägt immer ein etwas schlichtes, aber durchaus sympatisches Lächeln im Gesicht. Dies unterstreicht den Eindruck einer gewissen, positiv zu sehenden Entfremdung des Tiers von seiner restlichen Umwelt, fast schon bezeichenbar als Transzendenz.

Die Kombination dieser zwei Faktoren ergibt eine ESN von 7.

Und zuletzt noch diese, ab heute allgemein gültige und unverrückbare wissenschaftliche Festsetzung, aufgestellt durch die internationale Fachfrau für Große Ameisenbären: Die ESN ist beim Babyameisenbären durch eine leichte Schnauzenlängenverkürzung zur Einhaltung des Kindchenschemas (welches beim Ameisenbären aufgrund seiner nicht von der Hand zu weisenden Unförmigkeit schwer einzuhalten ist) stark erhöht (ESN = 9). Sie liegt allen Unkenrufen zum Trotz weit ÜBER der ESN des Babywasserschweins (ESN = 5). Damit ist diese Diskussion ein für alle Mal beendet. Trotz seiner Ähnlichkeit zu einem Flaschenkürbis ist das Ameisenbärenbaby um LÄNGEN niedlicher als das Wasserschweinbaby.

Man kann ja nicht immer auf Sternenstaub surfen …

Irgendwie ist heute alles Mist. Man hat ja manchmal so Tage. Und ausgerechnet jetzt muss ich meine Kamerafallen im albtraumhaft mit Stachelpalmen zugewucherten Uferwald aufstellen. Mein Pferd ist der große, gelbe Amarelão mit der Hängelippe. Selbstbewusst, ausgeglichen, freundlich. Es sei denn, und das zeigt sich jetzt, als wir die schlammpfützenbedeckte Straße entlangreiten, es sind Schlammpfützen im Weg. Davor hat er Angst, hoppelt aufgeregt herum und quetscht sich am Rand vorbei. Ich hab alle Hände voll zu tun, um nicht in vollem Karacho im Dornengestrüpp zu landen. Dann watschle ich in gebückter Haltung in Richtung Kackfalle Nr. 1. Dornen, Dornen, Zecken, Dornen, Pferdebremsen, Dornen, Dornen und das ununterbrochene, hochfrequente SSSSSSSSSSS der hundert Mosquitos, die mich umschwirren. Fantastisch. Irgendwie bekomme ich die ganze Zeit den Gedanken nicht aus dem Kopf, wie viel schöner es doch wäre, einfach Arbeitslosengeld zu beziehen und jetzt mit einem Morgenbier und nur in Unterhose auf meinem Balkon in Köln in der warmen Morgensonne zu sitzen. Dieses Bild beißt sich irgendwie in meinem Kopf fest, während sich ein Ast in meiner (einzigen) Reitjeans festbeißt und diese sowie die Haut meines Oberschenkels der Länge nach aufschlitzt. Schön. Die Mücken freuen sich sehr über die neue und bislang noch unzerstochene Hautfläche. Wenigstens die sind joot dropp.

Zugegebenermaßen quetscht sich heute die Angst mit mir durch die Zweige. Gerade ist mir dieser Wald mit seinen giftigen Schlangen, angriffslustigen Schweinen und der vermutlich renitenten Jaguarmama mit Jungtier, die hier in der Gegend gerade rumhampelt, nicht sehr geheuer. So ist das wohl beim Militär, wenn die Truppenmoral am Boden ist. Und die Moral meiner Truppe mit Truppenstärke 1 liegt heute im negativen Bereich. Ein letztes Dickicht, und ich stehe wieder auf der Lichtung, auf der mir mein Pferd erleichtert entgegenschaut.

Dann liegt noch die vermutlich tollste Falle von allen vor mir: 1400 Meter muss ich mich dafür in den Wald schlagen – in diesem Gestrüpp eine Mammutaufgabe. Ich habe Glück und finde einen ausgetrockneten Flussarm, der mich nur mittelzugestrüppt fast bis zur Fallenposition bringt. Nachteil: Die letzten unbewaldeten Meter lauf ich in der brütenden Mittagshitze. Na, immer noch besser als Dornenwald!? Pest oder Cholera. Als ich wieder Richtung Pferd wanke, bin ich fertig mit der Welt. Aus dem Nichts kommt mir eine Unterhaltung mit einem Freund in den Sinn, der mir vor Monaten im Skilift von Männern erzählt hat, die aus einem sibirischen Kriegsgefangenenlager ausgebrochen und dann bis nach Indien gelaufen sind. Nach Indien! Also dann werd ich jetzt doch noch diese dämlichen letzten 400 Meter schaffen. Motivation ist die halbe Miete. Zurück zum Pferd. Amarelão ist so froh, endlich nach Hause zu dürfen, er galoppiert schon los, als ich noch gar nicht ganz draufsitze. Heute ist's mir recht.

Als ich nach einer sehr nötigen Dusche erschöpft in die Hängematte sinke, sticht mich eine Wespe, die sich da als Erste reingesetzt hatte, in den Hintern. Danke, ich hatte gerade gedacht, es geht wieder bergauf mit mir.

Nachmittags Ameisenbären suchen, leider nicht finden, und es geht mir mies. Ich fühle mich uralt, alles tut weh, ich bin todmüde, meine Arme brennen von den Kratzern, und ich hab, glaube ich, Heimweh. Nach dem kölschen Sommer – was irgendwie blöd ist, ich laufe ja im strahlenden Sonnenschein herum.

Als ich nach Hause fahre, verfolgt mich auch noch ein Gewitter. Das muss dann aussehen wie im Comic – schlechtgelaunte Lydia mit Gewitterwolke überm Kopf. Immer wenn ich anhalten muss, um ein Tor zu öffnen, fängt es an zu regnen. Die blöde Wolke fliegt wirklich exakt hinter mir her. Frechheit. Ich geh jetzt ins Bett, und morgen ist ein neuer Tag. Kann ja nicht immer alles Rosa-Watte-Wölkchen und Sternenstaubsurfen sein.

Schlafstörung Vol. 2

Mal wieder eine Nacht voll von variablen Gründen, vertikal im Bett zu stehen: Bei den Nachbarn nebenan läuft noch lautstarke Musik. Schon okay, es ist ja Samstag, und ohne den immer gleichen Basslauf, 36 Stunden lang von Samstagmorgen bis Sonntagabend, und den Feuer- und Grillgeruch wäre es kein wirkliches Wochenende hier im Pantanal. Dann kehrt endlich Ruhe ein, und ich versuche einzuschlafen. Gar nicht so einfach in dieser Vollmondnacht, denn die Fledermauskolonie in der Zwischendecke überm Schlafzimmer dreht jetzt zu Hochtouren auf. Nicht, dass die da nicht immer ein Mordsgetöse abfeiern. Man hat sich eigentlich schon dran gewöhnt. Heute aber selbst für deren Verhältnisse ein infernalisches Gepiepse und Geraschel, weiß der Henker, was da abgeht. Auf einmal nähern sich draußen in der Wiese schwere Schritte im Gras. Sicher jemand, der von den Nachbarn links durch die Wiese hinterm Haus zu den anderen Nachbarn rechts läuft. Die Schritte kommen näher, näher, SEHR nah. Langsam finde ich es etwas unheimlich. Erst recht, als derjenige auf den Betonabsatz steigt, der unser Haus in einem halben Meter Breite umgibt. Ich liege starr im Bett. Wer ist das? Er läuft jetzt an der Hauswand entlang und hält vor dem Fenster des Jungsschlafzimmers an (guckt er in die Fenster? Warum?). Dann geht er weiter. Gleich ist er an meinem Fenster. Ich lehne mich aus dem Bett, um besser sehen zu können, die Decke bis zum Kinn gezogen, erwarte, gleich ein Menschengesicht zu sehen, und bin doch sehr überrascht, als stattdessen ein gut gelaunt wippender Rüssel gefolgt von zwei runden Öhrchen vor dem Fenster erscheint. Ein Tapir spaziert am Fenster vorbei, kurzer, neugieriger Seitenblick in mein Zimmer, brauner, breiter Rücken, kleiner, spitzer Schwanz. Dann weiter zum Papayabaum. Gegenbollern, bis eine Papaya runterfällt, die dann unter lautem Schmatzen verspeist wird.

Kaum schlafe ich endlich trotz Terror-Fledermäusen und Spuktapir ein, latscht das zahme Schwein vom Nachbarcowboy geschäftig grunzend unterm Fenster vorbei. Der Cowboy hatte die Sau in den letzten Monaten mit der Flasche großgezogen und dann gefüttert, um sie irgendwann zu schlachten. Bevor es so weit kam, wurde sie aber schon schwanger und kriegte Babys, und jetzt kann man sie auch nicht mehr umbringen. Anstatt zwischen Rosmarinzweigen im Ofen zu landen, läuft sie also mitteilungsfreudig zwischen der Kinderkrippe am Waldrand und unseren Häusern hin und her. Im Dunkeln erschreckt sie jeden, wenn sie in der Hoffnung auf Futter laut grölend von weit her angerannt kommt, und man weiß nicht, ob das jetzt das zahme Vieh oder eine mordlustige Wildsau ist. Ich erwache also wegen des lauten Grunzens, schlafe wieder ein und stehe im Traum mit Lucas auf der großen Palmenebene, über uns der pantanesische Sternenhimmel. Ich frage ihn, was das für ein komisches Geräusch ist, und er meint, das Grunzen entsteht, wenn Sternschnuppen in der Atmosphäre verglühen. Tatsächlich fallen jetzt überall Sternschnuppen vom Himmel und geben jedes Mal ein Grunzen von sich. Wieder was gelernt. Griso, Lucas' Kater, kotzt in den frühen Morgenstunden in eines der Betten und dann einmal quer durchs Haus. Auch interessant: Der Mageninhalt einer Katze im Pantanal besteht zu einem großen Anteil aus Kletten und schwarzen Samen.

Schlaflose Nacht übrigens auch bei den Nachbarn: Adriana,

die schöne Köchin im Haus nebenan, ist im Moment allein zu Hause, der Rest der Familie macht Ferien in der Stadt. Umso unheimlicher, als mitten in der Nacht auf einmal jemand an der Tür rüttelt. Anfangs noch sanft, dann immer heftiger, bis die Tür irgendwann aufspringt. Mit Taschenlampe und Machete bewaffnet schleicht sie zitternd ins Wohnzimmer. Im offenen Türrahmen wackelt ein dicker Hintern hin und her. Der altbekannte Tapir kratzt sich am Türrahmen. Schöne Überraschung morgens um vier ... Bei Fernando hat das Vieh alle (sehr scharfen!!!) Chilischoten von den Büschen im Garten gefressen. Bei uns sind über Nacht selektiv alle grünen Socken von der Wäscheleine verschwunden. Die hat wohl der Tapir oder wieder der kleptomanische Nandu für Blätter gehalten. HAHA! Könnten eventuell etwas trocken im Abgang gewesen sein ...

Auf der Reeperbahn nachts um halb eins ...

Hier ist ja jetzt Frühling. Heißt: Es ist warm, und zwar so warm, dass man trotz Ventilator schweißgebadet im Bett liegt und die Nächte mit kalten Füßen trotz fünf Decken sehr, sehr weit weg erscheinen.

Nur damit das klar ist: Ich beschwere mich NICHT. Nachdem es in Deutschland kalt war, bis ich ins bisher ebenfalls kalte Brasilien gegangen bin und ich im Dezember pünktlich für den kalten, deutschen Winter zurückkomme, bin ich froh über jeden Sonnenstrahl.

Frühling heißt auch: Paarungszeit. Mit einem erfreuten Schweizer Opa, der hier gerade zu Gast ist, bestaune ich vögelnde Vögel und auch sonst die Reproduktion verschiedenster Tierarten. An einem Nachmittag sitze ich mit ihm vor einem Loch im Boden, aus dem geschäftig Erde spritzt. Ein

Gürteltier auf Futtersuche. Wir warten mit gezückten Kameras, dass es rauskommt. Dann schiebt sich endlich sein kleiner erdiger Kopf aus dem Loch, misstrauischer Blick aus sandigen Augen. Mit halbem Ohr höre ich irgendwelche Vögel herumflattern. Rechts neben uns raschelt es – ein zweites Gürteltier! Das Flattern wird lauter. Sind das überhaupt Vögel? Ich schaue nach oben – nix. Da wird mir klar: Das Gürteltier im Loch macht den Lärm! Bis zum Schluss finde ich nicht heraus, ob es mit den Füßen trommelt und so das Geräusch produziert oder ob es ruft. Aber ich sehe es am ganzen Körper vibrieren. Kein Zweifel. Währenddessen kommt das zweite Gürteltier näher, will scheinbar zum anderen. Wird es vom anderen gerufen? Wir sitzen blöderweise genau zwischen den beiden, sodass sich das andere nicht näher traut. Als wir uns vorsichtig aus dem Weg schieben wollen, erschrecken sich beide und verschwinden. Wie unbefriedigend. Zu gerne hätte ich mehr über dieses Geräusch und seine Bedeutung erfahren.

Kommunikation unter eigentlich einzelgängerischen Tieren ist ja mein Lieblingsthema in der Verhaltensbiologie. Am nächsten Tag laufen der Schweizer und ich daher wieder zu diesem Teil der Farm, der als die »Gürteltierwelt« betitelt ist, weil dort ein Gürteltierloch neben dem anderen liegt und man eigentlich IMMER irgendwo eines von den Viechern rumrennen sieht. Heute scheinen aber alle Löcher verwaist, und auch sonst ist niemand zu sehen. Wo sind denn alle? Da sehe ich auf einmal ein Gürteltierchen durchs Gras huschen. Endlich! Oh ... noch eins! Und noch eins ... und noch eins ... und noch eins ... und noch eins ... sechs Gürteltiere laufen wild durcheinander. Wir schleichen uns ran und stehen am Ende inmitten kleiner, schnüffelnder Nasen und wippender Schwänze. Sieht aus wie Fangenspielen auf dem Schulhof. Mit einem kleinen, aber nicht unwichtigen Unterschied: Wenn sich zwei der Mitspieler treffen, wird sich gepaart, dass es nur so kracht. Also eher Fangenspielen auf der Reeperbahn. Ringelpiez mit Anfassen. Das Paarungsverhalten des Gürteltiers ist in vielerlei Hinsicht bemerkenswert. Insbesondere sollte aber das doch recht beeindruckende primäre Geschlechtsorgan des Männchens hier Erwähnung finden. *Nossa senhora do céu.* Es ist so groß, dass es jenseits der Paarung aufgerollt unter dem Bauch getragen wird. Ich kann beobachten, wie es dann ähnlich einer Partytröte zum Geschlechtsakt ausgerollt wird. »Genau wie bei mir!«, kommentiert einer der Cowboys meinen Bericht. Jaja, ganz bestimmt ...

Subversive Tiere mit Profilneurose

Die letzten Sonnenstrahlen tauchen die Landebahn in oranges Licht, die zwei Haus- und Hof-Hyazintharas sitzen auf den Zaunpfosten, als ich gerade vom Fluss komme. Neben dem See vorm Forscherhaus steht der kleine Milchkuhbulle, der so gerne ein Wasserbüffel wäre. Immer stand er bis zur Schulter im See, wie um zu beweisen, dass er das Zeug dazu hat. Bis ihm die Piranhas in die Eier gebissen haben. Das gab ein großes Hallo, weithin hörbar auf der ganzen Farm. Jetzt steht er nur noch verschüchtert neben dem Teich. Müsste ihm mal einer erklären, dass es da ebenfalls Piranhas drin gibt. Der Arme. Neben dem Milchkuhbullen steht Adelheid, die zahme Pampashirschkuh. Sie bleibt immer in der Nähe der Häuser, schläft manchmal wie ein Hund in Lucas' Vorgarten, nachts muss man aufpassen, dass man auf dem Heimweg nicht drüberfällt. Immer ist sie allein, niemand weiß, warum sie keine Hirschfreunde hat. Ist ja nett – gründet sie mit dem Bullen eine Selbsthilfegruppe für Tiere mit Identitätsproblemen. Gleich mal der passende Ohrwurm von Element of Crime: »Wo die Neurosen wuchern, will ich Landschaftsgärtner sein ...«

Vor dem Forscherhaus begrüßen mich zerfetzte Putzhandschuhe. Herzlich willkommen. Immer diese dämlichen Füchse. Man kann auch absolut NIX draußen liegen lassen. Alles wird weggetragen, zerbissen, aufgefressen. Sämtliche Flip-Flops sind schon zerkaut, Bikinioberteile finden sich statt auf der Wäscheleine irgendwo in der Wiese, schön nach Fuchspipi stinkend. Bin ich jetzt Eigentum des Fuchses, wenn ich die markierten Kleider trage? Eine mobile Reviermarkierung. Gibt's auch noch keine Studien dazu. Erinnert mich ja an den Nandu, der vor zwei Jahren mein Nachthemd von der Wäscheleine klaute. Oder das gottvermaledeite Gürteltier, das mir letztes Jahr ebenfalls jede Nacht EINEN Schuh klaute. Morgens ging dann regelmäßig die lustige Suchaktion in allen Gürteltierlöchern rund ums Haus los. Boah, war das nervig. Jetzt also die Füchse. Was wollen die zum Teufel alle mit meiner Fußbekleidung???

Und wo wir schon bei subversiven Tieren auf der Farm sind – schön auch die Wasserbüffel: sind irgendwann allen auf den Keks gegangen mit ihren ständigen Attacken auf alle Menschen in ihrer Umgebung. Dauernd sah man vor Büffeln davonrennende Köchinnen. Und ich hatte ja auch meinen Spaß ... Besonders aggressiv sind sie, wenn sie Babys haben. Daher wurde ja zur Geburtenkontrolle der Bulle für das Winterfest geschlachtet und gegrillt (hmmmm). Jetzt also eine reine Damengesellschaft. Weit und breit kein Männchen zum Begatten. Sollte man meinen – denn nichtsdestotrotz haben alle drei Wasserbüffeldamen in diesem Jahr ein Baby bekommen. Hm. Entweder die unbefleckte Empfängnis, oder im südlichen Pantanal geistert ein Phantombulle in den Wäldern rum, der alle Zäune überwindet, um die Damenwelt zu beglücken. Auf jeden Fall sind die ohnehin schon krawalligen Damen jetzt also rund um die Farm mit Nachwuchs unterwegs, herzlichen Glückwunsch.

Internetausfall. Mal wieder. Das doofe Satelliteninternet von früher war ja wetter-, sonnen- und nutzerabhängig. Eine Windbö, und schon war Schluss. Beim tollen, neuen Funknetz sollte es das nicht geben. Eigentlich funktioniert es ja jetzt die meiste Zeit gut, sogar im Forscherhaus! Eigentlich. Viva Brasil, irgendein Quatsch sorgt doch immer wieder dafür, dass man am Ende ohne Internet im Nirgendwo sitzt. Die allmächtige Vogelspinne in der Satellitenschüssel wurde nach Errichtung der Funkverbindung zur Stadt durch die allmächtige Putzfrau ersetzt, die auf einer anderen Farm beim Putzen immer den Stecker der Sendeantenne zog und damit das Internet vieler Farmen im weiten Umkreis lahmlegte. Nachdem die Frau auf Spur gebracht worden war, folgte bei uns auf der Farm die versehentliche Verkabelung der Sendeantenne mit der Wasserpumpe der Touristenlodge: Sobald geduscht wurde oder jemand die Blumen goss, fiel das Internet aus. Da muss man auch erst mal draufkommen …

Heute also schon wieder: Ich hab 5000 Sachen online zu erledigen, und auf einmal zeigt das Skype-Symbol nur noch rotierende Pfeile auf grauem Untergrund. Putzfrau, Spinne, Vulkanausbruch, eine bescheuerte Verkabelung, was ist denn jetzt schon wieder los? Möglicher Störfaktor: die Bauarbeiter, die gerade Carols Haus umbauen. Vielleicht haben sie was umgestellt, abgekabelt oder wie auch immer? Die Bauarbeiter leben in einer Art Paralleluniversum auf der anderen Flussseite zwischen Tucumpalmen, Galeriewald, Peccaries und Kaimanen. Morgens erscheinen sie am anderen Flussufer, paddeln mit dem Boot rüber zu uns und abends wieder weg. Was hinter diesen Büschen passiert, weiß keiner. Heute haben wir einen regnerischen Sonntag, die Wahrscheinlichkeit, dass sich einer der Bauarbeiter auf dieser Flussseite blicken lässt, ist also gering.

Anstatt wie in meinem Büro am Museum in Bonn bei der EDV-Abteilung anzurufen, paddle ich hier im Pantanal also in meiner Verzweiflung mit dem Kajak im strömenden Regen über den Fluss, um nachzufragen, was die mit der Antenne angestellt haben. Kaimane schieben sich vor mir träge durchs Wasser, am Horizont blitzt es. Ein Trampelpfad führt die Uferböschung hoch, zwischen Gestrüpp steht ein windschiefes Haus. Ein bisschen unheimlich sieht es aus, die Farbe ist abgeblättert, die Mosquitonetze der Fenster zerrissen, aber durch eines der Löcher lacht mir bereits Markus, einer der Arbeiter, entgegen. »Hey! Willst du einen Kaffee?«

Die Jungs wohnen wirklich ziemlich, äh, einfach. Selbstgebaute Fitnessgeräte, zerbröselter Betonboden, ein zerfetzter Sessel, zerbeulte Wassertanks. Bei der großen Flut im letzten Jahr schwammen Matratzen, Sofas sowie Kühlschränke durch den Flur. Dort, wo das Wasser damals den Boden unterspült hat, gibt es noch immer tiefe Krater. Aufgrund ihrer Tiefe vermute ich, dass es sich um eine direkte Tunnelverbindung nach China handelt. Neginho, der Chef der Bauarbeiter, meint verlegen, es würde wohl an einer Frau mangeln; die würden immer spätestens abhauen, wenn der erste Jaguar am Haus vorbeikommt. Na ja, die Baumängel zu beheben ist ja wohl eigentlich Männersache – zumal hier eine WG von BAUARBEITERN wohnt ... Wie auch immer, was das Internet betrifft, sind sich die Bauarbeiter keiner Schuld bewusst. Haben keine Kabel angefasst. Hm. Driss.

Ein verzweifeltes Telefonat mit der Stadt liefert später übrigens die Lösung: Der Blitz hat in eine der Antennen eingeschlagen, und die Straßen sind nach dem letzten Regensturm so schlecht, dass das Reparaturteam nicht durchkommt. Ah ja, na dann.

Eine meiner Kamerafallen fotografiert drei Pumas, wie sie hintereinander herlaufen. Carol meint, das könnte die Pumamama sein, die sie im letzten Jahr schon mit zwei Jungtieren gesichtet hat. Die Jungtiere könnten mittlerweile fast erwachsen, aber immer noch mit der Mama unterwegs sein.

Ich, als Kapazität der neotropischen Säugetierforschung, glaube jedoch an eine viel naheliegendere Variante: Die Pumas feiern hier einmal im Jahr die Gottlieb Wendehals-Gedenknacht mit einer schönen Polonäse. »Die Post geht ab, wir machen jetzt 'ne Sause ...«

Was nämlich viele nicht wissen: Wendehals wurde von den Deutschen Mitte der Achziger ins Exil geschickt. Vermutlich wollte ihn keiner mehr sehen. Vielleicht reiste er dann ins Pantanal, wurde von Pumas gefressen, woraufhin sich die deutsche Präferenz für vergnügliches Hintereinander-Hertanzen-in-langen-Schlangen im Genom pantanesischer Pumas manifestierte. Da Gottlieb Wendehals im Pantanal offensichtlich nicht Fuß fassen konnte, mussten wir ihn uns als Werner Böhm ja später noch mal reichlich verlebt im Dschungelcamp angucken.

Gegen die Pumanäse-Theorie spricht übrigens, dass keiner der Pumas dem Vordermann von hinten an die Schulter fasst, aber das könnte auch nur ganz praktische Gründe haben: Die korrekte Körperhaltung bei der Polonäse stellt Vierfüßer natürlich vor ein Problem. Weiterer möglicher Grund: Der hintere Puma heißt nicht Erwin und der vordere auch nicht Heidi.

Camping-Aktivitäten in der Ameisenbärenwüste

In den nächsten Tagen wird ein englisches Filmteam auf der Farm sein, um einen Film zur Nachtaktivität von Tieren im Pantanal zu drehen. Im Fokus der Ameisenbär und sein von mir entdecktes Kratzverhalten. Dementsprechend sollten sich bitte alle Bären aus dem Wald bewegen und pausenlos diverse Bäume bekratzen. Im Moment sieht es allerdings alles andere als optimal aus: heute keine Ameisenbären. Gestern keine Ameisenbären. Und wenn man mal ehrlich ist, auch in den ganzen letzten Tagen keine. Ist ja auch alles andere als Ameisenbärensaison ...

Das kann ja heiter werden. Letzte Woche traf ich immerhin Ameisenbär Fernando morgens am See. Mit Ringen unter den Augen – Derrick wäre neidisch gewesen. Lässt vermuten, dass die nachts dick Party machen und dann tagsüber total brachliegen. Blöde Idioten.

Lucas hat schon das bestellte Camp für die Filmleute aufgebaut, oben auf der großen Ebene zwischen den Carandá-Palmen. Hier wollen sie während der Dreharbeiten zelten. Eine Küche, einen Steg in den nächstgelegenen See, ein Loch als Klo. Ab morgen dann also die Neuauflage des Campinglieds im brasilianischen Gewand:

»Do laachs do dich kapott, dat nennt mer Cämping.
Do laachs do dich kapott, dat fingk mer schön.
Wenn em Zelt de Mökke un de Hummele dich verjökke,
un do kanns dann nit eraus em Rähn.«

Megaohrwurm, seit Tagen. Das wird, sagen wir mal, interessant. Mal sehen, wie lange sie es aushalten. Wobei – es sind Briten. Die verfügen ja angeblich über diese erschreckende Kombination aus diszipliniertem Entdeckergeist kolonialistischer Vergangenheit, Wahnsinn und einer gewissen Schicksalsergebenheit, was suboptimale Wetterverhältnisse betrifft.

Man darf also besorgt sein, dass die tatsächlich zehn Tage da draußen bleiben.

Ich soll unter anderem als Protagonistin auftreten und das Team im Feld betreuen. Jetzt kommen die gleich angereist, und ich bin eben ziemlich derangiert direkt aus dem Feld bei der Küche aufgeschlagen. Na prima. Die Haare stehen nach einem Gewittersturm zu Berge, die Kleider sind triefend nass, keine Zeit mehr, am Forscherhaus zum Wechseln vorbeizugehen. Also dusche ich hier und ziehe Kleider von Carol an, die allesamt etwas eng und etwas kurz sind. Meine Wimperntusche ist einseitig dem Regen zum Opfer gefallen. Das andere Auge ist noch o.k. Ich überlege, ob ich das jetzt auch abschminke, entscheide mich dann aber dagegen. Können die Leute wenigstens sehen, dass ich rein theoretisch über Wimpern verfüge. Müssen halt mit der leichten Asymmetrie in meinem Gesicht zurechtkommen. Als ich in meinem kruden Outfit aus der Dusche komme, sind die Engländer schon da. Promi-Dinner-Situation, als sich mir der Moderator vorstellt: Er erwartet, dass ich ihn als Berühmtheit erkenne, kommt mir aber allenfalls entfernt bekannt vor, aus dem Fernsehen oder bei Aldi an der Kasse – beides möglich.

Warten auf Godot …

Ein Dreh über die Nachtaktivität von Tieren im Pantanal impliziert für das Filmteam die Notwendigkeit, ebenfalls nachtaktiv zu sein. Es geht also abends zum Drehen ins Feld und bei Sonnenaufgang wieder nach Hause. Ich sitze die ganze Nacht hinterm Steuer des Pick-ups und suche den Weg durch das Seenlabyrinth in der kohleschwarzen pantanesischen Nacht. Hundemüde.

Persönliche Höhepunkte des bisherigen Filmdrehs: Neben der Palme mit den Hyazintharas, die unbedingt gefilmt werden sollen, steht ein weißes Maultier. Überrascht ob des vor ihm zum Stehen kommenden Autos unterbricht es neugierig das Grasen und verfolgt mit großen, schwarzen Augen und gespitzten Eselsohren die Positionierung der Kamera. Moderation: »Here we see one of the most incredible creatures of the planet ...«

»Ich?« Geschmeichelt wirft sich das Maultier in Pose. »Ist das gut so? Hallo? Ach, ihr filmt ja gar nicht mich ... oh.« Enttäuscht und mit beschämt gesenktem Kopf läuft es aus dem Bild.

Später, um vier Uhr morgens, dann die mittlerweile vierte Teepause mit dem Gaskocher auf der Ladefläche des Pick-ups. Haha, die Briten ... Der Tonmann will derweil ein paar Atmos aufnehmen und stolpert in die Finsternis hinein, als Lampe hat er nur sein funzeliges Handy dabei. Na, ich sag jetzt mal nix ... Nach einiger Zeit kommt aus der Dunkelheit ein überraschter Aufschrei: »Huh!? I think I tripped over a tiny little man!« Äh ... what? Ich leuchte mit dem großen Scheinwerfer in Richtung der Stimme, und da steht der verwirrte Tonmann und aufrecht vor ihm ein kleiner, entrüsteter Baumameisenbär in Verteidigungshaltung. Na immerhin, wo schon weit und breit (natürlich) keine Großen Ameisenbären vor Kratzbäumen zu finden sind, kann man jetzt den filmen ... Die letzten beiden Nächte im Mückenorkan auf einem Klappstuhl vor den doofen Kratzbäumen verbracht. Natürlich: nix, nix, nix ... Die möglicherweise längsten achzehn Stunden meines Lebens ...

Training für den Westernzauber

So. Das Filmteam ist wieder abgereist, am Ende haben sie doch noch viele gute Sachen bekommen, jetzt kann ich anfangen, mich auf das Pferdefest zu freuen. Das findet nächste Woche hier auf der Farm statt. Cowboys und Familien von hier und den benachbarten Fazendas kommen zusammen, um verschiedene Wettkämpfe und Spiele mit dem Pferd auszufechten. Höhepunkt ist das Tonnenreiten: fünf Tonnen, um die man im engen Zickzack reiten muss, fällt eine um, fliegt man aus dem Turnier. Es reiten immer zwei gleichzeitig, und der Schnellere kommt eine Runde weiter. Der Gewinner kriegt einen Plastikpokal in Gold.

Heute Nachmittag trainieren die Cowboys, und ich will's auch mal versuchen. Das kann ja was geben, Lydia die Galoppkönigin ... Muss noch fragen, wann die loslegen. Sehe Fernando am Fluss die Kanus umladen und spaziere zu ihm hin. Riesengetöse vom benachbarten Baum – die beiden Hyazintharas, die dort ihr Nest haben, sind verärgert über die Aktivität unter ihrem Haus. Schreien Zeter und Mordio.

»Fernando, ab wann trainiert ihr heute?«

»Was???«

»AB WANN TRAINIERT IHR?!«

Die Hyazintharas brüllen lauter. Wir brüllen auch lauter, woraufhin die Aras noch mal einen Zahn zulegen. Alle schreien eine Weile wild durcheinander, am Ende steht dann doch der Termin fürs Pferdetraining: 17 Uhr an der Scheune.

17 Uhr heißt in pantanesischer Praxis, 17:15 Uhr gemütlich eintrudeln und dann erst mal 45 Minuten tratschen und Tereré trinken. Als die Sonne schon fast weg ist, satteln wir dann schließlich doch die Pferde. Ich auf Lisboa, der zappeligen, weißen Stute. Wir reiten runter zum See, wo hinter den knallrot blühenden Bäumen die Fässer aufgebaut sind. Lucas bringt mir bei, wie man sich um die Fässer fädelt, Nego gibt mir die Zügel richtig in die Hand, und Edson gibt mir Tipps, um das Gleichgewicht zu halten. Dann gehts los – erst mal langsam, sobald ich schneller reite, räum ich Fässer ab. Lisboa hüpft etwas unkoordiniert in der Gegend rum, was möglicherweise daran liegt,

dass ich ziemlich unkoordiniert auf ihr rumhüpfe. Aber mit der Zeit wird's souveräner und macht tierisch Spaß. Ich mag ja aufgrund meiner weitreichenden Unsportlichkeit solchen Sport, den man nur mit sich selber ausmacht. Tauchen, Skifahren usw., da kann man höchstens sich selbst ins Unglück reißen. Mein Albtraum ist Mannschaftssport aller Art, schlimmstenfalls mit Ball. Ich bin ja im Schulsport immer zuletzt gewählt worden, was die Sorge, durch die eigene Unfähigkeit für alle anderen das Spiel zu versauen, ins Unermessliche schraubt.

Aber beim Tonnenreiten ist man nur mit dem Pferd ein Team, das kann zumindest nicht mit einem schimpfen, wenn man Mist baut, und verträgt sich wieder mit einem, wenn man ihm etwas mehr Futter gibt.

Als ich im Dunkeln mit grün-blauen Schienbeinen vom Trainieren zurück zur Küche komme, sind die beiden Köchinnen in hellem Aufruhr – sie saßen auf der Terrasse, als auf einmal ein funkensprühender Feuerball vom Himmel fiel und lautlos vor ihnen auf der Wiese am Boden verschwand. Wir eiern ein wenig mit Taschenlampen im Gras rum, finden aber nichts. Hm ... Im Pantanal glaubt man fest an die Existenz von Geistern, Elfen und so weiter, daher sind die Köchinnen nach der ersten Aufregung nicht weiter überrascht: »Es gibt eben Dinge, die wir sehen, obwohl sie in unserer Wirklichkeit nicht existieren. Wie der brennende Busch vorne am Tor, der nie brannte. Aber alle haben es gesehen«, resümiert Rosa ... ernster Blick über die Brille auf der Nasenspitze und dann eine lange Aufzählung von Geistererscheinungen. Die Leiche, die über dem Tor hing, und vor allem der Geistertraktor, der eine Weile immer nachts um den Schafstall fuhr und alle in Angst und Schrecken versetzte. In den letzten Jahren ist es ruhig geworden. Rosa führt sich in ihrem Erklärungsversuch unbemerkt ad absurdum: »Wir glauben nicht mehr an die Geister, darum sind sie irgendwann einfach gegangen.«

Erdbeere auf Eiscreme gewinnt Plastikpokal

Liege niederschlagsbedingt im Bett, statt im Wald ordnungsgemäß zu forschen. Von hier aus kann ich dem Regen vor dem Fenster zusehen, wie er von den Dachziegeln tropft. Die armen Hokkos, dicke Hühnervögel, stehen miesepetrig mit angeklatschter Locken-Feder-Frisur unter tropfenden Büschen. Ich höre in das Rauschen und Plätschern, die Mönchsittiche zwitschern vollkommen überdreht in den Bäumen, und im Fensterrahmen quakt ein gut gelaunter Frosch. Meine Gedanken wandern zu Mareike, einer Freundin, die in der extrem regenreichen Regenzeit Kameruns in wackeligen Zelten auf windigen Bergen die Anuren-Diversität (Frösche) erforscht. Hut ab – dagegen ist meine Forschung die reinste Ayurveda-Kur. Aber eins ist sicher: DIE hat zumindest wasserfestes Equipment. Hier im Pantanal rechtfertigten die wenigen vollkommen verregneten Tage die Anschaffung dieser Ausstattung bisher nicht. Bevor man im Regensturm mit wasserunresistenten Papierbögen kämpfen musste, blieb immer die Möglichkeit, stattdessen mit halb zugekniffenen Augen und Frontdusche im Jeep nach Ameisenbären zu suchen. Erfahrungsgemäß sieht man bei solchem Wetter zwar nie welche, da alle im Wald unter ihrem Schwanz schlafen, aber auch diese unattraktiven Daten (Nichtaktivität von Ameisenbären im Regen) müssen ja erst mal erhoben werden. Heute ist ein Aufschub meiner Papierarbeit leider keine Option mehr, denn ich reise in drei Tagen ab, zurück nach Deutschland. In diesen letzten Tagen im Pantanal müssen, komme was wolle, noch 50 Bäume vermessen werden.

Na, ein bisschen bleibe ich noch im Bett, warte und hoffe auf einen Regenstopp. Meine Gedanken spazieren zum Pferdefest. Da räumte der Cowboy mit Spitznamen »Erdbeere« auf seinem Pferd, genannt »Eiscreme«, einen Großteil der Preise ab, und niemand außer mir schien das so richtig lustig zu finden. Es war ein schönes Fest hier auf der Farm. Die Leute aller Nachbarfarmen reisten an, die Cowboys in ihrem schönsten Western-Outfit, die Mähnen der Pferde frisch getrimmt. Viele kamen schon am Abend vorher, nach einem langen Ritt, und schliefen in Hängematten auf dem Festgelände. Einige Cowboys hatten es stylingtechnisch etwas übertrieben, resultierend in leicht überdrehten Western-Outfits inklusive verkrampft zur Schau getragener, plakativer Lässigkeit. Die Musiker spielten von früh bis spät ohne Unterlass. Eine Reminiszenz an die Kapelle auf der *Titanic*, die bis zum Untergang weiterspielte. Abschluss des Pferdefestes ist traditionell immer der »Wettkampf des Holzklotzes«. Eine wundersame Form der »Reise nach Jerusalem«: Alle galoppieren auf den Pferden rund um die Band und einen Kreis aus Holzklötzen herum. Wenn die Musik aufhört, muss jeder abspringen, sein Pferd möglichst schnell zu einem Klotz ziehen und sich draufsetzen. Da immer ein Holzklotz fehlt, scheidet aus, wer keinen Platz bekommt. Sensation: Beim Fest an diesem Wochenende kam Carol als allererste Frau ins Finale dieses Spiels. Sie trat gegen einen Cowboy der Nachbarfarm an. Spannung pur. Als die Musik verstummte, rannten beide wie angezündet in Richtung des letzten Holzklotzes los. Der Cowboy mit seiner Stute erst deutlich in Führung, Carol hinterher. Die Stute scheut, und Carol zieht mit ihrem Pferd Nathalino am Kontrahenten vorbei. Rennt auf den Holzklotz zu, der Cowboy knapp hinter ihr, holt auf, Emotionen wie beim Finale der Fußball-WM, das Publikum tobt, alle springen auf, feuern Carol an, der Cowboy ist schon gleichauf, ein Hechtsprung von beiden, ein Durcheinander auf dem Boden – und dann sitzt sie! Carol hat als erste Frau den »Wettkampf des Holzklotzes« gewonnen. Ich bin so stolz und gerührt, dass ich noch heute hier im Bett fast heulen muss, wenn ich dran denke ...

Okay, hilft alles nichts, jetzt muss ich mich wohl oder übel aus dem Bett pellen und die doofen Bäume im Regen vermessen ...

Tschö, Pantanal

Campo Grande

Vava, der Fahrer des Land Rovers, hat Bob Marley aufgelegt. Fast die gesamten Farmbewohner reisen heute ab. Alle wollen Weihnachten, Silvester und den Höhepunkt der Regenzeit in der Stadt verbringen. Autofahrten im sommerlich überschwemmten Pantanal sind ja so eine Sache. Die Sorge wegen der Schlammstraße scheint aber unbegründet gewesen zu sein, das Wasser in den Wasserlöchern geht nicht mal bis zu den Wagenfenstern. Nur beim Toreöffnen und -schließen matsche ich mich schön bis über die Knie ein und verliere in einem der Seen, durch die man dazu waten muss, vorübergehend einen Schuh.

Es herrscht allgemeine, zumindest in meinem Fall unbändige Urlaubsstimmung. Stellt sich wieder die Frage nach der Definition von »Zuhause«. Ist man dort zu Hause, wo man in Urlaubsstimmung gerät, wenn man wegfährt? Und kann man die Größe des Zuhausegefühls mit der Größe des Urlaubsgefühls bei Abfahrt korrelieren? Falls ja, ist die Fazenda, gemessen an meiner aktuellen Urlaubslaune, ein ganz schön riesengigantisches Zuhause geworden. Aber das wusste ich ja sowieso schon.

Auf der Rückbank kotzt das Baby der Köchin eine Milch-Wassermischung im breiten Strahl in eine der Tüten mit Weihnachtsgeschenken. Vava erzählt mir derweil von leicht bekleideten Sängerinnen auf dem 50-jährigen Thronjubiläum der britischen Queen. Von dieser Veranstaltung hat er eine

DVD, die er sich häufig anschaut (??!!), und kürzlich kamen drei Frauen in einem ähnlich knappen Kleidchen wie die Sängerin auf der DVD in Campo Grande am Flughafen an und sorgten dort für großes Aufsehen. Ob das eine Mode in Europa wäre? Äh ... nein. Übertrieben knappe Bekleidung fällt nach wie vor ins Ressort der Brasilianerinnen.

»Heute können wir mit Aircon schlafen!«, meint Ana, die Riesenotterforscherin, bei der ich noch eine Nacht in Campo Grande schlafe. Eine Klimaanlage in der Hand von Brasilianern macht mir ja immer Angst. Da kann eine Busreise bei 36 °C Außentemperatur auch mal gefühlt einer Polarexpedition gleichkommen. Morgen geht es dann nicht wie sonst gleich nach Deutschland zurück: Nach einem kleinen Zwischenstopp in Rio fliege ich direkt weiter nach Panama. Dort helfe ich zwei Wochen bei einem Projekt beim indigenen Volk der Naso im dortigen Regenwald mit.

»Mehlschmuggel« leicht gemacht

Rio de Janeiro

Povilho ist ein sehr feines, weißes Maniokmehl, das man für Pão de Queso braucht. Ich habe ein Kilo davon in einer transparenten, unbeschrifteten Tüte bei einer Oma auf dem Markt gekauft.

An dieser Stelle ein Tipp von mir: Wenn ihr das mit nach Deutschland nehmen wollt, tut es vielleicht nicht ganz vorne ins Handgepäck. Es sei denn, ihr wollt gern in den Genuss einer Drogenkontrolle durch die Flughafenpolizei kommen. Dass dieses Päckchen für einen Außenstehenden möglicherweise dubios erscheinen könnte, fällt mir erst ein, als mein Rucksack am Flughafen in Rio durch den Scanner fährt, und da ist es auch schon zu spät. Sensation am Flughafen, viele tuschelnde Leute an der Gepäckkontrolle, als die Blondine mit ihrem vermeintlichen Kilo Koks von den Sicherheitskräften abgeführt wird.

Als ich die Tüte etwas zu schwungvoll öffne, gibt es ein kleines Malheur, und die dunkelblauen Polizeiuniformen werden alle weiß eingestaubt. »Wollt ihr als Test nicht lieber Pão de Queso backen?«, frage ich den Polizeibeamten, der gerade mit Gummihandschuhen seine Flüssigkeit auf die Probe träufelt. Jetzt auch noch dumme Sprüche. Der Polizeibeamte schaut tadelnd über seinen Brillenrand. Povilho wird mit dem Testmedium ganz schön Hello-Kitty-rosa. Welche Farbe wohl Koks angenommen hätte? Man weiß es nicht. Der nette Onkel Polizist gibt mir noch einen Rat mit auf den Weg: »Das nächste Mal einfach ganz unten in den Koffer tun, dann bekommst du keine Probleme.« Ah ja, die Polizei, dein Freund und Helfer. Gut zu wissen, falls ich das nächste Mal Povilho, oder was auch immer, mit nach Deutschland nehmen möchte ...

*** NEWSTICKER *** Flugzeug in Panama verschollen ***

Panama City

Wieder mal ein verschollenes Flugzeug, es wird vermutlich demnächst der Presse gemeldet werden. Diesmal ist es aber nicht über dem Ozean verschüttgegangen, sondern irgendwo zwischen Ankunftsgate und Immigrationshalle: Wir kommen in Panama City an, ich steige mit allen anderen Passagieren aus, großes Gedränge und Gestoße, ich bin in Gedanken, laufe zügig Richtung Passkontrolle in Erwartung einer langen Schlange, wie man's sonst so kennt. In der Halle mit der Passkontrolle bin ich dann vollkommen allein. Denke schon, ich bin falsch. Wo sind denn alle?! Der Rest des großen, proppenvollen Flugzeugs?

Erstkontakt mit Panamanesen in Form der Dame am Immigrationsschalter. Wenn man zum ersten Mal in ein Land kommt, generalisiert man ja immer gerne rum in der Hoffnung, Gesetzmäßigkeiten zu erkennen, an denen man sich festklammern kann. Überträgt man das Verhalten der Frau am Schalter auf die Gesamtbevölkerung in Panama, verspricht die ganze Angelegenheit, interessant zu werden: Die müden Augen unter schwerem blauen Lidschatten und das plakativ vorgetragene Desinteresse kennt man ja schon aus brasilianischen Internetcafés. »Wo werden Sie hier in Panama wohnen?«

»Äh …« Ich kann ja jetzt schlecht sagen, dass ich bei Orlando vom Volk der Naso, dessen Nachnamen ich nicht kenne, irgendwo im Urwald am Rio Teribe in einer Holzhütte wohnen werde. Adresse hat der höchstwahrscheinlich auch nicht. »Ich weiß nicht«, erscheint mir daher unverfänglicher.

Die Frau schlägt in theatralischer Verzweiflung die Hände vors Gesicht und verharrt in dieser Position mit gelegentlichem Kopfschütteln für eine halbe Ewigkeit. Ich halte derweil erfolglos nach dem Rest meines Flugzeugs Ausschau. Dann reißt sie mir gereizt den Immigrationszettel aus der Hand und trägt bei Adresse: »Hotel Sheraton« ein. »Buen Venidos en Panama«, sagt sie, es klingt irgendwie ironisch. Genervt winkt sie mich vom Schalter weg. Ich drehe mich noch mal zögerlich um – die anderen 300 Leute aus meinem Flugzeug sind immer noch nicht aufgetaucht. Das Gepäckband ist auch verwaist, drei Koffer stehen daneben, einer davon ist meiner. Die scheinen hier schon vorbeigekommen zu sein, aber woher? Und wohin?

Ein anderes Universum. Das war das wohl bei dem Volk der Naso. Vollkommen raus aus der Zivilisation, was irgendwie lustig ist, denn von der Stadt sind es nur 20 Minuten mit dem Auto und dann noch mal 40 Minuten in einem Einbaum auf dem Rio Teribe. Ein Katzensprung in pantanesischen Dimensionen. (Auf den Bergen gibt es sogar Handyempfang! Im Pantanal, sechs Stunden von der nächsten Stadt entfernt, undenkbar.) Und doch – diese einstündige Reise katapultiert einen raus. Total. Die Einbaumfahrt führt über den wilden Fluss durch enge Schluchten auf deren Hängen dichter, schöner Regenwald im Nebel liegt. Ein einziges, riesiges Rousseau-Gemälde.

Unter den Urwaldriesen taucht am Ufer eine Handvoll einfacher Holzhäuser auf Stelzen zwischen riesigen Bambuspflanzen auf. Jemand schwimmt gerade auf seinem Pferd durch den Fluss. Ein paar Bananenpalmen, ein Einbaum am Ufer: Sieykin, die Hauptstadt des Naso Volkes. Kein Strom und fließend Wasser nur, wenn man Glück hat. Die Naso sind ein indigenes Volk mit eigener Sprache und allem Drum und Dran. Noch! Auf dem Rio Teribe sind mehrere Wasserkraftwerke geplant. Die UN hat bereits mitgeteilt, dass bei weiteren Eingriffen in das Ökosystem dem Nationalpark La Amistad der Status des Weltnaturerbes aberkannt wird. Das wäre eine ökologische Katastrophe – einem Zufluss des Rio Teribe hat ein ähnliches Projekt bereits den Todesstoß versetzt. Einige Naso sind dennoch für den Bau, der ökonomisch zumindest kurzfristig verlockend ist. Der König der Naso (ja, den gibt's, die letzte Monarchie Amerikas!) ist offiziell dagegen, wie ein immer noch großer Teil seines Volkes. Hintenrum streicht er aber eventuell Gelder von den Investoren ein, man weiß also nicht so recht.

Jetzt heißt es, die Position der Contra-Nasos zu stärken. Sie haben sich bereits in der Organisation Odesen formiert, kooperieren mit dem F.A.W.N. (First Aid for Wonderful Nature), es wird über Ökotourismus nachgedacht, um den ökonomischen Wert einer intakten Natur zu erhöhen. Jetzt wird eine Kamerafallenstudie durchgeführt, um die Säugetiervielfalt im Wald zu zeigen. Dafür sind aktuell zwei deutsche Volontärinnen dort, die allerdings noch keine Kamerafallenerfahrung haben. Um die damit ein wenig einzuarbeiten, fahr ich da mal hin.

Wir wohnen bei einer Familie, acht Leute im Holzhaus mit Palmendach, ein zahmer Truthahn spielt gerne Fußball mit dem Sohn, Babykatzen(!) und eine Feuerstelle in der Küche, sanitäre Einrichtungen eher rudimentär vorhanden. Wenn ich, die fremde Blondine, über den Berg oberhalb des Dorfes mit der Klorolle zum Plumpsklo klettere, ist das immer ein großes Happening bei den Anwohnern, und jeder rennt mal zum Fenster und guckt. Man fühlt sich etwas an den Pranger gestellt und fragt sich, während man in dem kleinen Bretterverschlag sitzt, ob die jetzt die Verdauung der Gringa diskutieren. In der Grube unter dem Klo hat sich eine florierende Fledermauskolonie angesiedelt. Die sind ja nicht doof und vermutlich keine Könige der Olfaktorik: In diesem Loch stinkt es zwar infernalisch, dafür ist es aber warm, und es gibt immer massenweise Insekten. Viel Zeit zur Besichtigung dieses Mikro-Ökosystems habe ich aber nicht, wir machen nämlich eine viertägige Exkursion in den Bergregenwald, Kamerafallen einsammeln, Fluss durchschwimmen, Kamerafallen aufstellen, Bäume für das traditionelle Floß, das Balsa, fällen, mit dem wir dann zurückfahren. Letzteres verspricht, abenteuerlich zu werden – es hat in den letzten Tagen geregnet wie Sau. Der Fluss ist noch wilder als ohnehin schon. Außerdem ist der lehmige Boden vollkommen aufgeweicht. Heißt für uns: Schlammschlacht, diesmal nicht für Fortgeschrittene, sondern ausgewachsene Profis. Noch bevor wir alle Exkursionsteilnehmer, Essen und Ausrüstungsgegenstände bei den kleinen Hütten entlang eines Bachlaufs eingesammelt haben, sehen alle aus (vor allem ich) wie Golems. 12,5 Kilometer kriechen wir die Hänge rauf und schlittern sie wieder runter, hohe Luftfeuchtigkeit, nicht so heiß, dennoch unendlich anstrengend. Das Ganze mit dem schweren Rucksack. Unten dann ein Bach, kurze Pause auf Steinen, Raffael hat Bananenkuchen mit Zimt gebacken und rettet mich vor einer Unterzuckerung. Einige Wegpassagen auf schmalen Wegen ganz oben entlang des Berggrats, links und rechts fallen steil die Hänge ab, jetzt kein falscher Schritt, sonst ginge es ganz schön abwärts ...

Atemberaubende Aussichten über den Wald, Baumriesen voller Epiphyten, bis weit runter, wo zwischen zwei Bergen das Meer zu sehen ist. Absurd, aber je höher man sich kämpft, desto wahrscheinlicher hat man Handyempfang. Ich hangle mich gerade einen Hang runter, da ruft es von oben: »Lydia! Telefon für dich!« Ich also wieder den ganzen Matsch hochklettern, festhalten an Wurzeln, ein surreales Gespräch unter einem Limettenbaum zu organisatorischen Themen mit Jörn vom Projekt in Deutschland. Im Hintergrund angelt ein Indianer mit seiner Machete nach Limetten. Zwischenzeitlich möchte ich gerne sterben oder mich zumindest am Wegrand einrollen und keinen Schritt mehr gehen. Nachdem dieser tote Punkt aber einmal überwunden ist, geht es komischerweise problemlos weiter. Sammeln nach Ankunft im Camp noch im strömenden Regen die Kamerafallen ein. Als es dunkel wird, kuscheln wir uns unter einer Plane zusammen und schauen die Filme an, die die Kamerafallen im letzten Monat aufgenommen haben. Großes Hallo bei zwei Pumas, ein Faultiermädchen seilt sich exakt am Baum mit der Kamerafalle zum wöchentlichen Klogang ab. Später der Versuch, trotz Indianeropa mit Laberflash auf einem schmalen Holzbrett zu schlafen, ohne vornüber in den Matsch zu kullern. Um Mitternacht klingelt das Handy, und eine furchtbar schlechte Nachricht wirft alle Pläne über den Haufen: Ein paar Nasos sind mit so einem Floß gekentert, mit dem auch wir fahren wollten. Der Fluss ist wegen der Regenfälle noch wilder und reißender als befürchtet. Einer von ihnen ist dabei ertrunken, ein Familienmitglied mehrerer Expeditionsteilnehmer. Das Telefonat wird in Naso, also der Indianersprache, geführt, an der Stimmlage wird aber schon klar, dass etwas Schreckliches passiert sein muss. Wir müssen die Exkursion abbrechen. Am nächsten Tag gehen wir nicht wie geplant weiter zum Fluss, sondern den ganzen Weg, den wir gekommen sind, wieder zurück. Immerhin: Die Kamerafallen stellen wir noch in einem anderen Gebiet entlang des Weges auf, so kann ich trotzdem beraten, wie man die Positionen optimieren kann. Abends also wieder im Haus, nach 25 Kilometern und 2000 Höhenmetern in Gummistiefeln und mit fettem Rucksack auf Glibberschlammhängen fühle ich mich, als wäre ich in einen Sack gesteckt und dann wahllos mit einem Baseballschläger verprügelt worden. In den folgenden Tagen gibt es nicht mehr viel zu tun – ich arbeite mit den Volontärinnen die Listen durch, ins Feld geht man nach Naso-Tradition nach einem Todesfall acht Tage lang nicht. Spontan entscheide ich, früher abzureisen und nach Bocas del Toro zu gehen, einem Inselarchipel vor der Küste Panamas. Das konnten wir von den Bergen aus sehen, und dort soll es sehr schön sein.

Nach der Einbaumfahrt zurück in die Stadt buche ich mir im Internetcafé schon mal ein Hostel, das mit kleinen, typisch karibischen Hütten wirbt und damit, dass man da seine Ruhe hat. Sehr gut – Indianer haben kein Konzept von Privatsphäre, und ich brauche dringend etwas Lydia-Zeit. Ich stelle mir meine kleine Hütte am Strand vor. In Bocas angekommen, zeigt sich, dass das Hostel wie versprochen typisch karibisches Flair versprüht: Kaum unterscheiden sich seine kleinen Hütten von den ziemlich runtergekommenen Baracken in der etwas prekären Nachbarschaft. Das Meer ist zwar direkt gegenüber, jedoch versteckt hinter zugemüllten Häusern auf Pfählen, in denen sich Leute betrunken anschreien und viele Hunde bellen. Immerhin: In der Miete ist ein lustiges, quietschgelbes Klapperrad inklusive, das später als mein liebgewonnener Begleiter von allen nur noch das »Kermitrad« genannt wird. Die Stadt Bocas ist ein Opfer von Lonely Planet: ein von Backpackern vollkommen überlaufener »Geheimtipp«. Ich bin enttäuscht und asozial und gehe früh ins Bett in meinem Favelahostel.

Am nächsten Tag plane ich, ALLEINE mit dem Rad um die Insel zu fahren und den Strand zu suchen, der mir bisher noch nicht begegnet ist. Aber erst mal was essen. Frühstück gibt's in der Stadt irgendwie nirgends. Ich kreise etwas ratlos, immerhin nicht radlos, haha, mit dem Rädchen durch die Stadt. Vor einem Hotel sitzt ein zauseliger Opa mit Hawaiihemd lässig in einem Korbstuhl, observiert die Straße und isst ein Omelette. Omelette wär ja ganz cool, und ich setze mich an den Nachbartisch nebenan. Der Opa quatscht mich NATÜRLICH direkt an – er habe ja schon gehofft, das »little ginger girl on her fancy bicycle« würde sich setzen ... Beim gemeinsamen Omelette zeigt sich aber, dass Cameron eine Perle ist. Wehende, lange weiße Haare und weiche, junge Augen, die das Leben mit all seinen Höhen und Tiefen gesehen und bewusst entschieden haben, es zu mögen. Eigentlich sieht er aus wie der verrückte Professor bei *Zurück in die Zukunft*, und das hört er nicht zum ersten Mal – sein Low-Rider-Bike mit den Kuhhörnern am Lenker nennt er sowieso schon nur noch den »DeLorean«. Er ist vor vier Jahren von den Florida Keys nach Bocas gekommen, weil es in Florida zu kalt und stressig war. Ungefähr so hektisch ist er dann auch unterwegs. Cam ist ein Sack voller Geschichten, es folgt einträchtiges, stundenlanges Observieren des Straßengeschehens. Schwer meditativ ... ja, für mich bitte auch noch einen Ananas-Smoothie ... Cam meint, mit dem Rad um die ramschige Hauptinsel zu fahren wäre Quatsch – gegenüber liegt eine kleine Insel, zwei Minuten mit dem Wassertaxi, schöner Strand. Nix wie hin, mit Cam verabrede ich mich abends, da organisiert er eine Open Mic-Nacht.

Drüben finde ich letztendlich das Paradies, das ich gesucht hatte – blaues Meer, weißer Sandstrand und Palmen, und wenn man um die Ecke läuft, gibt es kleine einsame Buchten. Ich sitze zwei Stunden mit einem Bier in der Hand bis zum Hals im Wasser und finde langsam wieder zu mir. Endlich – einfach mal den Kopf durchlüften. Ein Typ mit Panama-Hut und Gitarre kommt vorbeigelaufen, grüßt kurz und verdrückt sich in eine andere Strandecke. Man hört ihn leise auf der Gitarre klimpern, dann steht er etwas indifferent im Wasser, beginnt hektisch herumzulaufen und kommt schlussendlich rüber. »Sind bei dir auch so viele beißende Sandfliegen? Horror!«

»Nö. Hier ist alles ruhig. Keine Fliege in Sicht. Kannst rüberkommen.« Das macht er und bringt die ganzen doofen Sandfliegen gleich mit. Na prima. Bis vor einer Woche hat Kev in Kanada Autos verkauft. Viel Geld, null Freizeit, sieben Jahre. Dann kam er eines Abends nach der Arbeit nach Hause, und seine Freunde hatten eine Intervention angezettelt, wie sie es immer bei *How I met your Mother* machen. Wegen des Jobs, der sein Leben auffraß. Sie hatten alle zusammengeschmissen und ihm einen Flug nach Panama gekauft. Eine Woche nach der Intervention hat er gekündigt, Resturlaub genommen, ist weggeflogen und sitzt nun neben mir. Eigentlich ist er studierter Musiker. Deshalb haben ihm seine Freunde zusätzlich ein Tablet voller Gitarren-Lieder gepackt und ihm ein Heft für neue, selbstgeschriebene Lieder geschenkt. Tolle Freunde.

Abends trifft sich die bunte Truppe, die mir da zugelaufen

ist, bei Camerons Open Mic-Nacht. Tequila, großartige Musik, ein saxofonspielender Opa nennt sich Saxy Dave und lädt auf sein Bötchen ein. Keine Zeit, am nächsten Tag winkt mir die super Touri-Tour: Delfine gucken, Faultiere auf einer Insel suchen und schnorcheln. Kev kommt mit. In bester Stimmung sitzen wir im Touri-Boot, Gitarre, Ukulele, alles dabei, auf der Bank gegenüber total verkaterte Mädchen aus Köln mit einer Miene, als wäre einer gestorben. Sie hatten am Abend vorher Cocktails in einer Bar getrunken, eine Limone im Glas sah etwas komisch aus, als der Cocktail leer war, zeigte sich, dass es sich nicht um eine komische Limone, sondern um einen toten Gecko handelte. Daraufhin haben sie eine Halbliterflasche Whisky vom Barbesitzer geschenkt bekommen, und so sitzen sie jetzt hier und starren konzentriert auf den Boden.

Abgesehen von uns beiden ist auch bei den anderen Tourteilnehmern der YEAH-Faktor eher gering und wird nicht besser, als die Delfine nicht auftauchen. Fuck the Dolphins. Kev und ich nerven wohl alle etwas mit unserer exorbitant guten Laune. Nur der Kapitän – ein uriger Indianer mit schiefen Zähnen, einer gigantischen Nase und merkwürdigen blauen Augen – toppt uns noch: Strahlend und unglaublich glücklich steht er hinter seinem Steuer. Also DER hat den richtigen Job gefunden. Setzt die Messlatte ziemlich hoch – jeder sollte so lange nach der richtigen Arbeit für sich suchen, bis er dabei aussieht wie der glückliche Touri-Kapitän. Auf der Faultier-Insel finden wir nur ein sehr verstecktes Faultier im Geäst, das dann auch noch schneller zwischen den Blättern verschwindet, als man sein Fernglas zücken kann. Ich würde so weit gehen zu sagen, es huscht!!! Also wenn schon die Faultiere zu schnell sind, ist es weit gekommen. Fuck the Sloths. Aber wer braucht schon die doofen Viecher. Hatte ich genug in den letzten Monaten. Bin mit Bier und Strand und netten Leuten zufrieden und davon gibt es hier genug.

Am nächsten Morgen muss ich dann schon wieder abreisen. Treffe mich noch mal mit Cam und Kev zum fast schon traditionellen Omelett, mit dem vor zwei Tagen alles angefangen hat. Zwei Tage!!! Fühle mich, als wäre ich seit Jahren hier. Hinterher noch Bier am Pier, bis mein Boot zum Festland geht. Alle, die ich kennengelernt habe, sind da, um mit mir die letzten Minuten zu teilen. Jemand schnappt sich noch eine Gitarre, die hier in allen Restaurants und Bars an der Wand zum Ausleihen hängen, und klimpert *Hotel California* – wie passend: Man scheint hier relativ schnell zu stranden ... Ein Typ, der hierhin ausgewandert ist, kommt vorbei und ist verwirrt: »Warum habe ich dich denn noch nie hier gesehen?«

»Weil ich nur zwei Tage hier war.«

»Echt? Das sieht so aus, als würdet ihr das hier schon seit jeher machen.« Gefühlt ist es auch so. Als das Boot ablegt, sehe ich auf der Terrasse am Pier viele winkende Hände und Hüte von den Jungs. Wieder mal eine Welt, die ich zurücklasse und nie vergessen werde. Ganz schön viele in letzter Zeit. Gut zu wissen, dass jetzt gerade, wo ich hier in Changuinola am Flughafen sitze und auf meinen Flieger nach Panama City warte, Cam, Kev und Saxy Dave auf Saxy Daves Boot zur Blue Coconut Bar auf irgendeiner kleinen Insel shippern, um dort Musik zu machen.

Beim anstehenden Inlandsflug darf man diesmal nur ein Handgepäckstück mitnehmen, und ich habe drei. Ein paar Flughafenangestellte rätseln herum, wie das jetzt gehen soll, ich mach ein bisschen traurige, große, braune Augen. Der lustige Mann beim Check-in schnürt am Ende die drei Taschen so zusammen, dass es einen kurzen Augenblick lang nach einem einzigen Gepäckstück aussieht. Schon als ich den Kram vom Tisch nehme, vereinzelt sich alles wieder, aber jetzt scheint es okay zu sein. Na dann ...

Wunderheilung

Jetzt sitze ich in Panama City im Straßencafé, und in wenigen Stunden geht mein Flug nach Düsseldorf. Betreibe gerade Bier-Kampftrinken, bestens betreut vom schönen Kellner des Etablissements. Aus medizinischen Gründen wohlgemerkt. Es zeigt sich nämlich: Angezogen im Meer baden gehen und anschließend bis zum nächsten Morgen in den nassen Klamotten in zugigen Hostels feiern, macht zwar Spaß, ist aber nicht ganz optimal, wenn man nicht unbedingt mit einer fetten Blasenentzündung auf einen Langstreckenflug gehen möchte. Fensterplatz. Na geil.

Sightseeing ist ja auch nur so mittelgut, wenn man alle drei Minuten aufs Klo rennen muss. Besser in Toilettennähe von innen durchspülen, entscheide ich und setze mich im nächstgelegenen Café an den Straßenrand. Nachdem mir der (wie gesagt) SEHR gut aussehende und auch sehr charmante Kellner das dritte Bier in 15 Minuten bringt und mich bereits fünf Mal mit verzweifeltem Blick aufs Klo rennen sah, hakt er nach. Ich erläutere ihm mein Problem, und es zeigt sich: Der Gute ist Krankenpfleger aus Venezuela. Er schreibt mir Medikamente auf, die ich mir in einer Art Apotheke einige Häuser weiter kaufen soll. »Und danach kommst du zurück und trinkst noch möglichst viel Bier. Dann bist du wieder gesund.« Zwinkert mich mit blitzenden, schwarzen Maultieraugen an, und ich fühle mich schon gleich viel besser.

Die empfohlenen Tabletten werden in einem Laden, der außer Medikamente noch Kurz- und Backwaren anbietet, mit einer kleinen Schippe lose in eine Papiertüte geschaufelt, man zahlt pro Stück. Als ich zurück zum Café mit dem schönen Krankenpfleger-Kellner komme, schleppt er schon das nächste Kaltgetränk für mich an, bevor ich überhaupt sitze. Jetzt, viele Biere und Smartie-Pillen später, tatsächlich die totale Wunderheilung. Blasenentzündung wie weggeblasen, habe allerdings etwas Sorge, dass sich dann demnächst Nieren und/oder Leber verabschieden, aber egal. Erst mal Ruhe im Karton. Luis? Bringst du mir noch ein Spülbier? Verrückt: Noch 14 Stunden, und ich stehe im Weißen Holunder in Köln am Tresen. Mann! Ich freue mich so!!!

2014

DAS FINALE DER AMEISENBÄREN-FORSCHUNGSWELTMEISTERSCHAFT

Chega de Saudade

Bonn

Saudade ist portugiesisch und heißt Sehnsucht. Oder so ähnlich, denn die perfekte Übersetzung gibt es nicht. Sehnsucht ist im Deutschen ein großes Wort. Nix für den herkömmlichen Alltagsgebrauch. In Brasilien ist die Saudade aber ein Wort, das überall und immer verwendet wird. Fast in jedem Lied und jedem Gespräch fällt es. Das mag zum einen daran liegen, dass die Sehnsucht tief verankert ist in der brasilianischen Kultur, was vielleicht auch mit der Kolonialisierung zu tun hat. Zum anderen ist die Saudade aber kleiner als das deutsche Wort »Sehnsucht«.

In Deutschland sagt kein Mensch, er hätte Sehnsucht nach einem Käsebrot. Wenn ich aber sage, dass ich Saudade nach Pão de queso habe, ist das vollkommen legitim, und das nicht nur, weil *Pão de queso* einfach ein saugeiles Essen ist. Saudade ist eher das Vermissen von etwas, was im Deutschen wiederum eher selten als Substantiv verwendet wird.

Die Saudade verhält sich zur Sehnsucht vielleicht in etwa

so wie die deutsche Caipirinha zur brasilianischen: In Deutschland ist das ein schicker Cocktail, man besorgt extra Crushed Eis, gute Limetten, Rohrzucker, einen fancy Cachaça und mögliche zusätzliche geheime Zutaten, die das Getränk dann perfektionieren. Nichts, was man mal schnell an einem Sonntagnachmittag oder einem Feierabend zusammenschüttet.

In Brasilien hingegen geht man hinters Haus und pflückt ein paar Limetten, ein paar Löffel stinknormaler Haushaltszucker drauf, das Ganze zerstoßen und die Eiswürfel mit dem Caipi-Stampfer noch etwas klein klöppeln. Cachaça rein, billiger reicht, und der wird in Brasilien übrigens Pinga, also Tropfen, genannt – fertig. Nichts Abgefahrenes. Ein Alltagsgetränk, das einfach dazugehört, lecker, aber nicht riesenhaft großartig, so wie die Saudade eben.

Wenn ich genau drüber nachdenke, bewegt sich die Saudade also zwischen Vermissen und Sehnsucht. Und kann mal ein kleines Vermissen, aber auch durchaus eine ausgewachsene Sehnsucht sein, wie sie mich soeben überfällt, als ich von der brasilianischen Caipirinha schreibe (ja, die Caipirinha ist im Portugiesischen weiblich).

Jetzt sitze ich nämlich in meinem Büro am Museum Koenig im regengrauen Bonn und muss an diesen warmen, gemütlichen Sonntagmittag bei Fernando denken: Ich hatte gerade nach Jahren das Skelett von Tao Tao im Garten des Forscherhauses ausgegraben. Stolz wie Oskar, dass ich es wiedergefunden hatte, lief ich rüber zu Fernandos Haus, um es ihm zu zeigen. Dort qualmt schon der Grill. Luis, Fernandos Sohn, steht mit einem Spieß voller Fleisch über der Feuerstelle, während Fernando im Fenster steht und besserwisserisch die Grilltechnik kommentiert. Wir tratschen in aller Gemütlichkeit über Gott und die Welt, zwischen hochphilosophisch und profan. Ab und an verschwindet Fernando in die Küche, um das Kochen des Manioks zu überwachen.

Kommt dann wieder zurück und lehnt sich behaglich in den Fensterrahmen. Fernandos Bar. Ich pflücke ein paar Limetten hinterm Haus, und schon haben wir alle drei ein Glas mit dieser typischen dahergelaufenen Caipirinha in der Hand, die trotz ihrer einfachen Zutaten so gut schmeckt wie sonst nie. Die frischen Limetten und die Tatsache, dass man barfuß im Pantanal mit zwei Cowboys, die schon längst gute Freunde sind, vor einem kleinen weißen Häuschen am See steht, tun ihr Übriges. Dass da neben dem Grill die Tüte mit den Überbleibseln eines Ameisenbären liegt, ist eine dieser typischen Absurditäten hier im Nirgendwo.

Dies war einer der Momente, in denen ich mich sehr, sehr, sehr zu Hause fühlte in dieser merkwürdigen und im Moment viele Tausend Kilometer weit entfernten Welt. Hier im Büro entfachen die Erinnerungen gerade eine Saudade, die einer großen Sehnsucht durchaus gewachsen ist. Na ja, lang ist es nicht mehr hin, dann bin ich wieder zurück. In ein paar Wochen geht es wieder auf die Farm. Mitten in der Fußballweltmeisterschaft, die ja auch noch in Brasilien ausgetragen wird. Hoffe, die Spiele laufen bis dahin so, dass ich mich dort als Deutsche noch blicken lassen kann ... Ich hätte ja gerne ein paar Tage in Rio de Janeiro verbracht, um die Stimmung zu erleben. Leider gibt es aber zu viel zu tun, und ich muss direkt weiter nach Campo Grande, um möglichst früh eine Mitfahrgelegenheit auf die Farm abzugreifen.

Neben meiner Ameisenbärenforschung und den Kamerafallen arbeite ich dieses Mal noch für den Bayerischen Rundfunk. Dasselbe Team, das damals den Ameisenbärenfilm gedreht hat, kommt, um diesmal eine Dokumentation über Papageien zu machen. Hauptprotagonisten sind die beiden Hyazintharas, die Jahr für Jahr im Baum unten am Fluss nisten. Ich habe die Aufgabe, im Vorfeld eine Nestkamera zu installieren, mit der wir dann das Brüten und die Aufzucht der

Jungen nachverfolgen können. Außerdem soll ich versuchen, schon mal einige Verhaltensaufnahmen zu filmen, die möglicherweise jahreszeitenabhängig auftreten. Reproduktion zum Beispiel. Vögelnde Vögel also.

Besinnliches Schlammcatchen im Eisschrank

Fazenda Barranco Alto

Nach 40 °C und Sonne in Deutschland, jetzt eingemummelt in Decken und mit Hüttenschuhen im Forscherhaus in Brasilien. Regnet Bindfäden. Eiskalt. Der Klassiker.

Draußen hört man den Motorenlärm des Traktors und der Kettensägen: der große, alte, schöne Tarumá-Baum ist in einer stürmischen Nacht auf die Scheune gekracht. Sieht aus, als wäre eine Bombe eingeschlagen: Dach zusammengebrochen, Teile des Jeepinhos zerdrückt. Der riesige Stamm liegt immer noch oben auf den Trümmern, und außen herum stehen ratlose Cowboys, die überlegen, wie man den je ohne Kran da runterhieven soll. Jetzt wird also Stück für Stück gesägt. So traurig – der schöne Baum!!! Im Forscherhaus hatte der Sturm das Dach zum Teil abgedeckt, und alles war überschwemmt. Also im und ums Haus herum. Jamie, dem englischen Volontär, regnete es des Nachts durch ein Loch im Dach ins Gesicht. Willkommen im Pantanal.

In dieser Sturm-Chaos-Nacht war ich immerhin noch schön gemütlich in der Stadt. Erst am Morgen danach ging's dann im klapprigen Land Rover mit Lucas und Lauro, dem leicht wahnsinnigen Autovermieter/Mechaniker/Whatever Richtung Farm. Auf dem Weg zwischen Campo Grande und dem tiefen, straßenlosen Pantanal fahren wir durch Aquidauana. Die Kleinstadt ist eine einzige Fußballtröte – der Geräuschpegel erreicht schon fast die Lautstärke von Weihnachten: In einer Stunde tritt Brasilien bei der WM gegen Kamerun an ... Gelb-grüne Perücken, Glitzerhaarreifen und Trikots. Das ganze Land feiert, wenn Brasilien spielt. Gleich machen alle Läden zu und nix geht mehr.

Jenseits der Stadt steht die Schotterstraße vollkommen unter Wasser. Unterwegs schüttet es wie aus Kübeln, sowohl außerhalb als auch innerhalb des Autos wegen der kaputten Isolierung des Fensters. Schön auch, dass die Scheibenwischer auf halbem Weg kaputtgehen. Immerhin: Als der Regen aufhört, ist es kühl und angenehm, und man kann viele Ameisenbären in den Feldern am Straßenrand zählen, so wie man früher erleuchtete Weihnachtsbäume in den Fenstern gezählt hat, wenn man über die Feiertage zu Oma und Opa gefahren ist.

Apropos Weihnachten/Winter: Auf der durchgeweichten Matschstraße fährt es sich wie auf Eis, irgendwann stellt sich der Land Rover langsam, mit nahezu weihnachtlicher Besinnlichkeit, quer und schlittert bedächtig und unbeirrbar mit uns an Bord von der Straße die Böschung runter, um unten angekommen im Wasser des Drainagekanals zu versinken. Für mich also die Eröffnung der diesjährigen Schlammschlacht. Mit Seilwinde und Kette bekommen wir ihn am Ende wieder raus. Ein kleines Abenteuer, gerade drohte die achtstündige Holperfahrt von der Stadt zur Farm nämlich langweilig zu werden.

Ein riesiger Regenbogen zieht über den Himmel – nur für mich? Das wäre doch nicht nötig gewesen! Davor sitzen Hyazintharas im Baum. Ein Ameisenbär mit kleinem Baby auf dem Rücken. So schöne Tiere – diese klare Zeichnung, der ordentlich gekämmte Schwanz ... Hach, endlich wieder diese unfassbare Schönheit, vollkommen verschwenderisch an jeder Ecke.

Zwei Stunden, bevor wir auf der Farm ankommen, haben wir kurz Funkkontakt. Klingt bescheuert, ist aber leicht erklärbar: Man muss einen ziemlich großen Umweg fahren, denn es gibt nur eine einzige Brücke über den Rio Negro. Also fährt man auf der gegenüberliegenden Flussseite an der Farm vorbei zur Brücke, um dann auf der anderen Seite wieder zurückzueiern. So matschen wir also im Nirgendwo durch den Schlamm, und im Funkgerät singt Fernando auf der Farm schon mal eine Runde *Nossa* für mich als Willkommensständchen. Mein Gott, habe ich die Pappnase vermisst.

Dann das Gatter zur Farm. Zu Hause! Yeah! Zwei Seen weiter sehen wir direkt einen Ameisenbären. Bevor ich aber irgendwelche Fellzeichnung erkennen kann, um zu sagen, ob das einer der Jungs aus meinem Foto-Register ist, entschwindet er panisch mit wehendem Schweif im Wald. Liebe Güte, warum denn so nervös? Im Forscherhaus vermuten wir später, dass die Ameisenbären auf meine Anreise vermutlich nicht vorbereitet waren. Jeder lief rum, wo er wollte. Als der Ameisenbär mich sah, rannte er also hektisch zu den anderen, um sie über meine Ankunft zu informieren. Fieberhafte Lagebesprechung im Gebüsch. Alle versuchen anhand einer großen Karte der Farm zu rekonstruieren, wer noch mal wo in meiner Studie sein Streifgebiet hat, um meine Daten nicht durcheinanderzubringen. »Ich war doch immer im Carandá positioniert, oder?«

»Nein, Dirk, du musst dich entsprechend der letzten Jahre mehr im Bereich des Salzsees Mineiros aufhalten!«

»Ach ja, stimmt ...«

Als wir auf der Farm ankommen, geht gerade die Sonne unter. Wir bestaunen die Zerstörung, die der Sturm der vorhergehenden Nacht angerichtet hat. Dann Pizza bei Carol und Hugo, wie immer das Gefühl, nie weg gewesen zu sein. Wieder erscheinen die letzten Monate in Köln vollkommen surreal, wie ein Traum. Bier ist knapp auf der Farm. Der Fahrer Carlango, auf Deutsch »die Eidechse«, sollte welches aus der

Stadt liefern. Er nennt sich Eidechse als Hinweis auf die Geschwindigkeit seines Lieferservices. Die Realität sieht allerdings so aus, dass man auf der Farm seit drei Tagen auf ihn wartet, und niemand weiß, wo er und vor allem das Bier abgeblieben ist. Lucas kommentiert nur resigniert: »Von wegen Eidechse, eher der Landschildkröten-Express ...«

Caiman calling to the faraway lakes ...

Im großen, vielleicht jahrzehntealten Jabirustorchennest unten am Salzsee Japão, das jede Brutsaison aufs Neue von den großen Störchen liebevoll renoviert, stabilisiert und ausgebaut wurde, hat sich in diesem Jahr kackfrech eine Waldohreule breitgemacht und erst mal schön Eier gelegt. Der fiese Möp. Die Jabirus kreisen ab und an noch über dem Nest, dann faucht sie und plustert sich mächtig auf, und die Störche landen frustriert und verschüchtert nebenan am Seeufer. Die hatten doch fest mit ihrem Standardnest gerechnet! So ein großes Storchennest ist nicht mal eben woanders aufgebaut! Ob die Jabirustorchfrau wohl schon einen Eierstau hat?

Ich hatte davon nur vom Hörensagen mitbekommen und war mächtig sauer auf die doofe Eule. Heute Morgen, als die Sonne gerade über den Horizont stippt, fahre ich an dem Nest vorbei, und tatsächlich: Wie in einer Badewanne sitzt die Eule in einer Ecke des überdimensionierten Nests. Das Gesicht zur Morgensonne gewandt, die Augen geschlossen, die Federn ein wenig aufgeplustert und den Rücken behaglich an den Nestrand gekuschelt, schweineglücklich und zufrieden mit sich selbst. Irgendwie kann ich ihr nicht mehr böse sein. Ich mache ein Foto mit meinem Herzen – für die Kamera ist es zu weit weg. Hihi. Dieses Herzensfoto wird mir noch so manchen schlechten Tag erhellen ... Als ich unterm Nest im Ufergestrüpp des Sees durch sanftes Winken versuche, Waldstörche davon zu überzeugen, vor der Kamera eines französischen Fotografen durch das dampfende Wasser zu waten, ruft nebenan ein Kaiman sein Revier aus, und so tackert sich schon um 6 Uhr morgens ein bescheuerter Ohrwurm von The Clash in einer dämlichen Pantanal-Version in meinen Kopf:

»Caiman calling to the faraway lakes
Now war is declared and battle come down
Caiman calling to the underworld
Get out of the water, you boys and girls«

Hab ich Stunden später immer noch im Ohr, als ich nachts hinter dem Forscherhaus Sterne fotografiere. Ich glaube, ich kann mich bei nichts so sehr verlieren wie beim Fotografieren. Mit meiner kleinen Murkelkamera dauert jedes einzelne Sternenfoto drei Minuten. Genug Zeit, sich über die Fledermaus aufzuregen, die sinnbefreit um mich kreist, und zwar so nah, dass meine Haare im Flügelschlagwind flattern. Und Zeit, um die Frage mit mir selbst zu diskutieren, ob es nachtaktive Kolibris gibt oder dieses komische Brummen im Busch neben mir von einem überdimensionierten Insekt herrührt. Und wenn ja, von welchem. Über das richtige Verhalten, wenn man in eine Herde von Nabelschweinen gerät, kann man sich auch noch mal recht praxisbezogen Gedanken machen. Als ich aus meiner friedlichen Fotoversenkung aufwache, stehe ich mitten in einer Herde. Und was mache ich? Die mittlerweile bewährte Strategie: nicht aufregen, erst mal noch ein Sternenfoto schießen.

Womit ich übrigens stark im Kontrast zum Nachbarcowboy handele: Da sitze ich hier friedvoll im nächtlichen Forscherhaus und sortiere die Fotos, die ich gerade gemacht habe, draußen Grillen, Frösche und das Grunzen der Nabelschweine, die mittlerweile um unsere Häuser hampeln. Solange die Schweine da draußen und nicht hier drinnen sind, ist mir das ja egal. Edson im Nachbarhaus sieht das wohl anders, denn auf einmal, aus dem Nichts, knallt es ohrenbeträubend. Schreck lass nach, hat der mal wieder in die Luft geschossen, um die Viecher zu verjagen. Nach dem Getöse liegt jetzt vermutlich nicht nur er wach, weil die Schweine vor dem Schlafzimmerfenster grunzen, sondern auch gleich die gesamte Nachbarschaft. Fühlt er sich vielleicht nicht so alleine in seiner Wachheit. Danke, Edson, wieder ein paar Falten mehr, das habe ich ja schon vor Jahren gelernt: Ein unvermittelter Schuss in der zuvor friedvollen Pantanalnacht kostet einen mindestens ein paar Stunden Lebenszeit.

So. Dann tue ich es dem Rest der Farm mal gleich, lege mich mit großen Augen ins Bett und hoffe auf Schlaf. Boa noite.

Fußball im Pantanal

Heute spielt Brasilien bei der WM, diesmal gegen Kolumbien. »Bei den Brasilienspielen arbeitet hier keiner!«, kündigt Lucas an und steht dann auch wie zur Bestätigung in Sandalen und einem 70er-Jahre-Plastikfußballtrikot Brasiliens neben dem Grill. Es gibt sogar ein Tippspiel: Jeder muss 20 R$ geben, davon geht die Hälfte an die Grundschule hier im Pantanal und die andere in den Gewinntopf. Auf den Sieg für Brasilien zu setzen ist obligatorisch, es geht nicht um das »Ob«, sondern eher um das »Wie«. Ich setze also 2:1 für Brasilien und bin damit der Buhmann (rückblickend hätte ich damit aber fast den Jackpot geknackt). Die Tipps der Brasilianer bewegen sich zwischen zuversichtlichen 4:0 und 6:0 für Brasilien – klar.

Wir Damen lackieren die Nägel in Grün und Gelb. Als die Vuvuzelas in Aktion treten, gibt es zwischen den Libellenschwärmen ein buntes Durcheinander an kopflos davonrennenden Nandus, Wasserschweinen, Pferden und Schafen auf der Ebene runter zum Fluss. Unter dem Mangobaum vor dem Panorama steht der Fernseher. Rechts also Fußball, links daneben die Palmen, der Fluss und die rennenden Viecher.

»Was ist das dääännn?« Ein kleines Kind von Schweizer Gästen mustert kritisch den Grill, auf dem dicke Würste, ein Klumpen Wildschwein und eine Picanha, ein Teil vom Rind, bei der sogar das Fett fantastisch schmeckt, über den Kohlen rösten. Lucas zeigt auf die Würste: »Also das hier sind dicke Maden, das daneben ist Affe und dies hier Anakonda.« Das traumatisierte Kind wird sich später mit Reis und Bohnen begnügen.

Das erste Tor wird frenetisch gefeiert. Lucas schießt eine Feuerwerksrakete ab. Von irgendwo aus dem Busch auf der anderen Seite des Flusses steigt in einigen Kilometern Entfernung eine zweite Rakete auf. Wer da bloß mitten im Gemüse wohnt? In der stehenden Hitze breitet sich eine träge Mittagsmüdigkeit aus. Ab und zu lässt eine Fußballtröte alle hochfahren. Ich muss los, meine Bären suchen. Der freie Tag gilt nicht für Ameisenbärenforscher. Übers Funkgerät schmettert Lucas beim nächsten Tor ein tosendes »GOOOOOOOOOOOOOOOOOOOOOOOOOOOOOOOOOOOOOOAAAAAAAAAL!!!!« und schlägt damit ein paar Spießhirsche in die Flucht. Ah ja, danke fürs Update ... Eine Nasenbärenfamilie gräbt mit Spazierstockschwänzen im Matsch nach Schnecken und Würmern. Im Sonnenuntergang dann Matthes, der in gemütlicher Abendlaune Kuhfladen umdreht, weil er an die Ameisennester darunter kommen will. War gerade baden, das Fell ist noch nass.

KALT, KALT, KALT

Es ist kalt, kalt, kalt. Ich sitze in drei Decken gewickelt im Forscherhaus. Die Socken habe ich gerade mal wieder unterm Gasbrenner aufgewärmt, die existente Gefahr, dass sie dabei in Flammen aufgehen, nahm ich in Kauf. Für ein paar Minuten warme Füße würde ich all meine Socken verbrennen.

Der Wind, der auf der einen Seite des Hauses durch die Mosquitonetze rein- und auf der anderen Seite wieder rauspfeift, zerzaust mir das Haar und weht ein paar Töpfe aus dem Küchenregal. Thermometer zeigt 12 °C im Haus, 13 °C draußen. Es lebe die brasilianische Hausisolierung. Und kein Mensch hat Mitleid mit mir Frostbeule: »Wie? Du bist doch Deutsche, da ist es noch viel kälter! Jetzt stell dich nicht so an!« ABER WIR HABEN IN DEUTSCHLAND HÄUSER UND KLEIDER FÜR SO WAS!!! VERDAMMT!!! Ein verstörter Farmkater kommt maunzend, zitternd und mit aufgerissenen, gelben Augen angerannt. Ich nehme ihn auf den Arm, und er drückt sich ganz fest an mich ran. Okay, ein paar Minuten hab ich Zeit. Ich mache die Regenjacke auf und kuschle ihn auf meinen Bauch, streichle und hauche ihn warm. Eine seiner kalten Pfoten liegt in meiner Hand, und irgendwann drückt sich auch noch eine zweite dazu. Einige Zeit schaut er noch aufgeregt oben aus der Jacke raus, dann verschwindet irgendwann sein Köpfchen, und man hört friedliches, leises Schnarchen. Die Beine zucken ab und an im Traum. Langsam dämmert es. Eigentlich wollte ich die Lichter im Gästehaus anmachen. Eigentlich wollte ich die Wäsche abhängen, bevor es dunkel ist. Mein linkes Bein und mein Hintern schlafen ein, aber jetzt kann ich dieses kleine schnarchende Bündel doch nicht wieder in die Kälte schicken! Ewigkeiten später lege ich ihn dann vorsichtig in eine nur mittelkalte Ecke. Armes Kätzchen …

Jetzt sind meine Kleider auch noch voller Katzenhaar. Macht den Bock aber auch nicht mehr fett, die waren eh schon total versaut: Es folgt eine Anleitung, wie man seine gesamten warmen Klamotten innerhalb von zwei Tagen unbenutzbar macht und danach die Wahl hat zwischen Erfrieren, oder stinkend komplett eingematscht oder nass in der Welt rumlaufen (habe mich aktuell für eine Stink-Matschkombination entschieden. Schön.):

Outfit 1: Die Kaltfront kam so plötzlich, wie sie es hier gerne tut. Mittags habe ich noch in der gleißenden Sonne über Kopfschmerzen geklagt, hatte Angst vor Dehydrierung, nachmittags auf der Touri-Safari rollen auf einmal riesige, schwarze Wolken auf uns zu. Blitze, Donner, Regen und Sturm – lange dauert das nicht mehr. Ich fahre heute den Truck. »Schnell nach Hause!!!!«, ruft Carol hinten aus dem immer stärker werdenden Sturm. Und ich rase die dunklen Waldwege entlang, dann natürlich wieder der Klassiker: Exakt am letzten Tor, also 50 Meter vor der Pousada, öffnen sich die Schleusen, und das Wasser stürzt runter, als würde jemand eine große Badewanne umstülpen. Binnen Sekunden alle triefend nass bis auf die Unterhose. Mein erstes Kleiderensemble ist also klitschnass und somit über die Wupper, bei dem Wetter trocknet ja nix.

Outfit 3 (jaja, besserwisserisch erhobene Zeigefinger dürfen wieder eingepackt werden, wir kommen noch zu Outfit 2. Den Zahlenraum bis zehn beherrsche ich gerade noch so.): Heute Morgen wollte ich ein Ameisenbären-Kratzbaumgebiet vermessen. Eine Stunde reite ich hin, frierend. Genau als ich da ankomme, fängt es wieder an, wie aus Kübeln zu regnen. Prima. Datenblätter nass, Pferd nass, ich nass, Fotos, um die Bauminseln zu dokumentieren, kann ich jetzt auch nicht machen, ohne die Kamera zu ertränken. Alles auf Sand gebaut. Meint auch mein Pferd Sossego und drängelt Richtung Heimat. Also gut, alles wieder zurück, Pferd entscheidet, den Heimweg galoppierend zu absolvieren. Ist mir recht, weit ist es ja nicht. Nächste Lektion: Wem was an sauberen Klamotten liegt, der sollte niemals durch weitläufige Wasserpfützen galoppieren, die unschuldig ein größeres Matschreservoir überdecken. Das sieht zwar lustig aus, auch hinterher, Rorschachtests auf

Pulloverärmeln sind jedoch nur zu Beginn lustig. Das waren also meine letzten sauberen, warmen Klamotten, die anderen sind entweder noch nass oder stinken nach Diesel, womit wir zur Geschichte kommen, wie Outfit 2 ruiniert wurde:

Outfit 2: Gestern eine kleine Runde Ameisenbärensuchen. Nur mal schnell, es sieht nach Regen aus und ist eben auch verdammt kalt. Eingemummelt in Mütze, Schal, beide Fleece-Pullies und alle Langarmshirts übereinander. Im offenen Auto ohne Frontscheibe lässt einen der Fahrtwind trotzdem zu Stockeis gefrieren. Nur noch schnell einen Blick auf die große Ebene werfen, wo ich sehr häufig meine Damen und Herren Ameisenbären beobachten kann. Heute nicht, und es beginnt zu nieseln. Ab nach Hause: Tee, heiße Dusche ... Wäre zumindest schön gewesen, aber auf einmal geht das Auto aus. Springt auch nicht mehr an. Batterielampe leuchtet. Blick unter die Motorhaube – scheint alles okay zu sein. Was ist das für ein Plätschern? Unterm Jeep läuft der Diesel schnell und in großer Menge aus einem abgerissenen Schlauch im Unterboden des Fahrzeugs. Beim panischen, chancenlosen Versuch, das dumme Ding abzudichten, läuft mir der ganze Scheiß in den Ärmel. Warm – immerhin. Es fängt schon an zu dämmern, und ich hab keine Taschenlampe, um irgendwas da unten zu erkennen. Ich versuche, jemanden per Funk zu erreichen, keiner hört mich. Der Gärtner ist mit dem Traktorfahrer fischen, und der Rest der Farmbewohner macht ein paar Tage Ferien in der Stadt. Ich darf keine Zeit mehr vergeuden und muss loslaufen, um das rasch schwindende Tageslicht noch auszunutzen. Zur Farm sind es noch fünf Kilometer. Im Sand, nachts im Wald, ohne Lampe. Herzlichen Glückwunsch.

Wie schon so oft rettet mich in einer Krisensituation das gute, alte Lieder-»Stadt-Land-Fluss«: In der Nähe pfeift ein Vogel und ich beginne im Kopf das Alphabet durchzugehen. Wenn er wieder pfeift, heißt das »Stopp«, und ich muss möglichst viele Lieder, die mit dem ausgelosten Buchstaben anfangen, finden und singen. Ich glaube, ich hätte meine Doktorarbeit hier überhaupt nicht durchführen können ohne dieses Spiel. Im Stechschritt singe ich mich durch die Landschaft, möglichst laut, um Überraschungen mit irgendwelchen Viechern vorzubeugen. Gut auch, dass wir die ganzen letzten Tage überall hier Jaguarspuren gesehen haben. Die enge Waldstraße ist in der Finsternis kaum erkennbar. Nur ein wenig Licht sickert durch die Lücke im Kronendach der Bäume. An dieser Lücke orientiere ich mich. Oh, rote, große Augen schimmern aus dem nächstgelegenen Gebüsch. Hm, das könnte ja jetzt so einiges sein. Nach einer halben Stunde tauchen schon die Lichter der Farmhäuser auf. Das ging ja flott. Der Traktorfahrer kommt vom Fischen und diagnostiziert aufgrund des Geruchs meines Stinkeärmels den Defekt am Auto. Und eins muss man sagen: Am Ende dieses Gewaltmarschs war mir endlich wirklich, wirklich warm.

WIR SIND WELTMEISTER! ÄTSCHIBÄTSCH!

Die 1:7-Niederlage von Brasilien gegen Deutschland im Halbfinale ist dramatisch. Da bleibt selbst mir jegliche Freude im Hals stecken. Die ganze Farm sitzt wieder mit gelb-grünen Hüten, Tröten, Rasseln, Perücken, T-Shirts und Trillerpfeifen vor dem Fernseher unter dem großen Mangobaum. Lucas baut hoffnungsfroh schon mal Feuerwerk für die Brasilientore auf. Er wird es nie abschießen. Fassungslose Trauer.

Nach dem ersten Schock wird aber mit brasilianischem Optimismus das neue nationale Motto ausgegeben: contra Argentina. Also für Deutschland und gegen Argentinien im Endspiel. Wir schauen es im familiären Kreis bei Lucas und Marina. Ihre sehr charmanten Eltern sind da. Ihr Vater hat vor einigen Jahrzehnten ein Buch über Riesenotter geschrieben, deren Verhalten er jahrelang in einer kleinen, einsamen Hütte flussaufwärts von hier beobachtet hat. Ich bin etwas traurig, als Public Viewing in Deutschland gezeigt wird ... Ach Mann, da oben feiern alle jetzt die dicke Party. Ohne mich ...

Immerhin: Ich hab ja so ziemlich alles Ultrawichtige zu Hause in Köln vergessen. SD-Karten, Mütze etc. Aber die FÄHNCHENGIRLANDE für die Fußball-WM und anderen Dekokram in Deutschlandfarben habe ich natürlich mitgenommen. Jetzt leistet mir der Kram gute Dienste, um den Nachbarcowboys eine lange Nase zu drehen. Ätschibätsch, wir sind Fußballweltmeister und ihr überhaupt nicht!!!!

Im Sturm der vorletzten Nacht ist das Fußballtor auf der Flugzeuglandebahn der Farm zusammengebrochen. Dort spielen die Cowboys eigentlich jeden Sonntag gegen die Nachbarfarm. Dieses Wochenende wohl eher nicht, und ich kann mir den Kommentar nicht verkneifen, dass das möglicherweise ein Zeichen ist und Brasilianer keinen Fußball mehr spielen sollten. Wir sitzen am Abend unterm Vordach des Forscherhauses, ein paar Cowboys, einige Fahrer, die heute Gäste aus der Stadt gebracht haben, immer noch Regen, Wind und Gewitter, dafür immerhin keine Mosquitos. Hat alles sein Für und Wider. Edson meint nur, dass ich mal schön aufpassen soll, in einem Moment, in dem ich es am wenigsten erwarte, tränkt er meine Fähnchengirlande in Benzin und zündet sie an. Pfff ...

Drama in Gürteltierhausen

Mittlerweile hat sich das Pantanal wieder kräftig aufgewärmt. Und ich mich auch. Einzig mein Element of Crime-Ohrwurm hängt mir als Reminiszenz der niedrigen Temperaturen immer noch im Kopf: »Schmutzige Gedanken wärmen mir ein Heim, in dem der Kühlschrank als Einziger nicht friert ...«

Riesendrama um Arroz, unser Haus- und Hof-Gürteltier. Das Vieh ist der Liebling unserer kleinen Siedlung von Cowboys, Köchinnen, ihren Familien und Forschern am See jenseits der Flugzeug-Landebahn. Jeden Tag pendelt er zwischen unseren Häusern. Mal hier über die Terrasse getrippelt, mal dort etwas Reis geschnorrt und dann mit dem Nachbarkind Caique Fangen gespielt. Hihi – das machen die zwei wirklich und haben beide Spaß dabei: Da sitzt man am »Schreibtisch« auf der Terrasse, und auf einmal kommt von rechts nach links im Affenzahn ein Gürteltier galoppiert. Hinter ihm her ein johlendes Nachbarkind mit hochgerissenen Armen. Kurzer Stopp links im hohen Gras, beide verschwinden still zwischen den Halmen, als Caique das Gürteltier streichelt, dann ein Quietschen, und diesmal kommt von links nach rechts erst Caique und hinter ihm her Arroz gerannt. Dabei soll man effizient am Computer arbeiten. Tststs ...

Auch heute grüßt Arroz kurz, als ich vor dem Haus sitze, schnüffelt neugierig an den Schuhen und trippelt dann weiter zum nächsten Haus. Er ist auf halbem Weg zur Nachbarterrasse, wo einige Köchinnen gerade Tee trinken, da stürzt ganz unvermittelt ein Kaiman aus einem Gebüsch und schnappt ihn sich. Unser kleines Gürteltier! Alle schreien, man hört den Panzer knacken, Ramona rennt mit dem Backblech zum Kaiman und zieht ihm selbiges mit aller Kraft über den Schädel. Don't mess with brasilianischen Köchinnen. Der Alligator lässt das Gürteltier fallen und verschwindet wieder im See, Arroz rennt, so schnell ihn seine kleinen Beine tragen, zurück in sein Loch. Ob und wie schwer er jetzt verletzt ist, wissen wir nicht. Alle in Tränen. Wie vor einigen Tagen schon, als ein Wildschwein direkt vor unseren Häusern gleich zwei Lämmer gefressen hat. Will gar nicht wissen, was erst mal los ist, wenn

Stacy, der zahmen Seriema-Dame, was zustößt. Die rennt hier übrigens mittlerweile mit zwei Küken herum, die genauso zutraulich sind wie sie selbst. Auch mit denen spielt der Nachbarjunge begeistert, sie laufen sogar extra zu seinem Haus und rufen ihn. Merkwürdiger Viehkram.

Nachtrag: Nachdem er einen Tag verschwunden war und wir uns furchtbare Sorgen gemacht haben, kam Arroz jetzt zurück zum Nachbarhaus und fraß einen riesigen Haufen Reis. Allerdings mit einer echt fiesen Wunde an der Seite. Hoffentlich geht das gut, der Lifestyle eines Gürteltiers in sandigen Erdhöhlen unterstützt ja nicht unbedingt eine reibungslose Wundheilung.

Murphy, du alter Pantaneiro!

Um 5:15 Uhr verlasse ich das Haus zur frühmorgendlichen Ameisenbärensuche, nur um festzustellen, dass es stürmt und sich eine gigantische Gewitterfront über den gesamten Horizont zieht. Blätsch. Bei uns regnet's bisher noch nicht, aber das ist mir heute zu blöd. Keinen Bock, mich und die Sitze vom offenen Jeep im Regen wieder komplett nasszusuppen, während sich die ganzen Ameisenbären eh unter ihrem Schwanz verkriechen. Zuckerbiologin Lydia geht zurück ins Bett, noch mal schööööön zwischen die Laken kuscheln. Passt mir eigentlich ganz gut: Hatte diese Nacht eh wenig geschlafen, weil gegen 23 Uhr der Vibrationsalarm meines Handys losging. Was??? Ist das der Wecker? Muss ich etwa schon aufstehen? Verwirrter Blick aufs Display: nix. Keine Nachricht, kein Anruf, kein Wecker. In die Nacht lauschen. Ein Kaiman brüllt und planscht im See vor dem Fenster, Frösche und Grillen, ein Maultier schreit und eine Eule ruft. Dahinter das Geräusch, das ich meine, ein rhythmisches Brummen, das von den Seeufern widerhallt. Nicht mein Handy, sondern der Jaguar ruft im Wald hinterm Haus. Ohnehin schlaflos setze ich mich ein wenig in die kühle Nacht und höre ihm zu.

Nachdem ich mich also noch mal hinlege, schlafe ich bis 8:30 Uhr weiter. Seit Wochen bin ich immer um 5 Uhr morgens aufgestanden, und das heute fühlt sich an wie bis 14 Uhr schlafen in Deutschland. Sehr zum Leidwesen von Lucas hat es letztendlich dann doch nicht geregnet. Der braucht dringend Regen, weil er gerade Gras gesäht hat. Murphy's Law: Das letzte Mal hat es daraufhin 40 Tage nicht mehr geregnet, mitten in der Regenzeit. Mit so einer Farm muss man auf jeden Fall über folgende Charaktereigenschaften verfügen: Nerven, Geduld und Schicksalsergebenheit.

»Was schiefgehen kann, wird schiefgehen.« (Edward A. Murphy) Lucas hat das Gesetz noch weiterinterpretiert: Ihm zufolge führt die Vermeidung der Konsequenz zum Ausbleiben der Katastrophe. Ich bin seiner Meinung nach am ausgebliebenen Regen schuld, weil ich nicht ins Feld gefahren bin. Marina ist ebenfalls schuld, weil sie die Wäsche rechtzeitig abgenommen hat. Die Frage ist in diesem Fall ja dann, ob man durch eine Provokation der Konsequenzen die Katastrophe künstlich herbeiführen kann. Zum Beispiel Wäsche zum Trocknen raushängen, um den Regen zu provozieren, Murphy's Law zu erfüllen. Wenn also die Katastrophe Teil der zu erledigenden Aufgabe darstellt, inwieweit ist sie dann noch Katastrophe?

Mittagspause und jetzt doch: Regen. Schwere Wolken, Donner und haufenweise Gewitterfliegen kündigen ihn an, während alles andere hoffnungsvoll den Atem anhält. Ich liege in der nassen Hängematte. Supertrick, wenn es so unerträglich heiß ist: Hängematte mit kaltem Wasser aus dem Kühlschrank nass spritzen, duschen ohne abtrocknen und dann mächtig wild schaukeln. Verdunstungskälte ist das Beste, was man kriegen kann, wenn der Ventilator nur noch heiße Luft verquirlt.

Aber jetzt kommt ein kalter Wind. Die Blätter vom Pequí leuchten vor dem schwarzen Himmel in aggressivem Neongrün, einige Geier trudeln unsouverän durch die Sturmböen. Ich werde auch ganz schön durchgeschüttelt in meiner Hängematte. Im Haus saust der Sturm ungebremst durch die offenen Fenster zur einen Seite rein und zur anderen raus und reißt dabei scheppernd irgendwelchen Kram in der Küche mit sich. Egal, ich bleibe auf der Terrasse und genieße das Schauspiel der ersten Blitze und Tropfen. Mann, wie haben wir darauf gewartet. Seit Tagen lag eine Hitzeglocke über der Farm – tagsüber mehr als 40 °C, nachts über 30 °C. Nach dem Duschen war man schon wieder nass geschwitzt, bis man die

Kleider anhatte. Ich bin ja schlau und leg meine Anziehsachen, während ich dusche, ins Eisfach. Die schrägen Blicke der brasilianischen Forscher sind mir egal.

Heute Morgen mit zwei netten deutschen Gästen auf dem Fluss rumgepaddelt, schon zum Sonnenaufgang totale Hitze, trotzdem wunderschön. Frühstück am Strand mit aufdringlichem Cayennekibitz. Der mag, wie wir feststellen durften, weder Körnerbrot noch Schinken. Ei wollt ich ihm nicht anbieten – ist ja gegenüber 'nem Vogel etwas makaber. Zuletzt nahm er aber Weißbrot und Kuchen dankend an und willigte sogar zu einem Gruppenfoto ein. Komisches Tier.

Später ist es drückend schwül, und wir rudern gegen einen starken, heißen Gegenwind aus dem Norden an. Nordwind bringt keinen Regen. Jetzt hat er irgendwann während meines Mittagsschlafs gedreht und bringt aus dem Süden Wolken mit.

Der Wald verschwindet hinter einer Regenwand. Hier erst einige dicke Tropfen, das Nachbarkind jauchzt und rennt in Unterhose mit seinem Freund, dem schwarzen, unablässig meckernden Lamm, im Sturm rum. Mittlerweile schüttet es. Kann ich mich noch mal in der Hängematte umdrehen und warten, bis es aufhört. Herrlich!

Fünf Meter neben mir grast sich eine Front Wasserschweine konzentriert durch den Vorgarten. Ab und an lugt einer kauend mit mäßigem Interesse zu mir rüber. Ein Vogel reitet auf dem Rücken mit, und die Jungtiere trillern leise. Der Horizont wird wieder hell. Wenn's jetzt nicht regnet und kühler ist als die letzten Tage, haben wir beste Chancen auf Ameisenbären. Das wäre ja mal was. Bei der Hitze ließen sie sich bisher nicht blicken. Die deutschen Gäste haben fünf Tapire und noch keinen einzigen Ameisenbären gesehen. Vollkommen absurd.

There was something in the air that night, Fernando ...

Heute: Nach dem morgendlichen »Ich schlage mich einen Kilometer durch Dornen, um dann eine Kamerafalle aufzustellen, die eh nur Fotos von Agutis machen wird« – ein schöner Nachmittag. Momentan sind keine Gäste auf der Fazenda. Das ist immer einmal im Monat für einige Tage so, um Großputz zu machen und alles vorzubereiten. Also nachmittags auch keine Touri-Safari. Ich will mir trotzdem ein Auto nehmen: Ameisenbären sehen und meine Machete suchen, die ich im Eifer des Gefechts irgendwo verschusselt habe. Als ich zur Scheune komme, tummeln sich dort schon so einige andere in der Hoffnung auf ein Auto: Fernando will ein Wildschwein jagen. Jamie will zum Jabirunest fahren. Carol will einen Tapir sehen.

Am Ende quetschen wir uns alle zusammen ins Auto, müssen wir eben alles in einem Aufwasch schaffen. Jamie bekommt anstelle des Jabiru-Storchennestes rote Aras vorgesetzt und ist glücklich. Dann Ameisenbärenregen: Zuerst taucht Ameisenbär Mario, dann (natürlich) Matthes, anschließend Carol mit ihrem Baby und zuletzt Lucas auf. An alle kommen wir ganz nah ran. Es ist windig – und wenn man sich gegen den Wind stellt, bekommen die Viecher nix von einem mit. Ameisenbär Mario kackt ins Wasser. Ich finde im Gebüsch meine Machete und bin somit die Erste, die zu hundert Prozent zufriedengestellt ist. Das mit der Schweinejagd klappt leider nicht, kein frischer Schweinebraten. Bleibt noch der bestellte Tapir. Wir fahren schon im Dunkeln nach Hause: Zack, da steht er dick und groß und mit dieser tapirtypischen kindlichen Unschuld auf der Straße. Hach ...

Was für ein schöner Nachmittag! Wir albern und singen

und lachen uns durchs Feld. Abends noch ein gemeinsames lauschiges Bier mit Fernando auf der Forscherhaus-Terrasse, wie üblich unter spektakulärem Sternenhimmel. Daran würde ich mich, glaube ich, auch in zehn Jahren noch nicht sattgesehen haben.

Ein brasilianischer Tourist hat kürzlich beim Anblick des Vollmonds, der schwer, groß und golden überm Wald aufging, angefangen zu weinen. Es war zu viel Schönheit auf einmal, wie er mir später erklärt. Jaja, so ist das hier ...

Da denkst du »Licht«, und es ist schon an.

Gemütlicher Abend am Forscherhaus. Lauro, einer der Fahrer, hat Bier aus der Stadt mitgebracht und kocht für uns einen, wie er sagt, »anständigen« Carreteiro. Dazu gibt es frittierten Wels, den Edson gestern im Fluss gefangen hat. Carreteiro ist ein traditionelles brasilianisches Gericht aus Reis und Rindfleisch, und im Falle von Lauros Carreteiro noch großen Mengen Knoblauch und Zwiebeln. Lauro ist der Meinung, der Carreteiro hier auf der Farm wäre ja Mist. Die wüssten gar nicht, wie das geht. Dabei echauffiert er sich sehr, steht mit erhobenem Zeigefinger vor uns, im Hintergrund die von Blitzen hell erleuchtete Wolkenwand. Das kann Edson, dessen Frau Ramona Köchin an der Lodge ist, nicht auf sich sitzen lassen: »Ramona macht einen fantastischen Carreteiro!! Da denkst du ›Licht‹, und es ist schon an!!« (auch eine interessante Redewendung). Jetzt steht er auch auf, lautstarke Diskussion mit ausladenden Gesten. Vava, der andere Fahrer, kommt derweil mit seinem Pick-up angefahren und schmeißt erst mal die offensichtlich sehr leistungsstarke HiFi-Anlage seines Autos an. Zur emotional geführten Carreteiro-Diskussion mischt sich jetzt also Sertanejo, die traditionelle Cowboymusik. Ich denke mit leichtem Mitleid an Ramona, die im Nachbarhaus versucht zu schlafen und morgen früh um 4 Uhr aufstehen muss, um in der Lodge Frühstück zu machen. 20:30 Uhr ist der ganze Zauber vorbei, alle im Bett, so sehen wilde Abende im Pantanal aus ...

So langsam ist ja hier schon wieder Frühling, und die Tiere kommen in Stimmung: Wir beobachten zwei Kröten, die »Schubkarre« spielen oder so, und auch zwei Ameisenbären wackeln in trauter Zweisamkeit durch einen See. *Love is in the Air.* Haha ... Keine Spur vom Eiertanz der Geschlechter, darin ist und bleibt wohl unsere Spezies ungeschlagener Weltmeister.

Was man so vermisst: Freunde, Partys und Lidstrich

Halbzeit. Sechs Wochen Pantanal sind vorbeigerast. Die Gruppe, mit der ich in den letzten Tagen als Guide unterwegs war, ist abgereist, und nach den vollen, aktiven letzten Tagen, legt sich ein angenehmes Vakuum über die momentan gästefreie Farm und vor allem über mich. Luxusgedanken wie: »Was mache ich denn heute Nachmittag?« Erstmalig hole ich mein Freizeitkleid aus einer vergessenen Ecke meines Schrankes hervor. Hmmm ... duftet nach Waschmittel aus Deutschland, und ich bekomme fast ein bisschen Heimweh. Nach frischer Wäsche zum Beispiel. Die Klamotten hier muffen und stauben schon, wenn sie frisch gewaschen aus dem Schrank kommen. Fotos und Videos von Konzerten und feiernden Freunden auf Facebook machen große Lust auf wilde, rauschende Ballnächte. Mal so richtig steil gehen und erst am Morgen nach Hause wanken. Lidstrich, geföhnte Haare ... ich alte Tussie. Während die anderen hier im Forscherhaus Schokolade vermissen, fehlen mir Stöckelschuhe und Minirock. Muss ich aufpassen, dass ich aus Verzweiflung nicht wieder Lipgloss auftrage, an dem in der Dämmerung dann die ganzen Mosquitos kleben bleiben. Bin vermutlich auch die einzige Tropenökologin, der das schon mehrfach (!) passiert ist ... Stattdessen gehe ich hier, viele Stunden von der nächsten Kneipe entfernt, meistens um 19:30 Uhr hundemüde ins Bett. Bekloppt.

»Komm, wir gehen runter zum Fluss und brüllen«, sagt Lucas, als ich später zu den Kanus spaziere, um baden zu gehen. Manche Sachen klingen aus dem Zusammenhang gerissen ziemlich bescheuert. »Brüllen am Fluss« könnte z.B. ein spiritueller Selbstfindungslehrgang von der Volkshochschule sein, steht im Katalog bei Gesundheit direkt unter dem Kurs »Stein sein« und »Selbstsicher auftreten mit Charisma und Können«.

Die entsprechende Kursbeschreibung auf der Website für Naturspiritualität und Selbstfindung könnte so aussehen: *Finden Sie im Schoß der Natur zu Ihrem spirituellen Zentrum zurück. Dieses Retreat beinhaltet eine Bootsfahrt an energetisch intensive Orte. Das Rufen des Jaguars stärkt die Erdbindung. Bier verlangsamt und intensiviert Ihr Erleben. Ihr Geist und Ihre Seele klären sich. Sie entdecken spontane Lösungen zu Ihren oft langjährigen tiefen Fragen. Sie fragen einen Kaiman »Was soll ich tun?« und spüren eine klare Antwort. Sie sehen den Wolken zu. Die Zeit können Sie nur erahnen. Jenseits der Uhrzeit spüren Sie ein anderes Universum ...*

(Menschen schreiben übrigens ernsthaft solche Texte! Einfach mal »Naturspiritualität« googeln, und man findet haarsträubendes Prokrastinationsfutter für einen ganzen Nachmittag ...)

Oder um es mal so zu sagen: Es war schön, es gab Bier, der Jaguar kam nicht.

So. Die Nestkamera vom Bayerischen Rundfunk hängt mittlerweile am Hyazintharanest unten am Fluss. Die von mir schwer gefeierte Eigenkonstruktion macht es möglich: Eine lange Bambusstange, an der oben eine Kamera hängt, steckt in einem schweren Holzklotz. Den kann man nach und nach näher an das Nest rutschen. So können sich die Papageien langsam an das Ding vor ihrer Haustür gewöhnen. Wenn alles klappt, werden wir erstmalig das Brutverhalten der vom Aussterben bedrohten Hyazintharas filmen können.

Von wegen »vom Aussterben bedroht«: Mein Projekt, die Vögel beim Vögeln zu filmen, war bisher so mittelerfolgreich. Immerhin erweisen sie sich beim Geschlechtsverkehr als sehr zeigefreudig, um nicht zu sagen exhibitionistisch: Als ich gerade das Nest erreiche, mein Stativ aufbaue und die Kamera aufsetze, kommt ein Hyazintharapaar im Tiefflug auf mich zugeschossen. Gleicht fast schon einer Attacke, man kann quasi die Kampfjetmotoren hören. Kurz vor mir ziehen sie dann doch noch hoch, setzen sich auf einen Ast über mir und beginnen umgehend mit der lautstarken Reproduktion. Kluge Vögel: Wenn man gerade ausstirbt, muss man sich besonders oft und leidenschaftlich mit der Vermehrung der eigenen Art befassen. Sie sind sich offenbar ihres prekären »Rote Liste«-Status bewusst.

So weit, so gut. Wie in den meisten Erotikfilmen, die man (ich natürlich nicht) so im Internet findet, wurde die Szenerie aber etwas überstürzt ausgewählt, und es fehlen spannende Lichtsituationen und ansprechende Kulisse. Auch das Skript hinkt etwas, man hätte sich zumindest noch etwas Geplänkel zuvor gewünscht. Stunden später, die Klamotten bei der Hitze komplett durchgeschwitzt, habe ich dann ohne Ende Hyazinthara-Paarungen aufgenommen. Leider durchweg bei schlechtem Licht (»La lumiere, c'est pas jolie«, würde der französische Fotograf monieren) und/oder zwischen Zweigen oder sonst irgendwie doof. Das üben wir noch mal, übermorgen komme ich wieder, dann bitte in Perfektion vor der Kamera performen, sehr geehrte Damen und Herren Aras, ja?

Prokrastination op Pantanölsch

Drücke mich vorm Sortieren meiner Ameisenbärenfotos der letzten Tage durch das Aufschreiben anthromorphisierender Tiergeschichten mit verhaltensbiologisch fragwürdiger Relevanz. Nebenan schießt der Cowboy seine neue Pistole ein, weswegen ich mich häufig vor Schreck vertippe, aber egal. Heutiger Tiergeschichtenprotagonist: der Buntfalke aka »American Kestrel« auf Englisch aka Terrassenscheißer (der übrigens immer noch, nach nunmehr vier Jahren, in unserem Dach schläft und uns jede Nacht aufs Neue munter die Terrasse vollkotzt). Immer hat er in der Nestbox am Strommast neben unserem Haus gebrütet. Die ist jetzt kaputtgegangen. Also erbarmt sich Jamie, der aktuelle Volontär, und repariert seine Nistbox. Am nächsten Morgen steht der kleine Falke auf einmal etwas ratlos auf unserer Türschwelle und lugt neugierig ins Haus. Das hat er vorher noch nie gemacht! Ich erzähle Jamie später, dass sich der Falke nach ihm wie folgt erkundigt hat (british accent): »Is Jamie here? I'd like to say thank you, for this lovely little lid, he placed at our nesting box!« Jamie macht mich vollkommen zu Recht darauf aufmerksam, dass ein AMERICAN Kestrel natürlich nicht mit BRITISCHEM Akzent spricht. Alternative Übersetzung wäre demnach: »Howdy dude! Thanks for the awsome lid. Love it!«

Gäste fragen Carol, nachdem sie sich mit mir über meine Forschung unterhalten haben: »Und? Forschst du auch?«

»Nein. Ich arbeite.« Haha, lost in translation, das hat Carol aber ganz korrekt beobachtet: Während der Rest der Bande arbeitet, reite ich auf einem pink glitzernden Forscherregenbogen des Glücks über die Farm.

Dieser trägt mich heute in den Zeckenwald neben der großen Ebene. Als alter Optimist hab ich mal gedacht, ich hole heute in einem Rutsch alle meine Kamerafallen der Biodiversitätsstudie rein und wieder raus, schneide nebenbei noch Acurifrüchte, um Aras anzulocken, filme vögelnde Hyazintharas und beobachte Ameisenbären. Kamerafallen rausbringen und wieder reinholen hat früher ja nicht acht Stunden, sondern acht Tage gedauert. Aber gut, man hat ja Erfahrung. Und Arbeit ist das sowieso schon mal auf keinen Fall. Schön auch, dass heute die 40 °C-Marke gesprengt wurde – kleben die Zecken so nett im Schweißfilm an einem fest, wenn man versucht, sie abzupiddeln.

Gerade trägt mich also meine Glitzerwolke des vergnüglichen Forscherdaseins aus dem Dornenwald, in der einen Hand eine erbeutete Kamerafalle, in der anderen eine sauschwere, mühsam geerntete Acuripalmfruchttraube, da kommen die Cowboys um die Ecke. Die haben heute die Nabelschnüre der Kälber desinfiziert und die Ohren markiert und reiten jetzt nach Hause. Der Kuhhornbecher mit dem traditionellen Eistee wird hin- und hergereicht, die Pferde finden den Weg ja sowieso.

»36!«, meint Edson, als sie vor mir Halt machen. »Ah cool! 36 Käfer habt ihr heute geschafft?«

»Äh …«, Edson trinkt verlegen aus seinem Kuhhornbecher. »Käfer?«

»Käfer! Äh. Kälber!« Oh Mann, die portugiesischen Wörter für Käfer (Besouro) und Kalb (Bezerro) werde ich nie auseinanderhalten können. Genau wie die Wörter für nackt (pelada) und behaart (peludo), was vielen Geschichten einen ganz neuen Anstrich verleiht.

Bei den letzten zwei Kamerafallen muss ich dann aufgeben. Zu heiß, zu spät, zu kaputt, das Funkgerät des Autos geht nicht, wenn ich jetzt aus irgendwelchen Gründen stecken bleiben würde, könnte ich nicht mehr nach Hause laufen, sondern würde hier und jetzt sterben. So viel zu meinem viel gerühmten Optimismus. Als ich mich durch die Staubstraße nach Hause quäle, äh, halt: Als ich also auf einer türkis leuchtenden Forscherspaßwolke liegend, die Arme entspannt unter den Kopf geschlagen, nach Hause gleite, sehe ich noch eine Kuh nebst frisch geborenem Kalb, die ihre Plazenta isst. EKELHAFT. Nicht umsonst ein Tabuthema, übrigens ebenso wie der Zustand eines Hinterns, wenn man viel geritten ist. Wurde bei den schönen Cowgirls bei *McLeods Töchter* ja immer verschwiegen. In jedem Fall besser so. Carol meint hinterher zur Plazenta: »Lydia, das ist doch ganz normal und natürlich!« Schimmel ist auch ganz normal und natürlich und trotzdem eklig.

Jamie und ich essen beim Mittagessen große Mengen an Limonen/Schokoladenpuddingkuchengedöns und bestaunen hinterher unsere dicken Bäuche. Angenommen, man wäre schwanger von einem Limonen/Schokoladenpuddinggedöns, dann wäre es möglicherweise legitim, die Plazenta zu essen. Und spätestens wenn man sich darüber die Köpfe heiß diskutiert, ist man eindeutig zu lange im Pantanal.

Mein Name ist Lohse, ich kaufe hier ein.

Habe einen der Piloten, die mit dem kleinen Flugzeug Gäste raus- und reinfliegen, gebeten, mir neue Zahnpasta aus der Stadt mitzubringen. Der liefert gleich mal drei Tuben. Waren wohl im Angebot – ob er im Supermarkt wohl gesagt hat: »Mein Name ist Lohse, ich kaufe hier ein?« Mir ist zunächst schleierhaft, wie ich in zwei Monaten drei Tuben Zahnpasta verbraten soll.

Jetzt ist Stromausfall, meine Taschenlampe ist kaputt, und ich murkse und taste mich im stockdusteren Bad durch die Abendhygiene. Auf die Zahnpastatube drücken, dann fühlen, ob schon was auf der Bürste gelandet ist – nee, also nochmal usw. Erst als mir ein dicker Klumpen Zahnpasta im Dekolleté landet und sich einmal schön bis zum Bauch von innen an das Nachthemd matscht, wird klar: Habe die ganze Paste auf den Stiel der Zahnbürste gedrückt. Die erste Zahnpastatube ist also schon mal quasi leer, und ich preise die loriotsche Einkaufsstrategie des Piloten. Immerhin kann man jetzt den kühlenden Effekt der Minze genießen, wo doch schon der Ventilator nicht funktioniert und im Schlafzimmer circa 40 °C herrschen.

Dank Cachaça schläft es sich aber dennoch gut. Kein Strom = kein Licht, kein Computer, kein Buch, kein Fernsehen, kein kaltes Bier ... was macht man also im Dunkeln, nachdem jedes Glühwürmchen im Umkreis von drei Kilometern einzeln fotografiert wurde? Auf der Terrasse sitzen und tratschen, ein Gläschen Cachaça. Fernando und Mendonça sind noch vorbeigekommen. Fernando kann nicht aufhören, sich über meine neueste Portugiesischkatastrophe zu amüsieren ... Dazu muss ich mal etwas weiter ausholen: Ich war heute Morgen noch vor Sonnenaufgang zum Ara/Jabiru/Eulennest gefahren, um mal zu sehen, was da zu dieser Uhrzeit so abgeht. Hatte gehofft, es wäre nix los, sodass keine Notwendigkeit besteht, ständig morgens um 5 Uhr ins Feld zu hampeln, um die Aras für den Bayerischen Rundfunk zu filmen. Tja. Leider ist dem nicht so, sondern es ist die Hölle los, und ich renne mit meinem Stativ überfordert zwischen den ganzen Schauplätzen hin und her: Dort wachen die Hyazintharas auf, hier hat die Waldohreule ein Moorhuhnküken geschnappt, hinterm Nest streiten sich die Mönchsittiche mit einer Blaustirnamazone, und nebenbei geht ja noch die Sonne hinter dem ganzen Spektakel auf. Aras landen am Seeufer, Lydia rennt zum Seeufer. Im Hintergrund kommt jetzt Fernando angeritten und treibt die Kühe zusammen, heute soll eine geschlachtet werden. Die Eule landet derweil auf dem Nest, also schnell wieder den Hang rauf zum Nest. Eine Hektik! Um 7 Uhr morgens ist das Spektakel vorbei, ich mit den Nerven am Ende. Fahre zum Nest der Grünflügelaras, um zu gucken, was da so los ist. Dort: tote Hose. Als ich das Auto abstelle, vollkommene Stille, zwei total verpennte Papageien blinzeln aus ihrem Nest. Offensichtlich Langschläfer. Ob das artspezifische Unterschiede sind? Oder einfach individuelle Vorlieben wie bei Menschen. Wäre lustig, wenn man zwischen dem Hyazintharanest und dem Grünflügelaranest hin- und herschalten könnte ... Hyazintharas 6 Uhr: Ohrenbetäubender Lärm, große Gruppen spielen und toben im Baum, vor dem Nest streitet sich das residente Paar, wildes Hin- und Hergefliege. Schnitt. Grünflügelaranest 6 Uhr: Stille. Ein Palmblatt wippt unbeteiligt im Vordergrund, ab und an lugt ein müdes Vogelauge aus dem Astloch.

Ich bin eindeutig ein Grünflügelara. Würde mich jetzt auch gerne noch mal behaglich in ein kühles Astloch kuscheln, und Frühstück hatte ich auch noch nicht, also fahre ich mal Richtung Heimat. Kleiner Zwischenstopp bei den Cowboys, die gerade die frisch geschlachtete Kuh ausnehmen. Finde ich interessant, mir erklären zu lassen, welches Fleischstück wie genannt und verwendet wird. Hier im Pantanal wird nahezu alles verarbeitet. Fernando trennt gerade das Filet aus dem Rücken, und ich lehne am Zaun und doziere über Fleischpreise in Deutschland. Leider gehen mir dabei mal wieder Wörter durcheinander – dieses Mal die doch leicht sinnentfremdende Verwechslung des Wortes für »Kuh« mit dem Wort für »schwul«: »In Deutschland ist Rindfleisch so teuer, weil wir wenig Platz für die Haltung von Schwulen haben.« Pause. Fassungslose Cowboygesichter, Fernando sackt derweil von einem gigantischen Lachkrampf geschüttelt über der toten Kuh zusammen. Er lacht und lacht und lacht. Als er versucht, sich die Tränen wegzuwischen, schmiert er sich das ganze Blut von den Händen ins Gesicht. Jetzt wird die Geschichte natürlich wieder und wieder aufgewärmt und auch wirklich JEDEM auf der Farm erzählt. Schön, zum allgemeinen Amüsement beitragen zu können. Gerade also noch mal hier im Dunkeln, ohne Strom auf unserer Terrasse. Mendonça, der alte Cowboy, schaukelt Volontär Jamie in der Hängematte und singt ihm noch ein Gutenachtlied, und ich geh ins Bad, um mich ein wenig mit großen Mengen Zahnpasta einzumatschen. Wer hat, der hat.

Schweinerei

Lucas ist für einige Tage in der Stadt. Seine Freunde, die Nabelschweine, vermissen ihn sehr, denn sonst spielen sie jede Nacht ein sehr vergnügliches Spiel zusammen, und das geht so: Die Nabelschweine laufen lärmend vor Lucas' Schlafzimmerfenster auf und ab, jedes grunzt und quietscht und knallt auch mal lustig mit den Zähnen. Dann kommt Lucas irgendwann in Unterhose rausgerannt und verjagt sie, und dann gibt es ein großes Hallo. Eigentlich eine Tradition, in die Nabelschweinbabys schon von Kindesbeinen an eingeführt werden – aber jetzt weit und breit kein Lucas. Aus lauter Sehnsucht und auch ein wenig Protest haben die subversiven Schweine jetzt die monatelang liebevoll gehegten und gepflegten Papayabäume abgebrochen und dann nicht mal gefressen. Blinde Zerstörungswut. In der ersten Nacht zwei, diese Nacht wieder zwei. Eine Art Erpressung: »Wir wollen Lucas zurück. Solange er nicht zurückkommt, müssen jede Nacht zwei Bäume sterben. Keine Polizei, sonst muss der Mangobaum auch noch dran glauben.«

In Lucas' Fall bilden die lärmigen Nabelschweine also die pantanesische Alternative zum Straßenlärm. Aber wie ich schon bei meinem Glühwürmchenzwischenfall feststellen konnte, ist es noch störender, wenn man neben Lärm oder Lightpollution auch noch Verhalten mitverfolgen kann. Der Glühwürmchenzwischenfall sollte vielleicht noch präzisiert werden: Ich kann ja nicht schlafen, wenn an irgendwelchen Geräten wie dem Fernseher nachts noch irgendwelche Lämpchen leuchten. Hier im Pantanal ist man ja davor sicher. Denkt man – und vergisst die Glühwürmchen. Nachts im Schlafzimmer hatte ich also zwei von der Sorte, die vollkommen unrhythmisch rumblinken und ein Verhalten wie die Nabelschweine dabei zeigen:

Glühwürmchen 1: »Blink Blink« = »Na, schöne Frau, da hinten in der rechten Zimmerecke ...?«

Glühwürmchen 2: »Blink« = »Verpiss dich, Idiot« *(fliegt in die andere Ecke)*

G1: »Blink, Blink« = »Kein Grund, schüchtern zu sein, wart, ich komm mal zu dir rüber« *(G1 fliegt auf G2 zu, G2 fliegt Richtung Zimmermitte davon)*

G2: »Bliiiiink« = »Ich glaube, es geht los! Lass mich bloß in Ruhe, Fremder!«

G1: »Bl, Bl, Bliiiiiiink« = »Fremder? Ich bin's doch, G1!« *(nähert sich vorsichtig an)*

G2: Bliiiiiiink, Bliiiiink, Bliiiink = »G1? Du bist das? Ach, ich hab dich so vermisst!« *(fliegt auf G1 zu)*.

Irgendwann schaltet sich noch ein dritter Glühwurm zu, riesen Eifersuchtsdrama, ich liege mit aufgerissenen Augen und einem kompletten Film im Bett ...

Gestern Nacht dann Vollmond im Pantanal. Ich wackle vom Pizzaessen bei Carol und Hugo nach Hause, der Mond wie ein Scheinwerfer. Da steh ich auf einmal mitten zwischen den doofen Nabelschweinen. Statt Lucas' Haus heimzusuchen, haben sie sich jetzt also zu meinem verzogen. Hechte auf die Terrasse, und sie sind doof genug, mich überhaupt nicht zu bemerken. Sofort ab ins Bett, aber wo ist jetzt mein Nachthemd? Verschlafen tapere ich herum und suche, und auf einmal infernalisches Geschrei vor dem Haus. Zwei Füchse kämpfen um einen Gummihandschuh, versetzen damit die Schweine in Aufruhr. Quietschen, Zähneknallen, ein Cowboy kommt aus dem Nachbarhaus gerannt und schießt in die Luft, Schweine quietschen, Füchse jaulen, der Cowboy brüllt, und alles rennt durcheinander. Ich noch halb geduckt vor Schreck auf dem Fußboden. Äh, ja, wo war ich stehengeblieben? Richtig. Ich suche mein Nachthemd ...

Leuchtende Zeiten und Percussion als Booty-Call

Die ganze letzte Woche brütende Hitze, die Tiere blieben im Wald, und man selbst hätte es ihnen gerne gleichgetan. Dann gestern Mittag auf einmal eine Wolkenmauer, Sturm, und ich renne wie blöd nach Hause, während der Fluss schon im Regen versinkt. Gerade unterm Dach angekommen fallen die ersten dicken Tropfen, Carol entert im letzten Moment die Terrasse. Jamie war zu langsam und kommt triefnass durch die

Regenwand und den Sturm gewankt. Schweinsglücklich stehen wir in der Tür und schauen uns das Spektakel an. Die Bäume vorne am Zaun sieht man schon nicht mehr, so dicht fällt der Regen, alles grau in grau. Jamie freut sich fast, als er durch das gute, alte Loch im Dach mal wieder auf dem Klo nass geregnet wird, langsam wird das Forscherhaus überschwemmt, und wir alle finden es herrlich. In maximal zwei Stunden fallen 85 mm Regen. Über 10 Prozent der JÄHRLICHEN Niederschlagsmenge in Köln (778 mm). Ich finde es irgendwie unglaublich, dass überhaupt so viele Wolken in den Himmel über uns passen.

Der Fluss steigt so schnell an, dass die Boote mitgerissen werden, und Lucas springt ins Wasser und schwimmt ihnen nach.

Lucas, wie er im Fluss rumhampelt – das wird langsam zum Klassiker: Am Morgen war er schon unter den fassungslosen Augen der Gäste plötzlich aus dem Boot gesprungen und durchs Wasser an den Strand gerannt, um dort einem nicht minder fassungslosen Kaiman ein Bootspaddel vertikal ins Maul zu stecken, damit er ihm den sehr leckeren und dicken Fisch zwischen den Zähnen wegklauen konnte. Gab es heute zum Mittagessen mit Limetten. Haha, so ein Spinner, was ne Aktion.

Jetzt ist es nach dem Regen kühler, das finden wir gut und die Tiere auch. Direkt kommt ein Ameisenbär so nah, dass alle wieder jammern, weil sie mit ihren dicken Fotolinsen nicht mehr fokussieren können. Luxusprobleme. Dann auf einmal runde Rücken und wippende Schwänze im Gras: Gürteltiersexparty. Schon wieder! Zwölf Männchen trippeln aufgeregt einem armen Weibchen hinterher. Ist einer der Möchtegernliebhaber erst mal drauf, wird direkt das großformatige Reproduktionsorgan ausgerollt und nicht lang gefackelt, denn der nächste Anwärter kommt sofort und versucht den aktuellen

Stecher vom Weibchen zu drängen. Romantik sieht anders aus. Komischerweise entdecke immer ich diese Gürteltier-Gang-Bang-Partys – Fernando hatte das in 15 Jahren Pantanal noch nie gesehen. Das lädt natürlich zu verschiedenen zweideutigen Witzen ein, über Weibchen, die von zahlreichen Männchen verfolgt werden, und die besondere Anatomie der Reproduktionsorgane männlicher Gürteltiere. Ganz klar, Fernando macht jeden einzelnen dieser Witze, nichts wird ausgelassen. Wir verbringen also lachend und staunend fast eine Stunde in der Mitte des Gewusels – die Gürteltiere sind so fokussiert auf ihr Vergnügen, sie nehmen uns maximal peripher wahr. Eines zieht sich nach getaner Arbeit zurück, schläft in einer kleinen Grube und hat dabei einen SEHR zufriedenen Gesichtsausdruck. Ich bin mir ziemlich sicher, in einer seiner Pfoten eine kleine Zigarette gesehen zu haben.

Mir ist es ein Rätsel, wie die Gürteltiere sich zu diesen Swingerpartys verabreden. 13 Tiere! Das ist die Population eines ganzen Veedels! Flyer werden die Weibchen wohl kaum verteilen ... Ich hatte ja letztens zwei gesehen, die mit ihren Füßchen getrommelt haben und sich damit offensichtlich gegenseitig riefen. Percussion als Booty-Call??? DAS wäre wirklich mal eine spannende Studie! Eines Tages, wer weiß, werde ich Gürteltierforscherin. Oder im nächsten Leben ...

Sonnenuntergang danach am Salzsee mit dem Namen »Wunder-Wunderschön«. Carol, Fernando und ich, heute sind wir alle drei dabei. So gute, enge, liebe und langjährige Freunde, dann noch einer der schönsten Orte der Farm und alle gut gelaunt nach dem Gürteltierdurcheinander – einfach perfekt. Auf dem Nachhauseweg lege ich den Kopf in den Nacken, Fernando macht das Nightspotting, und ich kann Sterne, Glühwürmchen und vom Scheinwerfer beleuchtete Bäume vorbeiziehen sehen. Dann: Puma. Direkt hinter unserem Forscherhaus, eigentlich könnte man die Rausfahrerei lassen und sich im Liegestuhl hinters Haus legen. Würde man vermutlich genauso viel sehen. Dieses Kätzchen hat die Ruhe weg. Fast eine halbe Stunde beobachten wir das kleine Tier. Es läuft direkt am Auto vorbei, ganz entspannt, während im Hintergrund die Wasserschweine mal wieder bellend die Nerven verlieren. Abends brüllt der Jaguar auf der Nachbarfarm, und Lucas fragt, ob einer mitkommen will. Klar, im Forscherhaus, wo die Hälfte mal wieder viel zu früh schon im Bett lag, wo aber alle scharf drauf sind, den Jaguar zu sehen, bricht auf einmal Hektik aus. Claudia, die vor zwei Jahren noch als Gast hier war und mittlerweile auf der Farm arbeitet, stopft sich noch schnell Kontaktlinsen in die Augen. Jamie sucht wie ein aufgescheuchtes Huhn nach trockenen Schuhen, und ich befasse mich derweil mit den WIRKLICH wichtigen Dingen und befülle eine Kühlbox mit Bier und Kühlpads. Damit man es dann auch schön hat, falls man den Jaguar sieht. Zumindest in dieser Hinsicht erfülle ich das deutsche Klischee. Und? Am Ende sehen wir den Jaguar zwar nicht, dafür haben wir es aber dank meiner Geistesgegenwart immerhin lustig. Jamie stellt fest: Manchmal ist es eben doch gut, wenn die Deutschen ihre Klischees einhalten. Seitdem heißt die Kühlbox im Forscherhaus nur noch »The German Handbag«.

The Green Lantern

Mal wieder Stromausfall. Dieses Jahr ständig, Fernando meint, da müsse nur ein Fuchs an den Strommast pinkeln, und schon fällt alles aus. Heute Vormittag hatte ich natürlich ausgerechnet meinen großen Computertag geplant, um die Bilder der bisherigen Ameisenbärensichtungen zu sortieren. Nach zwei Stunden schwächelt der Akku, so viel also dazu. Hyazintharas filmen geht auch nicht – Kameraakku aufgebraucht, alle

Kamerafallen sind im Feld, kein Internet, ich sitze etwas ratlos und erstaunt vor dem dunklen PC-Monitor. Keine Arbeit. Also DAS ist mir auch lange nicht untergekommen. Irgendwas gibt's hier immer zu tun, und wenn man mal frei macht, denkt man immer: Eigentlich sollte ich ja ... Nicht in diesem Fall. Es regnet, es ist kühl, und ich lege mich einfach mal um 9:30 Uhr vormittags mit gutem Gewissen ins Bett. Herrlich. Gegen 11 Uhr kommen Jamie und Claudia und erzählen sich auf der Terrasse ihre Abenteuer vom stürmischen Morgen. Ich liege immer noch im Bett und höre im Halbschlaf zu. Zwischen den Decken wird es umso gemütlicher, je detaillierter die beiden erzählen, wie sie im Regen gestrandet sind, wie kalt und windig es war. Habe in Deutschland ja absolut keinen Bock mehr auf eine Wohngemeinschaft, hier wohne ich aber gerne mit den beiden zusammen. Ein bisschen wie eine kleine Familie, auf die man sich freut, wenn man nach Hause kommt.

Abends geh ich wieder ins Bad zum Lesen. Hab rausgefunden, dass das aktuell der einzige Ort im gesamten Forscherhaus ist, wo man es mosquitotechnisch aushalten kann. Am Tisch – die Hölle. Die ganzen Füße brennen. Im Schlafzimmer muss bei der Hitze die Tür offen bleiben, und sobald man die Taschenlampe anknipst, kommen ganze Mückenrudel aus dem Wohnzimmer angerast. Gestern hab ich zum Beispiel den verwerflichen Anfängerfehler gemacht und die Taschenlampe kurz angeschaltet. Zack, schon kreist 'ne Mücke um den Kopf. Nur einmal, dann bleibt sie trotz intensivem Suchen verschwunden, zumindest bis ich die Taschenlampe ausmache. Sssssssss. Taschenlampe wieder an. Stille. Nix zu sehen. Taschenlampe aus. Ssssss usw. Kann man sich 'ne Weile vergnügen, bis man einschläft, nur um Minuten später wieder hochzufahren, weil jetzt eine dicke Motte am Fenster flattert. Und dick heißt hier in Brasilien 15 cm Flügelspannweite, der Körper so groß wie der einer Maus. Hübsch sind die ja, aber eben auch laut und schwer nervig. Mit sanftem Wedeln, dann mit einem Becher, versuche ich sie zu fangen oder wenigstens vom Verlassen des Schlafzimmers zu überzeugen. Sie entzieht sich meinen Bemühungen, indem sie sich ganz oben an die Decke setzt. Unerreichbar für mich, macht aber dafür Platz für ein Glühwürmchen. Die hab ich mit ihrer bescheuerten unrhythmischen Blinkerei ja sowieso gefressen. Irgendwann schaffe ich es dann trotz Mücke und Motte und Lightpollution durch fucking Glühwurm einzuschlafen. Zumindest bis die Fledermaus kommt, die jetzt wild flatternd und kreisend alle drei Störenfriede jagt. Hat auch sein Gutes – mit den Flügeln fächelt sie einem ein wenig Wind zu in der heißen, stehenden Luft des Schlafzimmers, wo jetzt, während des Stromausfalls, der Ventilator ja nicht funktioniert. Könnten uns eine Fledermaus an der langen Leine unter die Decke binden, dann kann die da kreisen und für Luftzug sorgen. Wegen den Viechern verbringe ich also neuerdings viele Stunden auf dem Klodeckel im verrammelten Bad mit meiner Taschenlampe und meinem Buch. *Herr Lehmann* zum geschätzten 25. Mal. Apropos Taschenlampe: Meine Taschenlampe ist riesig, grün und macht mittelviel Licht – The Green Lantern (für diesen lahmen Witz habe ich mich schwer gefeiert). Sie wurde mir aus der Stadt geliefert, nachdem meine Taschenlampen kollektiv den Geist aufgegeben haben. Sie hat ungefähr die Größe meines gesamten Rucksacks, aber wer muss schon Fernglas und Kamera mitnehmen, wenn man so eine fantastische Gigantenlampe hat. Tollerweise kann man sie in die Steckdose stecken, dann lädt sie wieder auf. Es sei denn, der Strom ist weg, wie jetzt. Vorhin noch einen Puma hier um die Ecke gesehen, dann schwächelt The Green Lantern, und ich muss nach der Safari im Dunkeln nach Hause wackeln. Ist mir egal, der Mond scheint hell. Falls ich einen sicheren Hafen bräuchte, könne ich mit zu Carol nach Hause kommen, bietet sie mir an. Ich mache eine ausladende Handbewegung: »Ich bin doch schon längst in meinem sicheren Hafen! Er ist überall um uns rum!«

Gut zu wissen – falls alles irgendwann schiefgeht und ein Puma durchs Leben tobt, gibt es immer diese Ecke in der Mitte des brasilianischen Nirgendwos, um mein Boot zu parken. *O porto seguro …*

Meditative Nahtoderfahrung

Habe ja für die Dreharbeiten zum Arafilm eine Nestkamera am Hyazintharanest unten am Fluss installiert und dementsprechend in den letzten Wochen circa 20 Stunden Filme von Aras beim Nestausbau, Eierlegen, Brüten etc. gesichtet. NIIIEDLICH! Wird nie langweilig. Meiner Ansicht nach sollten diese Aufnahmen »Deutschlands schönste Bahnstrecken« im Spätabendprogramm ablösen.

Mittlerweile kenne ich das brütende Pärchen schon wie gute Freunde. Der Vater, der immer noch den Nachwuchs vom letzten Jahr mit Futter und Streicheleinheiten verhätschelt. Das sieht die eher autoritäre Mutter gar nicht gern. Sie ist der Meinung, der Nachwuchs könnte jetzt langsam mal aus dem Haus. Die diesjährigen Babys müssten bald aus den Eiern schlüpfen, der 10.10. war der errechnete Termin, also steht das DEUTSCHE Filmteam auch am 10.10. da und erwartet umgehend ein Arakind. UND ZWAR PÜNKTLICH! Das Arakind ist aber Brasilianer und nimmt es mal nicht ganz so genau mit Terminen. Jetzt ist schon der 12. und noch immer nix. Frechheit.

Und weil es mit vier parallel laufenden Jobs ja schon drohte, langweilig zu werden, hab ich heute noch ein Fass aufgemacht und ein Schild über dem Tor zur Farm bemalt. Eine Nahtoderfahrung auf dem wackeligen, schmalen Holzbrett in vier Metern Höhe. Und trotzdem: Alleine mit mir, den Farben, meinen Gedanken und den 40 °C gerate ich in einen meditativen Zustand und fühle mich wie Biene Maja, wenn sie im Abspann der Serie glücklich in einer Seerose treibt. Während ich da oben male, kommen auf der »Hauptstraße« durch den Sumpf, die an allen Farmen vorbei durchs Pantanal führt, einige Jeeps mit einem Haufen brasilianischer Männer vorbei. Eine farbverspritzte Blondine auf einem Holzgerüst am Wegesrand ist nach vier Stunden Sandstraße mit Kühen eine willkommene Abwechslung. Einer klettert neugierig die Leiter zu mir hoch, irritierter Seitenblick: »Äh ... du weißt schon, dass da neben dir eine Schlange sitzt?«

»Ja, die beobachtet mich schon die ganze Zeit.«

»Die ist aber giftig.«

»Ich weiß, heute ist sie aber eher kulturell unterwegs und nicht auf Krawall gebürstet.«

»Ah ja ... wir fahren dann mal weiter ...?« Und hangelt sich die klapprige Leiter wieder runter. Paralleluniversen.

Gestern schon einen Schrecken mit klapprigen Leitern davongetragen: Ich komme an der Scheune vorbei, da fummelt Rodolfo, einer der Cowboys, irgendwas unterm Dach, die Leiter kippelt verdächtig. »Soll ich die irgendwie halten? Sieht unsicher aus, was du da treibst ...«

»Nein, nein, das mache ich immer so ...« Gut, dann geh ich halt. Gerade zehn Meter weiter höre ich ein Scheppern. Rodolfo hängt an einen Balken geklammert im Dachstuhl der Scheune. Ich sehe nur die rudernden Beine, die Leiter auf dem Boden. Direkt unter ihm nicht nur der weit entfernte Boden, sondern zusätzlich das zwei Meter tiefe Loch zum Autoreparieren.

»HALT DICH FEST!!!«, rufe ich nur und renne, verliere meine Flip-Flops im Sand. Rodolfo legt derweil eine zirkusreife Trapeznummer hin und hangelt sich zu einem niedrigeren Balken, schwingt sich ein Stück rüber, runter und springt die letzten zwei Meter auf den Boden. »Soso, das machst du immer so. Das nächste Mal kannst du Eintritt verlangen und vorher Popcorn an die Zuschauer verkaufen …« Ich suche um Jahre gealtert meine Flip-Flops im Sand.

Das Ende einer Ära

Man entdeckt das Prinzip des Mobiltelefons, des Bezahlens mit Geld, des Abschließens von Zimmern und des Sicherheitsgurts neu. Und vermisst jetzt schon die Schönheit des Pantanals.

Mit meiner diesjährigen Abreise geht eine Ära zu Ende. Meine Doktorarbeit muss langsam aber sicher fertig werden, und ich weiß nicht, wann ich wiederkommen kann. Das hört sich groß, schwerwiegend und tränenreich an. Jetzt sitze ich im Flugzeug nach São Paulo, das Pantanal gefühlt noch nebenan, und wundere mich über die Leichtigkeit des Abschieds. Ein paar Tränchen habe ich dann doch noch verdrückt, als mich Lucas am Flughafen absetzte. Und dann, bescheuert, ein pathetischer Moment, als mein treuer, mehr als zugrunde geliebter Strohhut in den Müll wanderte.

Komisch. Und jetzt beim Schreiben kommt der verspätete Tränensturz. Besorgter Blick vom Mann im Nachbarsitz, na ja, im Flugzeug darf man auch mal zusammenhanglos in sein Bier heulen.

In den letzten Tagen war so viel zu tun, ich hatte kaum noch Kopf und Herz fürs Pantanal übrig. Als ich kurz vor der Abfahrt noch mal zum Gästehaus gelaufen bin, um die Bestimmungsbücher zurückzubringen, vergaß ich in der Hektik vollkommen, den letzten Blick auf die Ebene und die Palmen runter zum Fluss, den ich so gern habe, bewusst zu genießen. Bin dann aber nochmal zurückgelaufen, habe mich auf die Brücke gestellt und Fotos mit dem Herzen gemacht.

2015

EPILOG – UND JETZT?

Große Überraschung: Ich bin natürlich doch wieder nach Brasilien gefahren. Zu viele Fragen sind noch offen, kein Ende in Sicht. Zu groß außerdem die Saudade, die Sehnsucht nach dem Pantanal.

Das alles übrigens in Kooperation mit der staatlichen Universität im brasilianischen Bundesstaat Mato Grosso. Das Projekt Co.Bra entwickelt dort so etwas Ähnliches wie Kamerafallen, aber mit Akustik statt Optik. Also Lautsprecher, die aufnehmen, welche Tiere sich im Umkreis mitteilen. Sehr cool. Vor allem toll für Vögel. Aber auch alles andere das Lärm macht, lässt sich damit registrieren. Bei Säugetieren, wie zum Beispiel soziale Arten, die viel quatschen, und territoriale Arten, die ihr Revier ausrufen. Der Ameisenbär hält ja gemeinhin die Schnauze. Aber wer weiß, vielleicht verrät ihn ja sein lautes Schnüffeln bei der Ameisensuche? Abgesehen davon bereite ich mit meinem Kollegen vom Projeto Tamanduá, einem Netzwerk von brasilianischen Veterinärmedizinern, die sich mit der Gesundheit und der Genetik von Ameisenbären beschäftigen, die Arbeit für 2016 vor.

Dank des Kölner und des Dortmunder Zoos habe ich die Gelder für meine Traumstudie fast zusammen: Ameisenbären mit GPS-Halsbändern ausstatten. Solche Halsbänder zeichnen die Position der Tiere stündlich auf und senden die Daten über Satellit direkt auf meinen Computer. Man kann dann also auf dem Sofa in Deutschland nachverfolgen, was Ameisenbär Günther da unten im Pantanal so treibt. Und das ein Jahr lang! Das ist natürlich mächtig lustig und hat hohen Unterhaltungswert, vor allem sind es aber entscheidende Daten für den zukünftigen Schutz des Großen Ameisenbären. Man kann nachverfolgen, wie anpassungsfähig die Tiere sind, welche Lebensräume die Art unbedingt für ihr Fortbestehen benötigt und wie Ameisenbären auf die Landnutzung durch den Menschen reagieren. Eine so umfassende Studie zum Großen Ameisenbären gab's überhaupt noch nie. Wir werden dementsprechend viel, VIEL Neues über das geheime Leben unserer haarigen Gesichtsbananen erfahren.

Es gibt also noch so einiges zu tun in der Ameisenbärenparalleluniversumsforschung. Der Große Ameisenbär soll ja auch noch in den nächsten paar Millionen Jahren mit seiner unverwechselbaren Einfältigkeit durch eine bunte Natur Südamerikas tapern. Hoffentlich können die Ergebnisse meiner Schlammschlacht im Pantanal und im nordbrasilianischen Hitzeinferno dazu beitragen, die Tiere in Zukunft schützen zu können. Und für mich wird es hoffentlich auch niemals ein endgültiges Tschö vom wunderschönen Pantanal, dieser einzigartigen Farm und den mir so kostbaren Menschen dort geben. Fernando sagt ja immer: »Lídia, du bist ein Wurm, der für immer in meinem Herzen wohnt und keine Miete dafür zahlen muss.« Das beruht dann wohl auf Gegenseitigkeit.